国家社科基金
GUOJIA SHEKE JIJIN HOUQI ZIZHU XIANGMU
后期资助项目

英国茶文化研究
（1650—1900）

A Study of Tea Culture of Britain (1650-1900)

刘章才　著

中国社会科学出版社

图书在版编目（CIP）数据

英国茶文化研究：1650—1900 / 刘章才著 . —北京：中国社会科学出版社，
2021.4（2021.11 重印）
ISBN 978-7-5203-8153-6

Ⅰ. ①英⋯　Ⅱ. ①刘⋯　Ⅲ. ①茶文化—文化史—研究—英国—1650-1900
Ⅳ. ①TS971. 21

中国版本图书馆 CIP 数据核字（2021）第 051140 号

出 版 人	赵剑英
责任编辑	李庆红
责任校对	李　剑
责任印制	王　超

出　　版	中国社会科学出版社
社　　址	北京鼓楼西大街甲 158 号
邮　　编	100720
网　　址	http：//www. csspw. cn
发 行 部	010-84083685
门 市 部	010-84029450
经　　销	新华书店及其他书店

印　　刷	北京君升印刷有限公司
装　　订	廊坊市广阳区广增装订厂
版　　次	2021 年 4 月第 1 版
印　　次	2021 年 11 月第 2 次印刷

开　　本	710×1000　1/16
印　　张	19
插　　页	2
字　　数	341 千字
定　　价	99.00 元

国家社科基金后期资助项目

出 版 说 明

　　后期资助项目是国家社科基金设立的一类重要项目，旨在鼓励广大社科研究者潜心治学，支持基础研究多出优秀成果。它是经过严格评审，从接近完成的科研成果中遴选立项的。为扩大后期资助项目的影响，更好地推动学术发展，促进成果转化，全国哲学社会科学工作办公室按照"统一设计、统一标识、统一版式、形成系列"的总体要求，组织出版国家社科基金后期资助项目成果。

全国哲学社会科学工作办公室

序　言

我很高兴为章才博士这本书写序。这是一本倾注着章才博士多年心血的学术成果，描述了中国茶叶如何传入英国，之后如何引起英国人生活习惯的深刻变革，茶叶的贸易对中英关系乃至以英国为中心的世界体系的影响。该书对英国的茶文化各个方面进行了生动而有趣的描述，包括茶叶传入英国的情况，从对茶的神化，认为饮茶几乎可以治愈天下所有的疾病，到成为上流社会和中产阶级的嗜好，再在社会中普及，并成为全民日常生活习惯的一部分，以及饮茶的方式和伴随的文化活动，等等。

凡是到过英国的人都会对英国饮茶文化印象深刻，上午 10 : 00 有上午茶，下午 3 : 00 有下午茶，吃中餐和晚餐主食后也会饮茶。在大学和研究机构，人们往往会到餐厅旁边的茶室去喝一杯茶。饮茶就像固定仪式一样，提供了一个休息的片刻，也是彼此寒暄和社会交往的时刻，尤其是冬春之季，当你置身摆满沙发、有厚厚的地毯、温暖而又宽敞的房间里，看着窗外明媚的阳光和满目的绿植，或与人交谈，或坐在沙发上阅读报纸书籍，或沉思仍然萦绕在脑海的学术问题，你会感到万分的惬意。

茶从传入英国至 17 世纪后半期，在很大程度上是一种奢侈品，价格昂贵；18 世纪，饮茶在英国的中产阶级以及普通劳动者中开始普及，并日益成为英国人日常生活中不可或缺的饮品。茶叶作为中英贸易的重要商品，其交易伴随着英国作为世界贸易大国的崛起，以及在 19 世纪成为推动第一次经济全球化的核心国家。茶叶和瓷器贸易影响着国际贸易体系中亚欧之间的收支平衡。中英贸易中英国的入超和贸易赤字逐渐成为大英帝国的重要经济问题；中国的自给自足使英国的优势产品——棉布在中国找不到销路，而英国的其他商品又被中国拒绝，乾隆皇帝在 1793 年托英国马嘎尔尼使团带给英国女王的信清楚地表明了这一点："天朝物产丰盈，无所不有，原不籍外夷货物以通有无。"

英国人喝茶往往放糖，因此正如章才博士所说，中国与印度和英国之间的茶叶贸易又和欧洲与北美洲、非洲的贸易联系在一起，由此串起印度洋和南中国海贸易圈与大西洋贸易圈，构成全球性贸易体系。在第一次全球化中，中国已经是资本主义世界贸易体系的一个重要卷入者。在 18 世纪英国人的眼中，中国是世界上最大的"工业国家"。确实，正如经济史家麦迪逊所统计，中国当时的 GDP 占世界总量的四分之一。

有科学史家认为闲暇和沉思有利于理论科学的诞生，在古希腊如此，在英国也如此。饮茶提供了一个可以与不同学科背景和年龄段的人交谈的机会。在这样的交谈中，思想会变得清晰起来，或者灵感刹那间出现，一位英国作家就将茶赞誉为"缪斯之友"。记得 30 多年前，我到英国牛津大学留学，开始还认为英国人工作太闲散，后来逐渐习惯了这种生活方式，回国后甚至非常留恋，并且认为中国的大学里没有这样的在英国被称为"common room"的公共空间是一大缺陷，因为缺少了一个师生可以交流的便利场所。

一些文化研究者，甚至把在别致的茶室饮茶和交谈视为英国贵族文化的一部分，在这个公共空间中，得体的举止和优雅的谈吐得以养成。饮茶是由中国传入英国，并且成为英国人生活方式的一部分，这是中华文化影响世界的一个例证。在中国，饮茶并无固定时间，而英国人却将其发展为一种有严格时间的类似制度的生活习惯。从跨文化研究的角度来探讨一种生活习惯传入另一个国家及其变异，是一个很有趣的问题。章才博士的书对这些都有所讨论。

在中国，与茶文化相连的词有"茶艺""茶道"等，这意味着饮茶已经和某种生活情趣、文化活动联系在一起了。在欧洲，饮茶的习俗也导致审美观的某种改变。讲究的饮茶往往是用中国瓷器。大量进口的中国瓷器上的绘画风格和青绿色彩，影响了消费者的审美口味。法国洛可可艺术的风格背后就可以看到中国瓷器的影响。18 世纪，欧洲出现了"中国热"，饮茶也是中国"智者"的生活习俗之一。

2020 年新冠肺炎疫情的全球大流行，把生态全球化及所带来的问题变成了一个受到大众广为关注的学术前沿领域。章才博士此时出版这本书，可谓非常适合时代氛围。此前，出版界的一本名著是克罗斯比的《哥伦布大交换——1492 年以后的生物影响和文化冲击》，把地理大发现后全球出现的物种大交流作为主题。章才博士的书关注茶叶——这个被英国人称为"神奇的树叶"的商品在中西的传播，以及对英国文化和中西贸易的影响，也属于物种和生态全球化这一领域。

正如章才博士在书中所指出，茶饮是在古代巴蜀或今天四川的巴地和川东发源的，东汉以后传播到江南，在唐代传播到全国。从 7 世纪到 17

世纪初，茶叶基本只是一个亚洲饮品，17世纪中期以后，茶叶开始外销。到19世纪中期，茶叶的消费开始全球化，但其种植与加工依然在中国、朝鲜和日本。欧洲和北美消费的茶叶基本来自中国长江中下游和东南沿海。这期间，中国在世界茶叶贸易中拥有垄断地位，但到了19世纪下半叶，中国的垄断地位迅速被印度、锡兰的茶叶所打破。

章才博士的书也提到了学术界早已注意到的鸦片战争爆发前的背景：英国大量进口中国的茶叶和瓷器引起贸易入超，用毒品走私来替代用金银支付中国商品货款，遭到以林则徐为首的中国政府官吏的查禁，于是发动战争，逼迫大清帝国就范。最近出现的中美贸易战，部分背景也是中美贸易的不平衡和美国长期入超。贸易的不平衡衍生政治问题，这是一个很值得注意的问题。

19世纪中期以后，英国人更好地掌握了茶叶的栽培和制作技术，并在南亚的殖民地生产茶叶，如今，英国的茶叶大多是从印度和斯里兰卡（旧称锡兰）进口。更早一些，英国人也掌握了中国的制瓷技术，并开始在本国生产，而且英国本土生产的瓷器丝毫不逊于中国的瓷器，甚至比中国的瓷器更为精巧。18世纪末期，英国斯塔福德郡，尤其是北部的斯托克就已经成为闻名欧洲的陶瓷制造中心。马嘎尔尼使华时，使团副使斯当东爵士当时就自认所带来的英国瓷器比中国的瓷器质量更好，因为英国人烧瓷时会用自己发明的温度计来准确控制瓷窑火候。19世纪，英国人已经基本不再进口中国的瓷器。中国的商品和技术传入后逐渐适应英国的品位，并且在英国得到进一步发展，从而使中国的原创产品不再具有竞争力，这其中的原因也是值得讨论的。

章才博士的书建立在阅读和参考许多中外论著和大量原始资料的基础上，因而描述和分析非常深入和细致。在中英贸易和英国茶文化领域，几乎所有重要的书籍和文献资料，他都知晓。成书期间，章才还到英国进一步收集资料，不仅利用英国图书馆的丰富馆藏以及JSTOR、PQDD、EEBO、ECCO、谷歌数字图书馆等电子资源库，还查阅了社会活动家、作家、宗教界人士、医生等所写下的文献资料，包括诗歌、小说、油画、茶具及其图片等。

章才博士的书不仅是一个跨文化研究的优秀成果，也是一部经济史、社会史、日常生活史著作和人类学视野下的研究论著。读目录，我们就知道这是一部非常有趣的著作，融学术分析和阅读性于一体。书中既有详尽的梳理与分析，也包含大量有趣的细节、生动的故事，对英国本土陶瓷生产的发展，技术的进步，茶叶的生产、运输和在英国的销售，甚至伦敦牛津街上的茶铺所销售的不同茶叶的价格，英国人对茶叶的观感，饮用习惯的变化等都有具体的描述，书中也不乏对中英两国饮茶习惯和与之伴随的文化习俗的对比。总而言之，这是一本很值得关注和阅读的书籍。

何平

2020 年 10 月于成都

目　　录

绪　　论

茶在中国与葡萄在地中海沿岸起的作用相同，凝聚着高度发达的文明。

——费尔南·布罗代尔①

糖本是一件小东西，然而在它身上却负载着长达一千多年的中印两国文化交流的历史。……和糖一样，茶叶流传的背后也隐藏着一部文化交流史。

——季羡林②

一　选题缘起

饮食是人类生存的根本，《史记·郦生陆贾列传》中有云："王者以民人为天，而民人以食为天。"③深刻揭示了饮食的重要性，西方亦有类似表述，"Bread is the staff of life"，同样凝练地指出了饮食的不可或缺。此外，《礼记·礼运》中也提到"饮食男女，人之大欲存焉"④。将"饮食"置于"男女"之前，年代稍晚的告子看法相类，认为"食色，性也"⑤，同样将"食"置于首位，这或许均源于人类首先需要饮食以维持个体生命，继而才可能繁衍生息，从而维持群体的延续。

现有人文社会科学研究同样重视饮食的重要性。路易斯·亨利·摩尔

---

① 〔法〕费尔南·布罗代尔：《15 至 18 世纪的物质文明、经济和资本主义》第一卷，顾良、施康强译，生活·读书·新知三联书店 2002 年版，第 298 页。

② 蔡德贵：《构筑中西交流的学术桥梁——访著名学者季羡林先生》，《山东社会科学》2006 年第 11 期。

③ （汉）司马迁：《史记》，中华书局 1999 年版，第 2081 页。

④ 杨天宇：《礼记译注》上册，上海古籍出版社 2004 年版，第 275 页。

⑤ 杨伯峻：《孟子译注》上册，中华书局 1960 年版，第 255 页。

根作为人类学的重要开创者之一，在其经典名著《古代社会》中对人类社会的发展阶段给以划分：中级蒙昧社会开端于鱼类食物和用火知识的获取；高级蒙昧社会肇始于弓箭的发明；低级野蛮社会发轫于制陶技术的始创；东半球的中级野蛮社会初始于动物的饲养，西半球则肇端于使用灌溉法种植玉蜀黍等农业植物以及采用土坯和石头等材料进行建筑；高级野蛮社会则开始于冶铁术的发明与铁器的使用等。概而观之，摩尔根的划分标准很大程度上正是基于食物原料的发现和饮食器具的发明，其对饮食的重视无须赘言。马克思与恩格斯对摩尔根的著述赞誉颇多，其中或许蕴含着关于饮食对人类社会重要性的赞许与认同，恩格斯在其《在马克思墓前的讲话》一文中曾予以系统总结，"正像达尔文发现有机界的发展规律一样，马克思发现了人类历史的发展规律，即历来为繁茂芜杂的意识形态所掩盖着的一个简单事实：人们首先必须吃、喝、住、穿，然后才能从事政治、科学、艺术、宗教等等"①。凝练而深刻地指出了物质生活是人类各项活动的基础，并且将"吃、喝"即饮食置于首位。

饮食不仅是人类社会存在与发展的重要基础，而且是历史发生不可或缺的关键因素。饮食对人类生存的意义无可替代，围绕着其获取、生产、分配与消费，人类的各项活动渐次展开，"食物既是人们日常生活的必需品，又在历史的长河中波澜壮阔地流动，推动人类生活、人类文化和人类文明向前移动"②，饮食自然而然地成为构建历史的重要因素，故"人类的历史也可以被认为是食物史"③，就此而言，饮食完全可以成为历史研究的重要主题与认识历史的独特视角。具体到世界史研究而言，饮食的全球性跨地域流动意义颇为深远，布罗代尔在论及"大历史"时极具深意地指出："极而言之，假若有位对中国和印度有兴趣的历史学家相信在16世纪远东支配着贵金属的流通，因而支配着全世界的经济生活的节奏，他会马上指出，远东的胡椒和香料贸易有些不稳定的年代，其时间几乎完全与佛罗伦萨的困难年代相吻合。这种贸易从脆弱的葡萄牙人手里滑脱，被在印度洋和巽他海峡长期客居的狡猾的摩尔商人攫取，然后又落入印度的商旅之手，最后转到高地亚洲和中国。甚至探索这样一个简单的题目，

---

① 《马克思恩格斯选集》第二卷，人民出版社 1995 年版，第 776 页。
② 彭兆荣：《饮食人类学》，北京大学出版社 2013 年版，第 23 页。
③ 彭兆荣：《饮食人类学》，北京大学出版社 2013 年版，第 23 页。

也会使我们周游世界。"① 布罗代尔认为胡椒和香料的流动即构建与折射了世界历史的进程，这很大程度上因为饮食关联着人群的流动、贸易网络、文化传播、社会权力体系等诸多问题，进而言之即世界宏观历史进程。

从上述意义可以看出，传统饮品茶叶作为中国先民的伟大发现之一具有重要的研究价值。就实用功能而言，在长期的历史发展过程中，"在优质水比较少的中国，从民族保健的角度来看，茶是绝对的必需品"②。茶成为中国饮食结构中不可或缺的组成部分，"开门七件事，柴米油盐酱醋茶"，茶对于增强中国人的体质、提高抵抗疾病的能力具有重要价值；就社会功能而言，茶在和谐人伦关系中担当着类似于"润滑油"与"黏合剂"的重要角色，以茶敦亲、以茶为媒、以茶敬客、以茶睦邻、以茶会友均在社会生活中影响甚广，茶在家庭生活中可以序长幼、明人伦，在婚姻礼仪中既象征着爱情的坚贞不渝又昭示着子孙的枝繁叶茂，茶在社会交往中发挥着表达敬意、和睦关系、传递友情的作用；就精神层面而言，茶是综合性精神文化活动中必不可少的组成部分，比如茶与佛教密切关联，"茶禅一味"既指出了饮茶与参禅在修行方法上的一致性，又概括了茶与禅内理的契合与相融，再如士人将饮茶与诗书画相结合，清风、朗月、松涛、竹影、溪流、茶人融为一体，心物交融，物与心化，天地宇宙、人与自然呈现出和谐统一的意蕴；就政治功用而言，茶还是中国古代封建王朝处理民族关系的重要凭借，茶对于强化民族联系、促进民族交流、维护大一统的多民族国家做出了重要贡献。

除上述功用之外，茶在更广阔的历史时空中也不容忽视，它在中西交流史上占有举足轻重的地位。中西交流源远流长，丝绸、陶瓷、茶叶大致前后相继，从中担当了关键角色，学界对丝绸与瓷器从中发挥的作用多有关注，而对茶的研究则尚显薄弱。自新航路开辟以来，世界一体化进程不断发展，东西方之间的联系日益密切，饮茶相关资讯通过梯山航海而来的传教士与商人等跨文化传播媒介传入西方，茶叶贸易从无到有日益发展，尤其是到了 18 世纪，茶逐渐成为中西贸易中最为重要的商品。荷兰人最早开创了中西茶贸易而且较早地接触了饮茶，甚至养成了饮茶习惯，英国

① ［法］费尔南·布罗代尔：《论历史》，刘北成等译，北京大学出版社 2008 年版，第14 页。

② 关剑平：《茶与中国文化》，人民出版社 2001 年版，第 3 页。

人紧随其后、亦步亦趋。17 世纪上半叶，茶刚刚输入英国时[1]，其影响还较为有限，但在经历了一个复杂而波折的被接受过程之后，它在英国完成了从奢侈品到大众消费品的转变，至 18 世纪后期，茶已经成为英国社会生活中不可或缺的一部分，极大地改变了各阶层英国人的生活习惯，在这一基础之上，英国社会于 19 世纪发展出以下午茶为中心的红茶文化，茶文化对于英国而言堪称具有标签性意义。历史学家约翰·戴维斯指出："没有任何东西像茶一样对英国影响如此深远，它对过去一百年英国人民的生活习惯有革命性的重大意义。"[2] 而这一生活习惯的转变，折射出的是英国社会全面而深刻的历史变迁，诚如著名学者西德尼·明茨所言："一位英国工人喝下第一杯加了糖的热茶，是一件重大的历史事件，因为它预告了整个社会的转变，经济和社会的全面重整。"[3] 茶文化在英国的

---

[1] 茶叶输入英国的准确时间目前尚难以断定，不同研究者看法不一。张德昌在 1935 年时即指出，"英国商人做茶贸易系在 17 世纪后半叶，但英国喝茶的风气却早就开通"，没有言明其具体时间。陈椽系统探讨茶叶外销史时认为是在崇祯十年即 1637 年，英国东印度公司自广州运走茶叶 50 斤。张应龙则指出，关于英国人饮茶或购茶的确切记述为 1615 年，英国人威克汉（Wickham）此时从日本写信，请别人帮助购买茶叶，但延至 1645 年时茶叶才得以输入英国本土。肖致治、徐方平的观点大致与张应龙相类，认为英国东印度公司自 1615 年开始经营茶叶，不过当时是由日本进口。杨静萍则认为，茶叶进入英国的最早时间为 1657 年，当时有少量茶叶由荷兰人输入英国。国内学界看法不一，海外学者亦莫衷一是：托马斯·肖特在 18 世纪早期即指出，茶进入英国为詹姆士一世时期即 1603 年至 1625 年。威廉·乌克斯则认为，饮茶现象出现在英国本土为 1651 年之前。安东尼·伯格斯认为，伦敦、阿姆斯特丹与巴黎等地早在 1635 年即开始饮茶。卢卡斯则提出，较为流行的看法为茶在 1666 年从荷兰引进，实则并不成立。综而观之，目前难以断定准确年份，所以笔者使用了较为笼统的说法：茶叶输入英国的时间为 17 世纪上半叶。详见张德昌《清代鸦片战争前之中西沿海通商》，《清华大学学报》1935 第 1 期；陈椽《中国茶叶外销史》，（台北）碧山岩出版公司 1993 年版，第 47 页；张应龙《中国茶叶外销史研究》，博士学位论文，暨南大学，1994 年；杨静萍《十七、十八世纪中国茶在英国》，硕士学位论文，浙江师范大学，2006 年；［英］E. V. 卢卡斯《卢卡斯散文选》，倪庆饩译，百花文艺出版社 2002 年版；Thomas Short, *A Dissertation upon Tea*, London, 1730; William. H. Ukers, *All about Tea*, New York：The Tea and Coffee Trade Journal Company, 1935; Anthony Burgess, *The Book of Tea*, Paris：Flammarion, 1990.

[2] ［英］艾瑞丝·麦克法兰、艾瑞·麦克法兰：《绿色黄金》，杨书玲、沈桂凤译，（台北）家庭传媒城邦分公司 2005 年版，第 147 页。

[3] Sidney W. Mintz, *Sweetness and Power：The Place of Sugar in Modern History*, New York：Penguin Books, 1985, p. 214.

传播、本土化与产生的影响值得给以学术关注。

　　对茶文化在英国的传播这一问题进行深入研究具有重要的学术价值。茶文化在英国的传播为中西交流史中值得关注的研究课题，来自中国的茶文化丰富了英国人的社会生活，一定程度上改变了其饮食结构与饮食规律，提高了社会文明，产生了广泛的经济、社会及文化影响，本研究能够丰富中西交流史的研究领域。不仅如此，本研究也有利于全面把握中西交流，学界已有的关于中西文化交流史的研究明显畸轻畸重，"西学东渐"研究汗牛充栋，"东学西渐"研究明显薄弱，加强茶文化在英国传播的研究有助于全面把握中西文化交流。就英国史研究而言，近年来明显呈现出新的发展趋势，研究领域由政治经济向社会文化不断拓展，但英国茶文化尚未引起国内外学界的足够关注，作为物质文化与精神文化的统一体，茶文化既是英国社会文化的重要组成部分，又与政治、经济、中英关系等诸多方面密切相关，对此进行深入探讨，不仅有助于拓展英国社会史的研究领域，而且可以丰富与深化已有的英国史研究。

　　就现实意义而言，本研究有助于深化对全球化的认识，能够为中国文化走向世界提供有益的历史镜鉴。当今时代，人类正处在一个全球化日益加深的历史新时期，深刻认识全球化进程是人文社会科学需要认真对待的研究课题。通过解读茶文化在英国的传播，有助于更好地把握跨地域文化交流，认识一种普通商品背后所蕴含的深刻底蕴以及它可能产生的深远影响，有助于丰富对于全球化的理解，为处在一个全球化日益加深时代的中国如何选择提供历史的借镜。与此同时，全球化时代世界性的文化交流更趋频繁，而文化在综合国力的竞争中其地位与作用越发凸显，诚如党的十八大报告中所指出的，"文化实力和竞争力是国家富强、民族振兴的重要标志"①，十九大报告进一步所指出的，"文化是一个国家、一个民族的灵魂。文化兴国运兴，文化强民族强"②。本书围绕茶文化在英国的传播与本土化深入探讨，在实证研究基础上探究中国文化海外传播的历史规律，不仅可以彰显中国文化的世界价值，而且可以借此窥探中国文化走向世界

　　①　胡锦涛：《坚定不移沿着中国特色社会主义道路前进　为全面建成小康社会而奋斗——在中国共产党第十八次全国代表大会上的报告》，中国共产党新闻网，http：//cpc.people.com.cn/n/2012/1118/c64094-19612151.html。

　　②　习近平：《决胜全面建成小康社会　夺取新时代中国特色社会主义伟大胜利——在中国共产党第十九次全国代表大会上的报告》，中华人民共和国中央人民政府网，http：//www.gov.cn/zhuanti/2017-10/27/content_5234876.htm。

的历史路径，为今日及以后中国文化"走出去"乃至"走进去"提供有益的借鉴。

二　概念界定

本书的研究主题为英国茶文化，茶文化为其中的重要概念。茶文化的英文为 tea culture，但在英语中该词实际上极少使用①，很大程度上可以说，茶文化是一个汉语文化圈的词汇②，无论是在学术书籍还是通俗读物中，甚至日常语言中均极为常见，但实际所指颇有差异，需要对其含义予以探讨与界定。

尽管中国先民使用茶叶的历史源远流长，出现茶文化的概念却是晚近的事情，很大程度上可以说，这一概念为 20 世纪 80 年代文化热的产物。就目前使用状况而言，"茶文化"一词含义较为模糊，相当一部分学者对其避而不谈，只是在研究工作中直接使用，茶文化与"茶学""茶艺""茶道""茶史""茶科学"等概念时常纠缠不清，研究内容也仁者见仁智者见智，"有学者从'大文化'观点出发，认为一切由人类创造的物质和精神现象均称为文化，认为茶文化的含义应包括茶业的物质生产、流通活动和人类各种方式饮茶的精神内涵，包含了有关茶领域的物质和精神两个方面；也有学者认为，茶文化是以茶为题材的物质文化、制度文化和精神文化的集合；更有学者认为，茶文化应该是在研究茶和茶的应用过程中所产生的文化和社会现象"③。概念认知的歧异既与对"文化"认识不同有关，也与茶涉及面较广密不可分。这一问题影响到研究工作的深入开展，所以有学者对"茶文化"的概念予以认真辨析。

---

① 笔者就 tea culture 检索了在线牛津词典与在线大不列颠百科全书，检索结果中出现 tea culture 仅一次，其来源为 1842 年出版的刊物 *Penny Cycl*，出现该词的句子为"The tea-culture in Assam"，意思为阿萨姆的茶文化抑或茶种植，因为缺乏语境，所以难以判断其具体含义。笔者检索 JSTOR 数据库，仅两篇论文标题中出现了"tea culture"，其中仅一篇为"茶文化"之意，即克里斯汀·M.E.古斯的《评〈日本茶文化：艺术、历史与实践〉》（Christine M.E. Guth，"Review：Japanese Tea Culture：Art，History，Practice"），发表于《日本文化志丛》（*Monumenta Nipponica*）59 卷第 1 期（2004 年春）。笔者检索大不列颠图书馆馆藏，输入"tea culture"获得结果为 31 条，但没有一篇在标题中直接出现词汇"tea culture"。
② 笔者在中国知网输入"茶文化"检索篇名，出现结果超过了 9000 条；在中国国家图书馆网站输入"茶文化"进行检索，出现结果约 92000 条（截止日期：2019 年 2 月 9 日）。
③ 姚国坤：《茶文化概论》，浙江摄影出版社 2004 年版，第 2 页。

　　王玲在 20 世纪 90 年代初即指出:"研究茶文化,不是研究茶的生长、培植、制作、化学成分、药学原理、卫生保健作用等自然现象,这是自然科学家的工作。也不是简单地把茶叶学加上茶叶考古和茶的发展史。我们的任务,是研究茶的在被应用过程中所产生的文化现象和社会现象。"①具体而言,茶文化包含的内容有哪些?王玲教授认为,"它包括茶艺、茶道、茶的礼仪、精神以及在各阶层人民中的表现和与茶有关的众多文化的现象"。该观点澄清了茶科学与茶文化的界限,指出了茶文化研究的内容与范围,而且对茶文化的特点予以具体阐释,认为茶文化"第一,它不是单纯的物质文化,也不是单纯的精神文化,而是二者巧妙的组合。第二,中国茶文化是一定社会条件下的产物,又随着历史发展不断变化着内容,它是一门不断发展的科学"②。

　　王玲的观点产生了较大影响,相当一部分学者认可其茶文化要研究"文化现象和社会现象"的看法,并进一步予以丰富和发展。比如刘勤晋认为,"茶文化,就是人类在发展、生产、利用茶的过程中以茶为载体表达人与自然以及人与人之间各种理念、信仰、思想情感的各种文化形态的总称"③。茶文化的领域包括"围绕茶及利用它的人所产生的一系列物质的、精神的、习俗的、心理的、行为的现象,均属于茶文化的范畴"④。归纳而言,认为茶文化作为文化现象具有四个特性,即社会性、群众性、民族性与区域性,与此同时,认为茶文化的精神内涵体现在四个方面,即物质与精神的结合、高雅与通俗的结合、功能与审美的结合、实用与娱乐的结合。⑤

　　可以看出,上述关于茶文化的概念很大程度上是基于对中国茶文化的理解,用于认识英国茶文化难免具有一定的局限性。即便如此,已有学术积累仍然对本项研究具有重要启示:研究英国茶文化须关注其物质文化与精神文化相结合的特性,研究茶应用过程中产生的文化现象与社会现象。同时,结合饮食人类学已然形成的学科传统,"人类学家通过食物在某一个特殊人群或族群的获取、生产、制作、消耗等饮食系统来观察、描述、分析、阐释与食物系统相关联的认知系统、生态系统,以及在更大背景下

　　①　王玲:《中国茶文化》,中国书店 1992 年版,第 12 页。
　　②　王玲:《中国茶文化》,中国书店 1992 年版,第 14—15 页。
　　③　刘勤晋:《茶文化学》,中国农业出版社 2000 年版,第 2 页。
　　④　刘勤晋:《茶文化学》,中国农业出版社 2000 年版,第 2 页。
　　⑤　刘勤晋:《茶文化学》,中国农业出版社 2000 年版,第 2—6 页。

与包括政治、经济、道德、伦理等方面的联系与关系"①。所以，本研究主要内容大致包括：茶文化在英国的传播、本土化以及茶文化所产生的政治、经济与文化影响。

三　研究现状

由于茶文化具有物质文化与精神文化相结合的特性，同时英国茶文化研究也关涉中外关系史、英国史、茶文化研究等诸多领域，研究者包括中国史学者、世界史学者、茶文化学者，可以说，与本研究相关的成果较为分散。或许缘于学科畛域，研究中交叉重叠甚至是简单重复的现象屡见不鲜，各说各话现象极为常见，进行清晰的梳理绝非易事。有鉴于此，这里只能根据其侧重点予以粗略分类，将相关成果按照学科领域大致分为三类：其一，中外关系史领域的相关成果；其二，英国史领域的有关成果；其三，茶文化领域的相关成果。

（一）中外关系史领域的相关研究

作为中国传统的外销商品，茶在中外关系史研究中占有一席之地，大致而言，无论是探讨中外关系史的综合性论著还是专攻中外贸易史的著述，对此均多有涉及。

早在19世纪初叶，威廉·密尔本在其《东方的商业》一书的第二卷中即设专门章节探讨中英贸易的概况，对茶叶贸易的数量与种类进行了详细叙述，这为后来的研究提供了重要资料。② 此外，詹姆斯·马特逊在《中英贸易的现状与展望》③、R. M. 马丁在《中国政治、商业与社会》④中均对茶叶贸易有所提及。以上为成书年代较早的相关著述，其中《东方的商业》一书所列资料颇为翔实，时至今日仍具有重要参考价值。

进入20世纪，具有重要学术价值的资料性与研究性著作接连问世。马士的五卷本巨著《东印度公司对华贸易编年史》出版于1926—1929年，堪称英国东印度公司对华贸易史的经典大作，作者尽可能收集第一手档案与原始资料，以编年的形式对1635—1834年英国东印度公司与中国的贸易状况进行了系统梳理，茶叶贸易散布在全书各个章节之中，对后人

---

① 彭兆荣：《饮食人类学》，第1—2页。

② William Milburn, *Oriental Commerce*, London：Black, Parry & Co. , 1813.

③ James Matheson, *The Present Position and Prospects of the British Trade with China*, London：Smith, Elder and Co. , 1836.

④ R. M. Martin, *China, Political, Commercial and Social*, London：James Madden, 1847.

的研究具有重要参考价值。但是，由于原始资料方面的缺失，书中涉及
1754 年至 1774 年英国东印度公司贸易的内容极为薄弱。① 1929 年，普里
查德的《十七、十八世纪中英关系史》一书问世，后来，他又于 1936 年
出版了另一力作《早期中英关系的关键年代》，两书较为充分地利用了英
国东印度公司的贸易档案、国会相关档案以及殖民地档案等一手资料，对
该时期的中英关系史进行了深入探讨，茶叶贸易作为中英贸易的重要部分
受到了相当关注。② 进入 20 世纪下半叶，学界对中英茶叶贸易史的关注
相对较少③，1951 年，M. 格林堡的《鸦片战争前中英通商史》问世，书
中相关内容涉及了茶叶贸易的背景与茶成为英国东印度公司对华贸易中最
为重要商品之缘由。④ 1992 年，伍德鲁夫·D. 史密斯在其《平凡中的复
杂：茶、糖与帝国主义》一文中，借鉴人类学的理论与方法，对茶、糖
与帝国主义之间关系给以探讨，认为欧洲人（特别是英国人）对茶与糖
的需求推动了其在亚洲构建帝国主义体系，在西印度群岛发展奴隶种植
园，该文尽管失之于简，但其研究方法与学术观点均极具启发价值。⑤
1994 年，罗伯特·加德拉的《收获之山：福建与中国的茶贸易（1757—
1937）》问世，作者颇具创造性地将区域史研究与对外经济关系史研究
有机结合起来，系统论述了福建的茶叶生产销售状况。⑥ 1999 年，帕特里
克·塔克出版了所编辑的丛书《中英贸易：1635—1842》，对研究 1635
年至 1842 年中英贸易的重要著作多有收集，前文所述的部分著作也收入
其中，这为后来的相关研究提供了极大的便利。⑦

　　中国学者有关中英茶贸易的研究也较为深入。就笔者目力所及，1913

---

① N. B. Morse, *The Chronicles of the East India Company Trading to China*, Oxford：Clarendon Press，1926-1929.

② E. H. Pritchard, *Anglo-Chinese Relations during the Seventeenth and Eighteenth Centuries*, Urbana：The University of Illinois，1929；E. H. Pritchard, *The Crucial Years of Early Anglo-Chinese Relations 1750-1800*, Washington：Pullman，1936.

③ 在这一时期，学界有关东印度公司的研究相对较多，都或多或少地涉及一些关于茶贸易的内容，笔者将这方面的研究放到了第三个方面进行探讨。

④ Michael Greenbery, *British Trade and the Opening of China 1800—1842*, Cambridge：Cambridge University Press，1951。

⑤ Woodruff D. Smith, "Complications of the Commonplace：Tea，Sugar and Imperialism", *The Journal of Interdisciplinary History*, Vol. 23，No. 2，1992.

⑥ Robert Gardella, *Harvesting Mountains：Fujian and the China Tea Trade, 1757 - 1937*, Berkeley：University of California Press，1994.

⑦ Patrick Tuck, *Britain & the China trade 1635-1842*, New York：Routledge，2000.

年，冯国福较早地对这一问题进行了研究，其《中国茶与英国贸易沿革史》一文概述了中英茶贸易的基本沿革状况。[①] 1935 年，张德昌的《清代鸦片战争前之中西沿海贸易》一文对清代以来的中西沿海贸易进行了探讨，中英贸易得到了相当关注，该文还谈及了饮茶风气对中英茶贸易的推动，但因年代所限未能详加论证。[②]

1949 年后，国内学界对于中英关系史较为关注，或许是受当时学术氛围的影响，学界研究的重点在于英国的侵华活动，茶贸易问题并没有受到更多的关注。改革开放以来，上述状况有所改变。1987 年，朱雍在其博士学位论文《乾隆时期的中英关系》中，以马戛尔尼使团访华为中心，对乾隆时期的中英关系进行了全面论述，其中用专门章节探讨了这一时期的中英贸易，充分肯定了茶叶贸易的重要地位。[③] 1993 年，庄国土的英文著作《茶叶贸易：十八世纪的中西商务关系》一书出版，对鸦片战争之前一百年的中外经济关系进行了探讨，论述了茶叶、白银与鸦片之间的密切关联，并指出其对鸦片战争的爆发具有重要影响。[④] 1994 年，张应龙的博士学位论文《中国茶叶外销史研究》集中论述了中国茶叶的外贸史，作者从中荷茶贸易肇始入手，以外销茶衰落为结束，梳理了 17—19 世纪后期中国茶叶外销的发展历程，作者在文末难能可贵地指出茶叶促进了中西文化交流，但因为旨趣所在未能深入。[⑤] 1999 年，吴建雍的《18 世纪的中国与世界·对外关系卷》一书出版，其中专门一节对 18 世纪的中西茶贸易进行了论述。[⑥] 2004 年，林齐模的博士学位论文《近代中国茶叶出口的衰落》围绕近代茶叶出口衰落问题进行了深入探讨。[⑦] 此外，《历史

---

① 冯国福：《中国茶与英国贸易沿革史》，《东方杂志》第十卷第三号（1913 年）。

② 张德昌：《清代鸦片战争前之中西沿海通商》，《清华大学学报》1935 年第 1 期。

③ 朱雍：《乾隆时期的中英关系》，博士学位论文，中国人民大学，1987 年。

④ Zhuang Guotu, *Tea*, *Silver*, *Opium and War*: *The International Tea Trade and Western Commercial Expansion into China in 1740-1840*, Xiamen: Xiamen Univertiy Press, l993. 另见庄国土的《茶叶、白银和鸦片：1750—1840 年中西贸易结构》（《中国经济史研究》1995 年第 3 期）与《鸦片战争前 100 年的广州中西贸易（上）（下）》（《南洋问题研究》1995 年第 2 期、第 4 期）等论文，作者系统总结了该时期中西贸易的基本结构。

⑤ 张应龙：《中国茶叶外销史研究》，博士学位论文，暨南大学，1994 年。

⑥ 吴建雍：《18 世纪的中国与世界·对外关系卷》，辽海出版社 1999 年版。吴建雍还撰有《18 世纪的中西贸易》（《清史研究》1995 年第 1 期）、《清前期中国与巴达维亚的帆船贸易》（《清史研究》1996 年第 3 期）与《清前期中西茶叶贸易》（《清史研究》1998 年第 3 期）等论文，其核心思想基本上已经包含在上述著作之内。

⑦ 林齐模：《近代中国茶叶出口的衰落》，博士学位论文，北京大学，2004 年。

研究》《农业考古》等各种相关期刊也发表了若干关于中英茶贸易的论文，对中英早期茶贸易问题、马戛尔尼使华与茶的关联、清朝时期的中英茶贸易概况、英国东印度公司对华茶贸易等问题进行了论述，加深了学界对中英茶贸易史的研究。①

另外需要提及的是，台湾学者陈慈玉的《近代中国茶业的发展与世界市场》堪称茶叶贸易史研究的力作，作者用经济学的方法探讨了近代中国茶业在西方的冲击之下所发生的嬗变，对近代中国的茶业与世界市场进行了全面分析。②

（二）英国史领域的相关研究

在英国史相关研究中，亦有相当数量的成果对茶给予了一定关注，其中，国外学者的相关成果相对较多，国内学界的相关研究则较为薄弱。

1984 年，T. 德赛出版了著作《东印度公司概述：1599—1857》，作者梳理了东印度公司的发展历程，对茶叶贸易给以一定关注，另外，书中对涉及东印度公司的历史资料及相关研究给以了系统介绍，这为后来的研究提供了重要指引。③ 1988 年，劳娜·韦泽利尔出版了《英国的消费革命与物质文化：1660—1760》一书，对该历史时期英国物质生活的变化给以梳理，其中涉及饮品时对饮茶也给以一定关注。④ 1995 年，C. 赫伯特的著作《英国社会史》在台北翻译出版，作者注意到了茶叶贸易并简要

① 较为重要的论文包括：萧致治、徐方平：《中英早期茶叶贸易》，《历史研究》1994 年第 3 期；郭卫东：《十八世纪的茶叶贸易与中英交流》，《中西文化研究》（澳门）总第 15 期；兰日旭：《英国东印度公司取得华茶出口贸易垄断权的因素分析》，《农业考古》1998 年第 4 期；兰日旭：《浅析英国东印度公司从事华茶贸易的双面影响》，《农业考古》1999 年第 2 期；兰日旭：《英国东印度公司从事华茶出口贸易发展的阶段与特点》，《农业考古》2006 年第 2 期；陶德臣：《英使马戛尔尼与茶》，《镇江师专学报》1999 年第 2 期；陶德臣：《论清代茶叶贸易的社会影响》，《史学月刊》2002 年第 5 期；苏全有：《论清代中英茶叶贸易》，《聊城大学学报》2004 年第 2 期；张燕清：《略论英国东印度公司对华茶叶贸易起源》，《福建省社会主义学院学报》2004 年第 3 期；孙云、张稚秀：《茶之西行》，《茶叶科学技术》2004 年第 4 期。

② 陈慈玉：《近代中国茶业的发展与世界市场》，台湾"中央研究院"经济研究所 1982 年版。

③ Tripta Desai, *The East India Company*: *A Brief Survey from 1599-1857*, New Delhi: Kanak Publications, 1984.

④ Lorna Weatherill, *Consumer Behaviour and Material Culture in Britain*, *1660-1760*, London and New York: Routledge, 1988.

论及茶在英国社会生活中的影响。① 瓦尔文·詹姆斯于 1997 年发表了《帝国的嗜好：1600—1800》一文，简要叙述了茶、糖以及烟草在英国被广泛接受的过程。② 2003 年，玛克辛·伯格与伊丽莎白·伊格主编的《18世纪的奢侈：争论、欲望和令人愉悦的商品》中提及了 18 世纪来自亚洲的一些奢侈品，探讨了这些商品对欧洲的消费革命产生的影响，著者将茶叶也列入其中。③ 2004 年，P. M. 古尔提和凯文·思威塔吉发表了《英国大西洋世界上的茶、瓷器与糖》一文，在分别简要叙述了英国通过大西洋所进行的茶贸易、瓷器贸易与糖贸易之后，作者指出，这些研究在史学理论方面极具意义，认为借此能够突破在民族国家范围内进行历史研究的局限，一定程度上体现出了其对全球史研究的关怀与认同。④ 大体看来，上述成果因其旨趣所在，只是在研究中对茶叶问题有所关注。

如果说上述研究只是涉及中英茶叶贸易问题，那么较为集中或者具体地研究茶贸易问题的成果亦有一定数量。1958 年，W. A. 科尔发表了《18 世纪走私的趋势》一文，认为 18 世纪英国的走私贸易对合法贸易构成冲击，走私贸易与合法贸易密切关联，呈现出逆向的发展趋向。⑤1961—1973 年，Hoh-cheung 与 Lorna H. Mui 围绕着中英茶贸易发表了多篇论文，其《威廉·皮特与〈减税法案〉的实施：1784—1788》考察了首相威廉·皮特在《减税法案》的出台与实施中所起到的作用，认为政府的目的在于树立东印度公司对茶叶进口的垄断权⑥；其《〈减税法案〉与 1784—1793 年的英国茶贸易》论述了《减税法案》对茶叶走私的致命打击⑦；其《1784 年前的走私与英国的茶叶贸易》则系统研究了 1784年之前的茶叶走私问题，认为它对合法茶贸易构成了严重冲击，因此，

---

① ［英］C. 赫伯特：《英国社会史》，贾士蘅译，台湾编译馆 1995 年版。

② Walvin James, "A Taste of Empire, 1600-1800", *History Today*, Vol. 47, No. 1, January 1997.

③ Maxine Berg, Elizabeth Eger, *Luxury in the Eighteenth Century: Debates, Desires and Delectable Goods*, Hampshire: Palgrave, 2003.

④ P. M. Guerty, Kevin Switaj, "Tea, Porcelain, and Sugar in the British Atlantic World", OAH *Magazine of History*, Vol. 18, No. 3, April 2004.

⑤ W. A. Cole, "Trends in Eighteenth-Century Smuggling", *Economic History Review*, Vol. 10, No. 3, 1958.

⑥ Hoh-cheung, Lorna H. Mui, "William Pitt and the Enforcement of the Commutation Act, 1784-1788", *The English Historical Review*, Vol. 76, No. 300, July 1961.

⑦ Hoh-cheung, Lorna H. Mui, "The Commutation Act and the Tea Trade in Britain, 1784-1793", *The Economic History Review*, New Series, Vol. 16, No. 2, 1963.

英国政府、东印度公司与伦敦的茶叶批发商联合起来，通过并实施了1784 年的《减税法案》，这给英国以及欧陆各国的茶叶走私以致命打击。①

　　国内学界的有关研究则较为薄弱，但近年来相关研究数量呈增长趋势。2004 年，李斌在其博士学位论文《近代英国民众休闲生活变迁》中对英国茶文化给以关注，论及了茶在英国休闲生活中占有一定地位。②2006 年，杨静萍的硕士学位论文《17—18 世纪中国茶在英国》是国内学界关于这一问题较为系统的研究成果，作者比较集中地讨论了以下三个问题：第一，中国茶输入英国的时间；第二，17、18 世纪茶在英国的流传情况；第三，茶在 18 世纪中后期风靡英国的原因。③ 2008 年，贾雯的硕士学位论文《英国茶文化及其影响》主要探讨了英国茶叶贸易史、英国茶文化的内容及其社会影响。④ 2013 年，曹颖的硕士学位论文《18 世纪下半叶英国茶叶消费研究》主要探讨了英国茶叶消费的起源与增长，茶叶消费增长的原因及茶叶消费的社会影响。⑤ 总体看来，英国茶文化研究已经开始引起国内史学界的重视，相关研究呈现增长趋势。

　　（三）　茶文化领域的相关研究

　　茶为世界三大无酒精饮料之一，国内外茶学专家对茶本身的研究均比较重视，其中多少也涉及中英茶贸易等问题，与本书相关的成果也有一定数量。1926 年，鲍里斯·帕罗维奇·托加舍夫出版了《作为茶的生产者的中国》一书，该书虽重在介绍茶的种植、栽培、采摘、制作等方面的问题，但也谈及了中国茶的外贸情况，其内容较为侧重于 19 世纪后期到20 世纪初期中国茶叶出口情况。⑥ 1935 年，威廉·乌克斯的巨著《茶叶全书》问世，在这部百科全书式著作的上卷第三章中，作者叙述了茶叶输入欧洲的大致过程，在下卷第七章中简要叙述了中英茶贸易的基本情况，对饮茶在英国所产生的社会文化影响有所介绍。⑦

---

① Hoh-cheung, Lorna H. Mui, "Smuggling and the British Tea Trade before 1784", *The American Historical Review*, Vol. 74, No. 1, October 1968.

② 李斌：《近代英国民众休闲生活变迁》，博士学位论文，天津师范大学，2004 年。

③ 杨静萍：《17—18 世纪中国茶在英国》，硕士学位论文，浙江师范大学，2006 年。

④ 贾雯：《英国茶文化及其影响》，硕士学位论文，南京师范大学，2008 年。

⑤ 曹颖：《18 世纪下半叶英国茶叶消费研究》，硕士学位论文，江西师范大学，2013 年。

⑥ Boris P. Torgasheff, *China as a Tea Producer*, Shanghai: Commercial Press Ltd. , 1926.

⑦ William H. Ukers, *All about Tea*, Vol. I, New York: The Tea and Coffee Trade Journal Company, 1935.

　　继《茶叶全书》之后，国外学界对于茶的研究似乎陷入了低谷，直到 20 世纪 90 年代重新升温。1990 年，安东尼·伯格斯出版了《茶书》，该书尽管篇幅有限，但对茶的历史尤其是其在西方的传播史有所涉及，只是较为偏重于 19 世纪与 20 世纪的概况。① 角山荣的《茶的世界史》也颇值得关注，该书主要探讨了茶叶如何向西方传播的问题，重在对日本绿茶的世界传播历程进行了梳理，还论述了西方引种茶的历史过程，该著作资料翔实，视野开阔，具有重要的参考价值，但其不足之处也较为明显，产生世界影响者为中国茶而非日本茶，作者未能将日本茶的世界传播还原于世界茶贸易发展以及茶文化世界传播的历史大背景之中，导致书中内容存有一定偏颇之处。② 简·帕蒂格鲁的《茶手册》亦值得关注，该书第一部分对茶的早期传播状况给以了简要的梳理。③ 生活设计编辑部编著的《英式下午茶》一书从美食的角度对英式下午茶给以介绍，书中也涉及有关茶叶的传播以及英国的红茶文化的内容，对了解当代英国的茶文化及其演变过程具有参考价值。④ 土屋守的《红茶风景》一书对英国红茶文化进行了介绍，尽管其重心在于当代英国茶文化，但部分内容涉及了茶在英国的传播历史。⑤ 仁田大八的《邂逅英国红茶》一书对英国红茶文化进行了较为深入的分析，探讨了红茶文化的特色，对茶叶从东方到西方的传播过程也给以关注。⑥ 艾瑞丝·麦克法兰与艾瑞·麦克法兰合著的《绿色黄金》一书也具有重要的参考价值，介绍了印度阿萨姆茶的生产、贸易以及茶区的生活状况，其中部分内容简要梳理了茶在西方的传播情况。⑦ 2001 年，简·帕蒂格鲁出版了《茶的社会史》，作为英国当代著名的茶文化学者，其著作图文并茂、生动有趣，简要梳理了 17 世纪到 20 世纪茶在英国社会生活中所产生的重要影响，尽管该著作属于通俗读物性质，但对后来者的研究仍具有重要启发价值。⑧

---

①　Anthony Burgess, *The Book of Tea*, Paris：Flammarion, 1990.

②　角山荣：《茶の世界史》，中央公論新社，1980 年。

③　Jane Pettigrew, *The Tea Companion*, London：the Apple Press, 1997.

④　［日］生活设计编辑部：《英式下午茶》，许瑞政译，台湾东贩公司 1997 年版。

⑤　［日］土屋守：《红茶风景：走访英国的红茶生活》，罗鬘译，麦田出版公司 2000 年版。

⑥　［日］仁田大八：《邂逅英国红茶》，林呈蓉译，布波出版有限公司 2004 年版。

⑦　［英］艾瑞丝·麦克法兰、艾瑞·麦克法兰：《绿色黄金》，杨书玲等译，家庭传媒城邦分公司 2005 年版。

⑧　Jane Pettigrew, *A Social History of Tea*, London：National Trust Enterprises Ltd., 2001.

　　与国外学者相比，中国学者关于茶文化的研究成果数量更多，但多偏重于对中国茶史及茶文化的研究，较少涉足对外茶叶贸易及英国茶文化，专门的对外茶叶贸易及英国茶文化研究则为数更少。民国时期，由于中国茶叶出口严重衰退，国内学界出现了研究茶叶问题的热潮，学者虽然主要关注的是如何振兴中国茶业的问题，但对茶叶外贸史也给以一定关注。中央银行经济处编著了《华茶对外贸易之回顾与前瞻》一书，简要介绍了茶的种类，回顾了茶叶贸易的发展历程。① 学界发表了系列探讨茶叶外销问题的论文，陈翰笙的《最初中英茶市组织》一文专门对中英茶贸易进行了简略梳理，为后来的研究奠定了基础。② 1949 年后，庄晚芳的《中国的茶叶》一书首先对茶叶问题进行了全面梳理，其中第一部分简要介绍了中国的茶史以及茶叶外销情况。③

　　改革开放以来，学界对茶文化、茶贸易等问题的研究获得了重要进展。首先，该时期出现了一系列通史性著述与资料汇编：陈椽的《茶叶通史》为世界上首部系统而全面的茶叶通史著作，具有重要的学术意义，书中对茶叶外销的历史演变有所涉及④；庄晚芳则著有《中国茶史散论》一书，简略地对茶叶在中国的发展历程给以了梳理，对外销茶也有所关注⑤；朱自振的著作《茶史初探》较为系统地梳理了茶史，对茶叶外销史也给以一定关注，因其个人旨趣所在，书中比较偏重于探讨 19 世纪后期茶叶出口衰落问题⑥。其次，在对外茶叶贸易方面也出现了一些重要论著，陈椽的《中国茶叶外销史》系统研究了中国茶叶外销问题，对中国历代的对外茶贸易进行了梳理，全书采用了大事记与表格相结合的形式，清晰而简洁地勾勒了历代茶叶外销史，具有重要学术价值。⑦ 最后，部分学者还对茶叶相关资料与历代茶书给以编辑整理，如陈祖槼与朱自振所编《中国茶叶历史资料选辑》，吴觉农所编《中国地方志茶叶历史资料选辑》，朱自振所编《中国茶叶历史资料续辑》，阮浩耕、沈冬梅与于良子点校注释的《中国古代茶叶全书》，杨东甫主编的《中国古代茶学全书》，许嘉璐主编的《中国茶文献集成》等，为后来的研究工作提供

①　中央银行经济处编：《华茶对外贸易之回顾与前瞻》，商务印书馆 1935 年版。

②　陈翰笙：《最初中英茶市组织》，《北大社会科学季刊》1924 年第 3 卷第 1 期。

③　庄晚芳：《中国的茶叶》，永祥印书馆 1950 年版。

④　陈椽：《茶业通史》，农业出版社 1984 年版。

⑤　庄晚芳：《中国茶史散论》，科学出版社 1988 年版。

⑥　朱自振：《茶史初探》，中国农业出版社 1996 年版。

⑦　陈椽：《中国茶叶外销史》，碧山岩出版公司 1993 年版。

了极大便利。①

　　另外需要提及的是，该时期发表了相当数量的相关论文，比如 1983 年，王加生发表了《中英茶叶贸易史话》一文，对中英茶贸易的历程进行了简短而生动的叙述。② 1992 年，邹瑚发表了《英国早期的饮茶史料——英国人饮茶始于何时?》一文，指出了 17 世纪初期来到东方的英国人是英国最早的饮茶者。③ 徐克定发表了《英国饮茶轶闻》，叙述了"皇室茶案"、禁茶运动以及饮茶在英国的演变过程。④ 张世均在 1992 年发表了《中国茶在英国》一文，对茶进入英国社会的历程加以介绍。⑤ 2003 年，郑乃辉发表了《回眸英国茶业发展历程》一文，简要概述了 17—20 世纪英国茶业发展历程。⑥

　　除上述三方面的研究之外，其他研究领域也涉及对英国茶文化的探讨。就海外学界而言，2004 年，金·威尔森出版的著作《简·奥斯汀与茶》以作家简·奥斯汀为中心梳理了该时期的茶文化。⑦ 2008 年，朱莉 E. 福劳默出版的《必要的奢侈：英国维多利亚时期的茶》主要探讨了维多利亚时期小说中的茶文化。⑧ 就国内学界而言，2010 年马晓俐出版了《多维视角下的英国茶文化研究》一书，主要基于文学批评视角探讨了英国文学尤其是小说中的茶文化。⑨ 尽管上述著作均属文学研究性质⑩，但

① 陈祖槼、朱自振编著：《中国茶叶历史资料选辑》，农业出版社 1981 年版；吴觉农编著：《中国地方志茶叶历史资料选辑》，农业出版社 1990 年版；朱自振编：《中国茶叶历史资料续辑》，东南大学出版社 1991 年版；阮浩耕、沈冬梅、于良子点校注释：《中国古代茶叶全书》，浙江摄影出版社 1999 年版；杨东甫主编：《中国古代茶学全书》，广西师范大学出版社 2011 年版；许嘉璐主编：《中国茶文献集成》，文物出版社 2016 年版。

② 王加生：《中英茶叶贸易史话》，《茶叶》1983 年第 3 期。

③ 邹瑚：《英国早期的饮茶史料——英国人饮茶始于何时?》，《农业考古》1992 年第 2 期。

④ 徐克定：《英国饮茶轶闻》，《农业考古》1992 年第 2 期。

⑤ 张世均：《中国茶在英国》，《历史教学》1992 年第 11 期。

⑥ 郑乃辉：《回眸英国茶业发展历程》，《茶叶科学技术》2003 年第 3 期。

⑦ Kim Wilson, *Tea with Jane Austen*, Madison：Jones Books, 2004.

⑧ Julie E. Fromer, *A Necessary Luxury：Tea in Victorian England*, Athens：Ohio University Press, 2008.

⑨ 马晓俐：《多维视角下的英国茶文化研究》，浙江大学出版社 2010 年版。

⑩ 马晓俐的博士学位论文封面上注明的专业为茶学，其题目为《茶的多维魅力——英国茶文化研究》，研究重心为英国文学中的茶文化，出版时更名为《多维视角下的英国茶文化研究》。

对笔者的研究工作极具启发价值。

粗略看来，与本研究有关的学术成果数量可观，但进而观之则不难发现，因为研究旨趣所在或缘于学科畛域，本研究尚存有较大的拓展空间。

首先，就研究内容而言，已有研究多为在相关著述中有所提及或涉及，以英国茶文化为主题的成果数量较少，对17世纪中期至19世纪末期这一英国茶文化形成关键时期的考察更有待深入。比如：论者论及茶文化在英国的传播时仅笼统概述，未能从社会结构入手分析其随着时代变迁由社会上层至社会下层的动态传播；英国最终接受茶文化，换言之，其不同于西欧其他国家接受咖啡文化的原因何在，尚无论者予以深入剖析；茶文化在英国如何发生嬗变，即中国茶文化如何演变为英国茶文化，英国茶文化存有怎样的内涵，它对该时期政治、经济、社会、文化等诸多方面产生了怎样的影响，学界对此尚缺乏深入探析。

其次，就研究视角而言，现有研究涉及英国茶文化时或限于概况介绍，或重在文学批评，基于文化传播视角对英国茶文化进行的历史学研究尚付阙如。具体而言，已有成果多较为笼统，尚未能在实证研究的基础上厘清茶文化在英国传播的基本史实，比如论者在谈及英国茶文化时多对红茶给以特别关注，忽略甚至可能并未意识到英国人最初以饮用绿茶为主，后来转为以饮用红茶为主，遑论探讨这一转变发生的原因及其意义。文化传播并非一帆风顺，已有研究未能关注茶文化传播过程中传播与接纳两面的互动关联，更未能深入把握茶文化作为异质文化与本土文化所发生的碰撞、本土化融合及其隐藏的深层次问题。可以说，已有研究尚缺乏全球史视野下的文化传播关怀。

最后，就资料挖掘而言，已有研究尚留有较大拓展空间。已有成果尽管数量可观，但其中绝大部分为通俗读物或者介绍性文章，相当一部分作者不注明资料来源，人云亦云、简单重复甚至直接抄袭均屡见不鲜，较少使用重要的原始资料，没有充分运用历史上社会活动家、文学家、宗教家、医学家等所留下的原始文献，资料使用与挖掘方面存有较大空间，国内学界的相关研究尤其如此，多数论者过于偏重中文资料的使用，对英文原始材料的发掘远远不够，这导致在研究工作中易于出现偏差，损害到其研究结论的可信性。①

---

① 茶文化学者关剑平曾就茶文化研究的现状提出批评，认为茶文化研究"无力也无意接受文化研究的学术规范"，导致"茶文化研究之薄弱，不堪风吹草动"。这一批评虽然尖锐但并非夸张，关剑平对神农发现饮茶这一说法的批判即为明显例证，此外，（转下页）

四　主要内容

本研究的关注对象为英国茶文化，时段为 17 世纪中期至 19 世纪末期，意在探讨茶文化作为异质文化在英国逐渐传播的过程，进而论析茶文化在英国的本土化，剖析英国茶文化尤其是下午茶的形成及文化内涵，阐释茶文化与英国经济、政治和社会文化的关联。具体而言，本研究主要从以下几个方面展开：

前言，包括选题缘起、概念界定、研究现状、主要内容与研究进路五个方面。

第一章，茶在西方的初步传播。茶是中国先民的重要发现之一，茶文化在中国有一逐渐发展与传播的过程，同时也影响到周边国家与地区。地理大发现以来，世界性的跨区域经济文化联系更为密切，传教士、商人等跨文化传播媒介将饮茶资讯及实物传至西方，饮茶在西欧逐渐传播。荷兰为中西茶贸易的真正开创者，饮茶最初在荷兰较为流行。

第二章，茶在英国的传播与普及。受到欧陆国家的影响，饮茶在英国逐渐传播，其过程大致可分为三个阶段：17 世纪中叶至末期为初步接触阶段，该时期饮茶主要限于社会上层，英王室的示范效应扩大了其社会影响，促进了饮茶在社会上层中的传播；18 世纪初至后半期为深入传播阶段，该时期饮茶在中产阶级中日渐普及，并且随着其社会影响的扩大，饮茶在英国遭遇文化碰撞，各界人士围绕饮茶功效及其经济社会影响展开争论，英国社会对饮茶实现了由片面鼓吹到客观认识的转变，与此同时，茶与同时期传入的咖啡形成竞争，茶之所以能够胜出，与茶和咖啡的不同特性、两者社会普及程度的差异、英国在茶叶与咖啡贸易中的不同地位等因素密不可分，此外，茶与英国传统的酒精类饮品也存有竞争，饮茶一定程度上抑制了酒精类饮品的过度泛滥；18 世纪末期为饮茶在英国社会的最终普及阶段，该时期饮茶在社会下层中亦传播开来，这既与上述论争促进了英国社会对饮茶的认识有关，更是1784 年《减税法案》通过后，茶叶进口量猛增、茶叶价格相应下降的

（接上页）茶文化界广为流传的英国"红茶窃案"似乎并无其事，茶文化论著中常将马可波罗视为茶文化西传的先行者显然缺乏确凿的证据。参见关剑平《神农对于茶业的意义：兼论中国茶文化研究的学术规范问题》，《中国茶叶》2010 年第 6 期；黄时鉴《关于茶在北亚和西域的早期传播——兼说马可波罗未有记茶》，《历史研究》1993 年第 1 期；刘章才《红茶窃案：事实还是故事？》，《农业考古》2008 年第 5 期。

结果。

第三章，饮茶在英国的本土化。饮茶在英国传播的同时经文化重塑而日渐本土化，英国人不仅完成了饮茶以绿茶为主转向以红茶为主的文化选择，而且把中国红茶、西印度群岛蔗糖与传统饮食中的牛奶（乳类）真正结合起来，发展出了英国特色的饮茶方式。该饮茶方式的形成，促进了饮茶在日常饮食中的融入。在此基础之上，英国人除早餐茶与日常饮茶外还发展出了社会中上层的"低茶"（Low Tea）即"下午茶"（Afternoon Tea）与社会下层的"高茶"（High Tea），前者主要包括标准配器、英式饮茶方式、得体的服饰、规范的社会礼仪等方面，后者为饮茶并食用冷肉、鱼、鸡蛋等的"茶晚餐"，两者的区别反映了不同阶层的社会文化差异。茶文化在英国的本土化不仅体现于外在表现形式，更体现于文化内核的置换，中国茶文化的核心为中华茶道，其文化内核为"和"，而英国茶文化的标志为下午茶，其文化内核为"礼"，文化内核的置换其背后蕴藏着中英文化的显著差异与不同路向。

第四章，茶对英国经济的影响。英国人在养成饮茶习惯的同时，中英茶贸易获得迅猛发展，茶叶销售成为英国国民经济中的重要部分，托马斯·川宁、玛丽·图克与汤姆斯·立顿均为该行业的重要代表人物。饮茶还推动了英国的陶瓷器进口，刺激了英国陶瓷业的发展，使其成为工业革命中的重要方面。随着茶叶进口的发展与茶叶消费的增长，茶叶市场中掺假造假问题日益严重，议会数次颁布法令予以治理，但未能取得预期效果。由于饮茶在欧陆远没有在英国普及，欧陆进口的茶叶大量被走私到英国，英国议会于1784年通过了《减税法案》，大幅降低茶税同时征收窗税弥补财政损失，该法案致使茶叶走私无利可图，维护了英国东印度公司的利益，欧陆国家的茶叶贸易受到沉重打击，由此奠定了英国在中西茶贸易中的垄断地位。

第五章，茶与英国大众文化。饮茶在英国的传播普及，使其成为社会生活中的重要部分，除了就餐与下午茶时饮茶之外，英国人日常也频频饮茶，饮茶已经渗透到了日常社交与娱乐之中，比如日常待客、举办舞会、游览休闲茶园均与饮茶密切关联，饮茶已经成为英国人的日常习俗。英国作家将茶赞誉为"缪斯之友"，英国出现了相当数量与饮茶有关的文学作品，埃德蒙·沃勒尔（Edmund Waller）、内厄姆·塔特（Nahum Tate）、彼得·莫妥（Peter Anthony Motteux）、乔治·戈登·拜伦（George Gordon Byron）、珀西·比希·雪莱（Percy Bysshe Shelley）等，或在诗歌中对饮茶大加赞美，或生动地展示了茶文化的若干方面；亨利·菲尔丁（Henry

Fielding）、简·奥斯汀（Jane Austen）、查尔斯·狄更斯（Charles Dickens）、威廉·梅克比斯·萨克雷（William Makepeace Thackeray）等在其小说中均涉及茶文化，饮茶场景频频出现，体现出了茶文化在英国社会生活中的深刻影响。饮茶与陶瓷、绘画亦密切关联，英国的陶瓷茶具不仅具有实用功能，而且包含着丰富的文化信息，呈现出中西文化杂陈与融合的特色，威廉·荷加斯（William Hogarth）、小希曼（Enoch Seeman the Younger）、托马斯·尤文思（Thomas Uwins）等画家在社会题材的画作之中屡屡呈现饮茶场景，这不仅真实地反映了英国社会生活的实际状况，而且揭示了英国茶文化的若干重要内容。

第六章，茶与英国对外关系。饮茶对英国人而言极其重要，茶作为商品堪称中英贸易的关键所在，它对中英关系的影响极为深远，英国先后派遣卡斯卡特使团（未能抵达）、马戛尔尼使团、阿美士德使团访华，维系并发展茶叶贸易为其重要任务之一，而鸦片战争的背后也潜藏着茶贸易的影响。欧洲的饮茶习俗影响到北美殖民地，英国因为英法战争造成的财政困难而采取了在北美增税（包括茶税）的政策，此举最终引发了波士顿倾茶事件，由此揭开了北美独立战争的序幕。英国人的饮茶方式意味着茶与糖的密切关联，茶叶消费促进了中印英三角贸易的发展，加深了英国对印度与锡兰的殖民控制，蔗糖消费与种植园对劳动力的需求则成为大西洋三角贸易的重要动力，可以说，英式饮茶促进了以英国为中心的世界体系的构建。

结语。英国茶文化是奠基于全球一体化历史进程的世界经济文化交流的产物，它既是国际各种因素影响的结果，也是英国社会自身发展的需要，经过接触、碰撞与融合的复杂过程，英国最终实现了茶文化的本土化改造，茶文化在英国的植根也与社会文化乃至经济、政治均密切关联。茶文化在英国的本土化及其影响不仅体现了跨文化交流的重要历史意义，而且折射出文化交流与经济、政治乃至外交的复杂关联，借此不仅可以丰富对文化传播的认识，而且为当今中国文化"走出去"乃至"走进去"提供了有益借鉴。

五　研究进路

饮食为日常习见之物，看似平淡无奇，实则不然，"作为人类文明最重要的内容之一，饮食文化在功能上、表象上对人类的生存和演变做了最为'形而下'的表述、表达和表演，同时，其中也包含着深邃的'形而上'的哲理、学理和道理"①。饮食不仅是人类社会存在与发展的基础，而且其交流传播对世界历史的构建发挥了不容忽视的作用。季羡林先生曾对此给以论述，高屋建瓴地指出："我们是生活在文化交流中，在非常习见的东西的背后往往隐藏着一部非常复杂、十分曲折的文化交流的历史。"② 而"文化交流，能提高彼此的精神文化水平和物质文化水平，是互补互利的。这一点已为人类历史所证明，没有再争辩的必要"③。先生还身体力行，其洋洋洒洒 70 余万言的《糖史》为"作者至今为止用力最勤、篇幅最大的一部著作"④，先生认为，"像蔗糖这样一种天天同我们见面的微不足道的东西的后面，实际上隐藏着一部错综复杂的长达千百年的文化交流的历史"，先生呕心沥血钩沉爬梳，不仅勾勒了蔗糖背后的文化交流史，而且其研究还颇具深意地蕴含着"人类是相互依存，相辅相成的"这一对人类共同命运的深切关怀。⑤ 茶与蔗糖一样为常见之物，它作为中国的传统饮品最终融摄于英国文化传统，不仅成为英国人不可或缺的日常消费品，有利于文明的发展与社会的进步，而且被凝结为具有标签意义的文化符号，折射出"一部世界文化史，从某种意义上讲，就是各民族文化相互传播、碰撞、融合和不断创新的历史"⑥。但是，在认识茶这一平常之物在英国的传播其重要意义的同时，更需对文化交流进行深入探析，把握文化跨地域植根的内在机理，认识异质文化如何被重新阐释、建构并实现文化利用，因为要使中外文化交流史的研究取得更好的成果，"一方面必须广泛搜集狭义的、广义的文化内容在两国之间如何交流，另一方面还必须在此基础上追究文化的影响是否和如何在对方的国家生根、发芽、开花、结果"⑦。

在上述认识的基础之上，本研究力图从资料出发以期研究的深入。前文对已有成果进行了梳理，尽管看似成果丰硕，实则多与本研究仅有所关

---

① 彭兆荣、肖坤冰：《饮食人类学研究述评》，《世界民族》2011 年第 3 期。

② 季羡林：《交光互影的中外文化交流》，《群言》1986 年第 5 期。

③ 季羡林：《中国制造磁器术传入印度》，载《中外关系史论丛》第 5 辑，书目文献出版社 1995 年版，第 7 页。

④ 季羡林：《季羡林全集（第九卷）·糖史（一）》，江西教育出版社 1998 年版，第九卷说明。

⑤ 季羡林：《季羡林全集（第九卷）·糖史（一）》，江西教育出版社 1998 年版，自序，第 6 页。

⑥ 李喜所主编：《五千年中外文化交流史》，世界知识出版社 2002 年版，序言，第 7 页。

⑦ 周一良主编：《中外文化交流史》，河南人民出版社 1987 年版，前言，第 7 页。

联，以英国茶文化为主题的研究为数较少且多属通俗性著述。本研究尽可能搜集相关资料进行较为深入的学术探讨，利用国内外图书馆的丰富馆藏以及 JSTOR、PQDD、EEBO、ECCO、NCCO、谷歌数字图书馆等电子资源库，收集了相当数量的一手英文资料、相关论文以及电子图书。大致而言，本研究使用的资料主要分为四类。

首先为历史时期社会活动家、文学家、宗教家、医学家等所留下的原始英文文献，如署名"好心人"的《妇女抵制咖啡呼吁书》（1674）、署名"一位医师"的《论茶的使用与滥用》（1725）、约翰·卫斯理的《给朋友的一封信：关于茶》（1748）、匿名作者的《茶、咖啡与巧克力》（1790）、威廉·密尔本的《东方的商业》（1813）、罗伯特·马丁的《英国茶贸易简史》（1832）、"一位波士顿人"的《茶会的特质》（1835）、伊莱扎·钱德尔的《现代社会的礼貌：礼仪书》（1892）等。

其次为相关资料汇编，如吴觉农所编《中国地方志茶叶历史资料选辑》、陈祖槼与朱自振所编《中国茶叶历史资料选辑》、朱自振所编《中国茶叶历史资料续辑》、叶羽主编的《茶书集成》、严中平等所编著的《中国近代经济史统计资料选辑》、李文治编著的《中国近代农业史资料》、欧内斯特·莫斯纳与伊恩·辛普森·罗斯编著的《亚当·斯密通信集》、弗朗西斯·德雷克所编的《茶叶：1773 年运往北美殖民地茶叶相关信件与文件集》等。

再次为世界史与茶文化研究著述，世界史相关著述如布罗代尔的《十五至十八世纪的物质文明、经济和资本主义》、劳娜·韦泽利尔的《英国的消费行为与物质文化》，J.C. 德鲁蒙德与安妮·威尔布里厄姆的《英国人的食物：五个世纪的英国饮食史》，蒋孟引的《英国史》、钱乘旦与许洁明的《英国通史》、王觉非的《近代英国史》、周一良的《中外文化交流史》等；茶文化相关著述如简·帕蒂格鲁的《茶的社会史》、马克曼·艾利斯主编的《十八世纪英国的茶与茶桌》、阿格尼斯·雷普利尔的《茶思》、吴觉农的《茶经述评》、马晓俐的《多维视角下的英国茶文化研究》等。

最后为相关理论著述，如巴勒克拉夫的《当代史学主要趋势》、彼得·伯克的《什么是文化史》、陈启能的《当代西方史学理论》、彭兆荣的《饮食人类学》、王铭铭的《心与物游》、西德尼·明茨的《甜与权力：糖在现代历史中的地位》、周鸿铎的《文化传播学通论》等。

　　除上述四类资料之外，本研究还收集了历史时期相关诗歌、小说、油画、茶具等著述和图片予以补充，比如彼得·摩特维斯的《茶诗》（1712）、署名"写作高手"的《茶之赞诗：敬献给英国女士们》（1736）、拜伦的《唐璜》、杰弗雷·乔叟的《坎特伯雷故事》、狄更斯的《皮克威克外传》、威廉·荷加斯的版画《烟花女子哈洛德堕落记》、收藏于英国大英博物馆的英格兰皇家纹章共济会茶壶的照片等。

　　在尽可能搜集资料的基础上，进行了认真甄别、翻译、考证与解读工作，意在清晰地梳理历史事实，同时，本项研究也力图在理论方法上有所突破。

　　首先，本研究采用跨学科研究方法，力图将历史学与茶文化研究相结合，以期更为深入地阐释相关问题，比如本研究中涉及多种茶类，而且其中还涉及茶叶本身的历史变迁，只有将茶文化研究与历史学相结合才能更清晰地予以认识，再如解读英国的饮茶偏好由绿茶转为红茶，既需要认识二者茶性的差异，又需要分析英国最终选择红茶的历史文化背景，再如剖析英国社会关于饮茶的争论，既需要分析医学界有关饮茶功效即饮茶对身体有益还是有害的探讨，认识英国人对饮茶功效的理解，也需要把握社会活动家关于饮茶的经济社会影响的不同看法，正是两者的交错共振引发了英国社会关于饮茶的激烈争论。

　　其次，本研究力图实现中外文化交流史的已有研究框架与文化传播学相关理论的结合，探讨茶文化传播同样涉及茶叶贸易，但重心并不在于贸易数据的分析，而主要偏重于对茶叶贸易的文化传播意义进行探讨，或者说，需要基于文化交流史研究框架予以认识，本研究还吸收借鉴了文化传播学相关成果，把茶文化在英国的传播还原到特定的历史背景之下，于动态的历史发展过程中进行把握，梳理其传播脉络，剖析茶文化在英国的传播、碰撞与融合过程，分析其随着传播而发生的变异，比较中英茶文化的本质差异并探讨其影响因素。

　　最后，本研究吸收借鉴了饮食文化研究的相关成果，就实质而言，本研究具有文化交流史与饮食文化研究相结合的性质，吸收饮食文化研究相关成果为其中应有之义，饮食人类学中的政治经济学派侧重"食物的传记与世界过程"，这与本研究颇为契合，其代表人物为埃里克·沃尔夫与西德尼·明茨，他们"强调将某一个地方社会的研究纳入国家乃至全球宏观社会历史背景及过程中去，强调地区与地区的联系，通过对食物的生产、运销与消费过程的了解，展现其背后复杂的人群流动、贸易网络及社会权力结构"①，其研究主旨不仅契合历史学界的全球史研究潮流，并且对本项研究具有重要指导价值，比如认识茶在英国的传播即需要探讨咖啡与茶在英国所构成的事实上的竞争关系，英国最终选择饮茶而欧陆则倾向于选择咖啡，这不仅受到两者加工工艺、泡制方法的影响，背后更隐藏着茶与咖啡两种商品背后的贸易体系的作用。

概而言之，本项研究拟在搜集解读史料基础之上，采用文化交流史研究基本框架，借鉴文化传播学与饮食人类学等相关方法理论，将历史学与茶文化研究相结合，基于全球视野，在把握当时世界历史大势即奠基于世界一体化进程的全球经济文化交流不断发展的基础上，观照跨区域文化交流中传播与接纳两个方面，深入把握作为异质文化的茶文化与本土文化的接触、碰撞与最终实现的文化融合。具体而言，即以时间为主线梳理茶文化在英国的传播与本土化历程，围绕茶文化如何传播到英国、茶文化如何被接受并进行本土化改造、最终形成的以红茶为特色的英国茶文化发生了哪些变异、中英茶文化存有怎样的本质差异以及英国茶文化与特定历史时期的政治、经济、社会环境之间存有怎样的互动关系进行系统考察。

---

① 彭兆荣：《饮食人类学》，第40—41页。饮食人类学中的政治经济学派，其代表人物为埃里克·沃尔夫与西德尼·明茨，两者的重要著作目前已经出版了中文版本，前者的代表作为《欧洲与没有历史的人民》（上海人民出版社2006年版），后者的代表作为《甜与权力：糖在现代历史中的地位》（商务印书馆2010年版）。

第一章　茶在西方的初步传播

在欧洲人与中国、日本最初通商的时候，并没有茶叶进口的记录。最早进入中国、日本的天主教传教士，了解并体验了饮茶并将其传播到了欧洲。

——威廉·乌克斯①

与咖啡一样，茶在同一时期引入欧洲，它最先是由荷兰东印度公司商人从中国运来的。

——J. C. 德鲁蒙德、安妮·威尔布里厄姆②

作为世界三大无酒精饮料之一，茶堪称中国先民对世界文明做出的独特贡献。到目前为止，全球种茶国家已达 50 余个，饮茶风尚遍及世界，但寻根溯源，各国最初所饮用的茶叶、引种的茶树苗或茶籽、栽培技术、制茶工艺、茶事礼俗以及饮茶器具等均直接或间接来自中国。英国也正是在中国的直接与间接影响之下，才成为举世闻名的饮茶国家，根据 20 世纪 90 年代后期的统计资料，英国人均年饮茶量高达 2. 53 千克，居世界第二位。③ 茶并非英国的传统饮品，英国人的饮茶习惯是在长期的历史过程中逐渐养成的，其背后隐藏着值得关注的中西文化交流史。欲探讨茶在英国的传播历程，首先需要了解饮茶习俗在世界上的早期传播。

---

①　William H. Ukers, *All about Tea*, Vol. I , p. 24.

② 　J. C. Drummond, Anne Wilbraham, *The English Man's Food：A History of Five of Centuries English Diet*, London：Jonathan Cape, 1958, p. 117.

③ 　根据 20 世纪 90 年代后期的统计数据，世界人均饮茶量最多的国家为爱尔兰，年人均饮茶 3. 17 千克，鉴于爱尔兰长期处于英国统治之下这一历史关系，爱尔兰饮茶实则受到英国的影响。参见韦公远《世界人均饮茶知多少》，《茶叶通讯》2003 年第 2 期。

第一节　饮茶的早期世界传播

纵观人类历史发展历程，世界历史经历了一个从相对隔绝、封闭转变为密切联系、互相依存的发展过程，文化的传播也相应地由相对缓慢而困难变得更为快捷与便利。饮茶习俗肇始于中国西南一隅，历经长期的历史发展，最终得以在域内传播开来。与此同时，饮茶习俗也不断通过对外交流，影响到周边国家与地区，总体看来，饮茶习俗的早期传播范围尚较为有限，它传至距离遥远的西方，需要地理大发现为之开创更为有利的跨地域交流的历史条件，清理屏障，塑造广阔的世界舞台。

一　饮茶在周边国家的传播

众所周知，中国是茶的原产地，也是世界上最早发现与利用茶的国家。[①] 根据传说，炎帝神农为了天下苍生在神农架遍尝百草，茶就是这一过程之中被偶然发现的。[②] 关于这一传说，《神农本草》中的记述为："神农尝百草，一日而遇七十毒，得茶以解之。"[③] 长期以来古人对这一说法深信不疑，茶圣陆羽在《茶经》中即认为"茶之为饮，发乎神农氏，闻于鲁周公"[④]。尽管古人的这一说法不足全信，但毫无疑问，其中也包含着若干科学可信的重要信息，传说当中存有认识远古历史的关键线索。学界根据现存各种历史记载加以分析，大致上得出了较为一致的看法，国内最为权威的当代茶学专著《中国茶经》认为，"在中国，茶的发现和利用始于原始母系氏族社会，迄今当有五六千年的历史了"[⑤]，有关茶史的专

---

① 茶树原产地问题是学界较为关注的问题，较为重要的研究成果可见吴觉农撰《茶树原产地考》（《中华农学会报》1923 年第 37 期）与庄晚芳著《茶树生物学》（科学出版社1957 年版）等论著，有关该问题的概述参见朱自振编著《茶史初探》（中国农业出版社 1996 年版）中的相关内容以及邹元辉的《历时百多年的"世界茶的起源地"之争》（《农业考古》1994 年第 4 期）等论著。

② 关剑平曾就此撰文，论证了神农发现饮茶这一说法并非历史事实，笔者对此表示赞同，在此仅将其作为影响甚大的传说予以叙述。参见关剑平《神农对于茶业的意义：兼论中国茶文化研究的学术规范问题》，《中国茶叶》2010 年第 6 期。

③ 朱自振编著：《茶史初探》，中国农业出版社 1996 年版，第 15 页。

④ （唐）陆羽著，沈冬梅校注：《茶经》，中国农业出版社 2006 年版，第 40 页。

⑤ 陈宗懋主编：《中国茶经》上卷，上海文化出版社 1992 年版，第 7 页。

著论文大致上也认为，茶最初被发现与使用是在原始社会至奴隶社会时期。最新考古成果进一步推进了上述认知，根据 2015 年 7 月浙江省文物考古研究所与中国农业科学院茶叶研究所公布的科研成果，河姆渡田螺山遗址出土的山茶属树根生长于距今 6000 年前，这是考古界迄今为止在我国发现的最早的人工种植茶树的遗存。该最新考古成果与文献记载相对照，证明了中国先民种植与利用茶树的悠久历史。

文化传播学研究已然揭示，"文化的传播功能是文化的首要的和基本的功能，文化的其他功能都在这一功能的基础上发展起来"①。茶被中国先民发现与利用之后，就此开始了向更大地理范围的不断传播，在中国境内，经历了相当长的历史时期，饮茶由地域文化渐而广泛传播开来。根据已有研究，茶文化最初是在巴蜀发展起来的，具体而言，"是在古代巴蜀或今天四川的巴地和川东"②。在先秦、秦汉直到西晋这一历史时期，巴蜀是我国茶叶生产和技术的重要中心。缘此，早期与茶有关的记述多与巴蜀有关，比如西汉著名辞赋家王褒即蜀郡资中人士，其所撰《僮约》为早期饮茶史的重要文献，其中规定家僮所做事务包括"烹茶尽具"与"武阳买茶"。③ 自秦人取蜀之后，蜀地与其他地区的经济文化交流不断发展，饮茶习俗与制茶技术日益扩散，因四川盆地的边缘山脉绵延不绝并且山势陡峻，所以饮茶习俗主要借长江不断东传，西汉时期，茶叶生产已经传至湘、粤、赣等毗邻地区。从东汉至南北朝时期，饮茶在江南地区已然成为风尚，所以，东晋的杜预关注了自茶树生长至茶叶饮用的全部过程，甚至涉及了饮茶功效，撰写了目前可知的最早的茶赋《荈赋》：

> 灵山惟岳，奇产所钟。厥生荈草，弥谷被岗。承丰壤之滋润，受甘露之霄降。月惟初秋，农功少休；结偶同旅，是采是求。水则岷方之注，挹彼清流；器择陶简，出自东隅；酌之以匏，取式公刘。惟兹初成，沫沉华浮。焕如积雪，晔若春敷。④

至唐代中叶，饮茶之风基本上已经遍及大江南北，"正是在唐代，茶

---

① 周鸿铎：《文化传播学通论》，中国纺织出版社 2005 年版，第 18 页。

② 朱自振编著：《茶史初探》，中国农业出版社 1996 年版，第 21 页。

③ （清）严可均编：《全汉文》，第四十二卷，商务印书馆 1999 年版。

④ （唐）欧阳询编，汪绍楹校：《艺文类聚》第 82 卷，上海古籍出版社 1965 年版。

始有字，茶始作书，茶始销边，茶始收税"①，陆羽于该历史时期撰写《茶经》绝非偶然，而是因为"唐代饮茶不仅已深入社会各阶层，而且更进一步与文人诗会、僧人修禅、朝廷文事、对外交流联系起来"②，唐代茶文化兴盛是饮茶基本普及、影响空前的发展结果。所以，我国古代史籍中经常会出现茶"兴于唐"或"盛于唐"等类似说法，这一点已为学界广泛认可，西方文献中也持类似看法，"众所周知，茶在整个中国变得普遍起来是在9世纪"③。

随着饮茶风尚在中国的形成，它的影响日益扩散，随着中外经济文化交流的发展，与中国相邻的各地区也开始接触与了解茶文化，甚至开始种植栽培茶树、制作茶叶，逐渐养成了饮茶的习惯。按照传播线路而言，该时期饮茶主要向南、西与东三个方向展开。

中国茶叶最早的向外传播即向南传播。由于我国茶文化发端于西南地区，所以向南传播具有更为便利的地理条件，根据目前的研究，秦灭蜀之后，许多少数民族迁移到云南南部区域，茶由此而向南传播，进入越南与缅甸一带的山区。而随着茶文化在中国进一步发展，茶文化向南传播之势更趋明显，在长期受到中国文化浸润甚至被政治统治的安南，其茶叶消费在唐代时期已经较为普遍，"衡州衡山团饼而巨串，岁收千万。自潇湘达于五岭，皆仰给焉。其先春好者，在湘东，皆味好。及至湖北，滋味悉变，虽远自交趾之人，亦常食之，功亦不细"④。不仅如此，安南还成为茶文化进一步对外传播的中转站，甚至影响波及天竺与中南半岛诸国。

茶文化对外传播的第二个方向即向西传播。就茶文化向周边国家与地区西传而言，主要影响到了印度以及中亚乃至西亚地区。早在西汉时期，汉朝的对外经济文化交流活动较为频繁，饮茶之风可能已经沿丝绸之路向西传播，到达了中亚乃至西亚各国。唐代时期，中印交流更趋频繁，茶已

---

① 陈宗懋主编：《中国茶经》（上），第 38 页。朱自振对唐代始出现"茶"字一说持有异议，认为现存最早的出现"茶"字的文献并非唐代的《开元音义》，而是隋代仁寿初年撰刊的《广韵》，至唐朝中期，随着茶文化的蓬勃发展，陆羽、卢仝等在《茶经》《茶歌》中用"茶"而非"荼"，增强了"茶"字的权威性和合法性，推进了社会上"弃荼取茶"的发展，以至唐朝中后期，即实现了由"荼"到"茶"的根本变革。详见朱自振《关于"茶"字出于中唐的匡正》，《古今农业》1996 年第 2 期。

② 王玲：《中国茶文化》，第 38 页。

③ Edward Fisher Bamber, *Tea*, London：Langmans, Green, Reader and Dyer, 1868, p.5.

④ （唐）杨晔：《膳夫经手录》，清初毛氏汲古阁抄本。转引自宋时磊《唐代茶文化问题研究》，博士学位论文，武汉大学，2013 年，第 67 页。

经成为经济文化往来的重要部分，"唐代丝、茶、瓷及其他土特产品不断输入天竺，并成为帝国对外贸易的主要对象之一；由天竺输入中国的物品，有胡椒、棉花、沙糖、香料和奢侈品等，直接或间接影响到两国经济的发展和进步"①。西方学者从语音的角度论证，认为"极为可能茶是从中国被带到印度的，因为关于茶的印度语言与中国的'Cha'一样"②。季羡林先生在详述唐朝传播到印度的物品时列举到，"桃和梨是从中国传到印度去的。此外，中国杏曾传到了世界上许多国家，印度杏也可能是从中国传入的。从中国传入印度的还有白铜、磁土、肉桂、黄连、大黄、土茯苓等等。举世闻名的茶，更不必说了"③。根据历史资料来看，14 世纪时期茶经新疆西传已有确切记载，比如东察合台汗国大臣忽歹达享有多种特权，其第二项为："可汗用两名仆人给自己送茶，送马奶，忽歹达用一名仆人给自己送茶送马奶。"④ 说明可汗与贵族已经开始享用茶和马奶。15 世纪初期，典籍中还出现了禁止茶叶带出中国的记述，波斯使者 1421 年 7 月 2 日到达平阳城，"它是一个很美丽和整齐的城市，在那里，按照惯例，要打开人们的行李进行检查，看看有没有把违禁品带出中国，例如中国的茶。但使臣们特许不让检查行装"⑤。该记述中并没有进行违禁品检查，但恰恰说明，当时存在波斯人或者其他西亚人将茶带出的行为，所以才引起官方注意并特意予以禁止。

茶文化向外传播的第三个方向即向东传入朝鲜半岛与日本。公元 632 年至 646 年，新罗王统一朝鲜，当时饮茶习俗可能已经传入。根据韩国学者记述，公元 828 年，朝鲜使者大廉由中国带回茶籽，种在了智异山下的华岩寺周围，所以大廉为将茶文化"从中国传入韩国确切有记载的第一个传播者"⑥。朝鲜半岛开始进行茶叶生产，饮茶习俗也日益传播，由考古资料可以发现，这一时期唐朝输入朝鲜半岛的物品中也包括茶具，比如在曾作为新罗首都的庆州即出土了制造于唐代元和十年（815 年）的玉璧底茶碗，再如益山弥勒寺出土了制作于唐代大中十二年（858 年）的茶具。被后世誉为"东国儒宗"的朝鲜著名学者崔致远，曾经长期在唐朝

---

① 吴枫、陈伯岩：《隋唐五代史》，人民出版社 1954 年版，第 120 页。

② Edward Fisher Bamber, *Tea*, p. 5.

③ 季羡林：《中印文化交流史》，新华出版社 1993 年版，第 110 页。

④ 刘志霄：《察合台汗国初探》，《新疆社会科学》1986 年第 3 期。

⑤ ［波斯］火者·盖耶速丁：《沙哈鲁遣使中国记》，何高济译，中华书局 1981 年版，第 136 页。

⑥ ［韩］崔锡焕：《中国茶文化东传韩国的主要代表人物及其贡献》，载《"海上茶路·甬为茶港"研究文集》，中国农业出版社 2014 年版，第 353 页。

学习与为官，他不仅养成了饮茶习惯甚至还撰有《谢新茶状》："右某今日中军使俞公楚奉传处分，送前件茶芽者。伏以蜀岗养秀，随苑腾芳，始兴采撷之功，方就精华之味。所宜烹绿乳于金鼎，泛香膏于玉瓯。若非精揖禅翁，即是闲邀羽客，岂期仙觌，猥及凡孺。不假梅林，自能愈渴；免求萱草，始得忘忧。下情无任感恩惶惧激切之至，谨陈谢，谨状。"① 由此可以看出，崔致远对唐代流行的煎茶法非常熟悉，语句之间也透露出对饮茶的喜爱。茶叶东传的另一重要地区即日本。早在汉朝时，中国的茶文化可能就已经传入日本。据说，高僧行基曾在寺院中种茶。但就文献记述来看，最澄禅师较早地接触到饮茶，805 年他返回日本时，不仅将经书章疏以及法器等献与天皇，"还把从天台山带回的茶籽播种在位于京都比睿山麓的日吉神社"②。最澄禅师不仅引种茶树，而且将饮茶活动导入了日本的寺院佛堂，对饮茶在上流社会的传播起到了重要作用。稍晚，空海和尚于 806 年返回日本，他回国时"带回了茶籽并献给了嵯峨天皇"③。有关茶的记述出现于日本正史，最早见于 840 年成书的《日本后纪》，其中记述了 815 年 4 月某日，"大僧都永忠，手自煎茶奉御。施御被，即御船泛湖"④。说明曾经来唐朝学佛的高僧永忠亲自为嵯峨天皇煎茶，而且得到了其嘉许。嵯峨天皇对饮茶颇为倾心，为了获得茶叶，"令畿内并近江、丹波、播磨等国植茶，每年献之"⑤。可以看出，该时期有关种茶、饮茶的记述明显增多，而且多与佛教有关，最澄、空海与永忠对茶文化在日本的传播做出了重要贡献。但毫无疑问的是，在日本传播茶文化贡献最大者当属荣西禅师。南宋时期，荣西禅师两度来华学佛，他居住在天台寺时，每天都能目睹当时社会上下僧俗皆嗜茶的情形，饮茶之风的盛行对他产生了深刻影响。返回日本时，荣西禅师携带了大量的茶籽，回国之后，他将其种在了肥前脊振山，还将部分茶籽赠予惠明上人，后者将其种在了拇尾山（即今天的宇治），后来这里成为日本著名的产茶地区。与此同时，荣西禅师还撰写了日本的第一部茶书《吃茶养生记》，该著作还得到

①　［新罗］崔致远撰，党银平校注：《桂苑笔耕集校注》（下），中华书局 2007 年版，第663 页。

②　滕军：《中日茶文化交流史》，人民出版社 2004 年版，第 25 页。

③　滕军：《中日茶文化交流史》，人民出版社 2004 年版，第 28 页。

④　转引自刘礼堂、宋时磊《唐代茶叶及茶文化域外传播考》，《武汉大学学报》（人文科学版）2013 年 5 月。

⑤　转引自刘礼堂、宋时磊《唐代茶叶及茶文化域外传播考》，《武汉大学学报》（人文科学版）2013 年 5 月。

了幕府将军赖实朝的关注：1214 年 2 月 4 日，赖实朝将军因为前夜饮酒过度而颇感不适，恰逢荣西来到将军府做法事，于是他派人回寿福寺取茶，然后为将军点了一碗茶，赖实朝服用之后感到舒畅爽快，于是问荣西此为何物，荣西回答这是茶，而且还献上了自己撰写的《吃茶养生记》。后来，《吃茶养生记》在日本乃至世界均产生了较大的影响①，所以，人们尊称荣西禅师为"日本茶祖"。

二　饮茶资讯的西传

在较长历史时期，饮茶文化的传播主要局限于中国周边国家与地区，其世界传播尚需赖于全球交流历史条件的形成。纵观世界历史的发展，16 世纪可谓重大转折期。自古以来，世界处于相对的孤立隔绝之中，各洲虽然间或有所交流与联系，但就总体而言影响有限。历史的车轮运转至 16 世纪，地理大发现时代不期而至，世界性的跨地域经济文化交流不断发展与加强，全球意义的"世界"历史借此真正诞生。在风起云涌的时代大潮之中，葡萄牙领风气之先。15 世纪早期始，著名的亨利王子作为航海家在萨格雷斯创办了地理研究机构，搜集、整理与研究航海相关的信息，先后多次组织远至非洲西海岸的海上探险活动，延至 15 世纪后半期，葡萄牙的航海探险活动继续进行并取得进一步突破。1473 年，葡萄牙船只驶过赤道抵达刚果河口，1487 年，迪亚士率船航行至非洲南端进而闯入印度洋，1497 年，达迦马更进一步，经过非洲东岸并于次年抵达印度的卡利卡特。葡萄牙人通过坚持不懈的探索，终于成功开辟了由大西洋绕非洲南端（即好望角）到达印度洋的航线，沟通东西的欧亚海上通道就此打通。东西交流的日益畅通为茶叶资讯西传以及后来的中西茶贸易创造了历史条件。

西方人究竟最早于何时得知有关饮茶的资讯，目前茶学界与历史学界的看法明显不一。国内茶学界多倾向于《马可·波罗游记》向西方人介绍了饮茶习俗，茶学家庄晚芳认为马可·波罗曾讲述了中国的饮茶趣事②，其他茶文化书籍很多持有类似看法，比如王玲认为蒙古西征不可能

---

① 茶学界有世界三大茶书的说法，不过具体所指并不一致，第一种说法为陆羽的《茶经》、荣西禅师的《吃茶养生记》、威廉·乌克斯的《茶叶全书》；第二种说法为陆羽的《茶经》、冈仓天心的《茶之书》、威廉·乌克斯的《茶叶全书》，尽管只有前一说法将《吃茶养生记》列入其中，但还是可以显示出《吃茶养生记》在全世界的重要影响。

② 庄晚芳：《中国茶史散论》，科学出版社 1988 年版，第 188 页。

不携带奶茶，明文记载饮茶者即马可·波罗，"《马可·波罗游记》中明文记载从中国带去了瓷器、通心粉和茶"①，其他不再一一列举。历史学界的看法明显不同，史家杨志玖论述马可·波罗抵达中国时谈及，马可·波罗游记中未曾提及饮茶，这一点成为学界争论其是否抵达过中国的重要证据②，史家黄时鉴其实之前进行过相关研究，认为"从十四世纪起讫至十七世纪前期，经由陆路，中国茶在中亚、波斯、印度西北部和阿拉伯地区得到不同程度的传播。而正是经过阿拉伯人，茶的信息首次传到西欧。值得注意的是，在 1559 年记下这个信息的拉木学（Giambatlista Ramusio）正是马可·波罗的同乡，这位威尼斯学者曾竭力宏扬马可·波罗，却并未因茶事而对马可·波罗来华提出质疑。我们不能不说，拉木学对于中国茶西传的历史感觉实在令人钦佩"。③ 该文指明马可·波罗并没有明确提及饮茶。

茶学界与历史学界看法不一，两者对此似乎缺乏交流与探讨。但毫无疑问的是，茶学界认为马可·波罗向西方介绍了茶文化，并没有令人信服的文献资料予以证明，其说法均未标明出处。对于这一问题，笔者不敢妄加断言，因为经过长期的历史流传，《马可·波罗游记》版本繁多，据统计，"在本世纪（指 20 世纪）30 年代末已有抄写稿本及印刷本 143 种，伍德博士说还有 7 种分散的有关的版本"④，目前尚无条件予以全部收集与梳理。西方学界的看法与国内历史学界的看法相类，似乎并不认可马可·波罗向欧洲介绍饮茶这一说法，比如 1878 年出版的小册子《茶：秘密与历史》中认为，"无论作为植物还是饮品，马可·波罗均未提及茶，这一遗漏颇为难解，因为无论马可·波罗本人还是其父亲一定造访过茶被普遍饮用的地区"⑤。在茶学名著《茶叶全书》中，威廉·乌克斯所持观点大致相同，"在马可·波罗的游记中，并未提及饮茶"，他对此还给出了自己的解释，认为"马可·波罗停留在中国的时间，适逢蒙古族入主

① 王玲：《中国茶文化》，第 336 页。

② 杨志玖：《马可·波罗到过中国——对〈马可·波罗到过中国吗?〉的回答》，《历史研究》1997 年第 3 期。

③ 黄时鉴：《关于茶在北亚和西域的早期传播——兼说马可·波罗未有记茶》，《历史研究》1993 年第 1 期。

④ 杨志玖：《马可·波罗到过中国——对〈马可·波罗到过中国吗?〉的回答》，《历史研究》1997 年第 3 期。

⑤ Samuel Phillips Day, *Tea：Its Mystery and History*, London：Simpkin, Marshall &Co., 1878, p. 20.

中原，所以担当了大汗忽必烈的客卿，对于被统治民族的风俗习惯，并未给以充分关注"[1]。杨志玖先生的解释更为详细："马可·波罗书中没有提到中国的茶，可能是他保持着本国的习惯，不喝茶。当时蒙古人和其他西域人也不大喝茶，马可·波罗多半和这些人来往，很少接触汉人，因而不提中国人的饮茶习惯。"[2] 对于该时期蒙古人的饮茶状况，黄时鉴先生进行了考察，认为"很难说在13世纪90年代以前蒙古人和回回人已经饮茶成风"[3]。综而观之，马可·波罗在其游记中并没有记述饮茶，而其原因主要是其接触到的社会环境中，茶的影响较为有限，所以他对此未加以关注，可以看出，马可·波罗并非将茶文化传入西方的第一人。

无论如何，目前能够确切知道的情况如下：在欧洲出版的最早介绍茶叶的著作是威尼斯作家拉木学的两部大作《中国茶》与《航海旅行记》。拉木学曾担任威尼斯"十人会议"秘书一职，得以经常见到往来于各地的商人与旅行家，他注意搜集航海与探险资料，并加以整理发表。涉及饮茶的著述均于16世纪中叶撰写并在1559年出版[4]，他在《航海旅行记》第二卷序言中明确提到，自己是从商人哈只·马合木[5]那里得知中国社会流行饮茶习俗的。

> 讲述者的名字为 Hajji Mahommed 或 Chaggi Memet，他为里海之滨的契兰（Chilan）即波斯人，他本人曾到过印度的苏迦（Succuir），在与我谈话时已返回威尼斯。他告诉我，中国（Cathay）各地使用另一种植物——或更确切地说是其叶片。它被彼邦人民称为中国茶（Chai Catai），这种植物生长在中国四川嘉州府，在各个地方，它是一种常用之物，受人珍视。他们取用这种植物，不论干叶还是鲜叶，均置于水中煮好，空腹饮用一两杯煎成的汤汁，可以祛除热症、头

---

① William H. Ukers, *All about Tea*, Vol. I, p. 24.

② 杨志玖：《马可·波罗与中国》，载《元史三论》，人民出版社 1985 年版，第 130 页。

③ 黄时鉴：《关于茶在北亚和西域的早期传播——兼说马可·波罗未有记茶》，《历史研究》1993 年第 1 期。

④ Joseph M. Walsh, "*A Cup of Tea*", *Containing a History of the Tea Plant*, Philadelphia, 1884, p. 15.

⑤ 有关商人哈只·马合木，目前存有其为阿拉伯人与波斯人两种说法，黄时鉴先生认为其是阿拉伯人，威廉·乌克斯认为其是波斯人。参见黄时鉴《关于茶在北亚和西域的早期传播——兼说马可·波罗未有记茶》，《历史研究》1993 年第 1 期；William. H. Ukers, *All about Tea*, Vol. I, p. 23.

疼、胃疼、肋疼与关节疼。注意饮用时须热饮，以能忍受为宜。除此之外还说，它对抑制其他许多疾病也有益处，他未能完全记住，但痛风是其中之一。假若有人感觉积食伤胃，如果他能饮用少许此种煎汁，很快即可消滞化积。故而此物为人珍重，认为每一位旅行者宜随身携带，人们不论何时愿以一袋大黄换取一盎司中国茶。那些中国人这样夸耀，假若世界上我们所属的地区以及在波斯与拂郎（Franks），人们只知道它，毫无疑问，商人不会再投资于大黄（rhubarb）。①

拉木学的记述极为简明扼要，但大致上包括了有关饮茶的主要知识，对于茶的产地、如何使用、有何功效等基本情况进行了介绍。如果说拉木学记述的仅为别人的介绍，那么，16 世纪到达东方的天主教传教士则是欧洲人中最早亲身见闻饮茶者。1556 年，葡萄牙传教士（属多明我会）加斯柏尔·达·克路士到达中国，他曾在广州停留居住数月，正是在中国生活的过程中亲自见闻了当地人的饮茶习惯，专门对此记述如下：

> 如果有人或有几个人造访某个体面人家，那习惯的作法是向客人献上一种他们称为茶（cha）的热水，装在瓷杯里，放在一个精致的盘上（有多少人便有多少杯），那是带红色的，药味很重，他们常饮用，是用一种略带苦味的草调制而成。他们通常用它来招待所有受尊敬的人，不管是不是熟人，他们也好多次请我喝它。②

克路士的记述尽管也较为简略，但其中很多内容颇为具体，与拉木学的记述相比已经有了较大进展，他准确说明了时人如何以茶待客以及饮茶所用的茶具，清楚地指出了茶的颜色和味道，在此之前，这些有关饮茶的具体信息为西方所缺乏，因为这需要亲身体验与感知，才能准确体会与认识并给以介绍。克路士的记述很快问世，目前存世的有 1569—1570 年的葡萄牙文编本。③ 不过，尽管克路士有关茶的记述，发生时间较早，但著

---

① William. H. Ukers, *All about Tea*, Vol. I , p. 23.

② ［葡］克路士：《中国志》，载［英］C. R. 博克舍编《十六世纪中国南部行纪》，何高济译，中华书局 1990 年版，第 98 页。

③ ［葡］克路士：《中国志》，载［英］C. R. 博克舍编《十六世纪中国南部行纪》，何高济译，中华书局 1990 年版，第 2 页。

作出版的时间晚于拉木学的著述。

此后，与饮茶有关的资讯不断从东亚传入欧洲。1565 年 12 月 25 日，在日本传教的意大利籍传教士路易斯·艾美达写信回国时提及，日本人喜欢饮用"一种煮过的药草，人们称其为茶，任何人一旦习惯了的话，那么，它是一种味道可口的饮料"①。艾美达在赴日传教之前曾经是一名医师，他在日传教之时适逢日本茶道最终形成的关键期，日本的茶道宗师千利休正苦心孤诣深入钻研，整个社会茶风劲吹，艾美达对当时日本茶文化是否有更多的感受目前不得而知。② 1567 年，两名哥萨克人首领彼得罗夫与亚雷舍夫在中国进行游历后返回了俄国，他们在中国接触到了茶叶，所以将有关茶叶的信息首次传至俄国。③ 总体看来，上述人士向欧洲人介绍的关于饮茶的资讯都较为简略，从而也使得欧洲人对于饮茶的了解非常肤浅，甚至只是只言片语。

稍晚，西班牙籍传教士胡安·门多萨在《中华大帝国史》中再次介绍了饮茶。门多萨 19 岁即加入了奥古斯丁修会，他曾受命出使中国进行传教活动，但遗憾的是最终因为形势的变化而未能成行，后应教宗乔治十三之命，广泛搜集前人留下的访华报告、信札、著述等多种珍贵历史资料，最终编撰成为《中华大帝国史》，该著作于 1585 年印行。根据书中的记述："他们（中国人）盛情招待客人，即刻摆上饮料（bever）或茶点及很多蜜饯和果品，美酒，还有另一种在全国各地都饮用、用各种草药制成的饮料，有益于身心，饮用时要加热。"④ 尽管书中关于饮茶的介绍主要源于克路士的著述，但其社会影响力却为《中国志》所远远不及，《中华大帝国史》问世后，至 16 世纪末的十多年间，就被译成拉丁文、

① Michael Cooper, "The Early Europeans and Tea", Paul Varley and Kumakura Isao, *Tea in Japan: Essays on the History of Chanoyu*, Honolulu: University of Hawaii Press, 1989, p. 104.

② 有关西方人在日本对饮茶的观察与接触，米歇尔·库珀认为，西方人在 16 世纪上半叶进入日本后观察到日本人饮用热水或者混合了药草的"热水"，其温度以能够忍受为宜，他认为这种"热水"就是茶水，早期的欧洲人之所以没有注意到其中的茶，是因为日本人放置其中的为茶粉，西方人对此并不熟悉，只是观察到了水，没有对茶粉给以关注，所以认为日本人只是在饮用"热水"，其实饮用"热水"即饮茶，而明确指出饮茶而且有确切日期的资料证明即路易斯·艾美达的信件。参见 Michael Cooper, "The Early Europeans and Tea", Paul Varley and Kumakura Isao, *Tea in Japan: Essays on the History of Chanoyu*, Honolulu: University of Hawaii Press, 1989, pp. 103-104。

③ William. H. Ukers, *All about Tea*, Vol. I, p. 25.

④ [西] 胡安·门多萨:《中华大帝国史》，何高济译，中华书局 1998 年版，第 131 页。

意大利文、英文、法文、德文、葡萄牙文以及荷兰文等多种文字，共发行46 版，其影响力可见一斑。

此后，耶稣会士马菲（Giovanni Pietro Maffei）的《印度史》于 1588年出版，尽管作者本人并不曾前往东方，只是搜集整理了其他耶稣会士提供的资料，但他还是对饮茶给以关注并加以介绍，由于耶稣会士至日本传教早于中国，所以《印度史》中采取了将中国与日本进行比较的方式，其涉及饮茶的内容如下：

> 中国人如同日本人一样，从药物植物中得到茶——一种他们饮用的温热饮品，它非常有利于健康，不仅可以化痰、驱除疲惫与改善视力模糊，而且还能延年益寿。日本人极其小心谨慎，以便制出质地优良的茶叶，社会名流亲手为友人备茶，甚至他们的房子设有专门的房间用于这一用途。①

1582 年，受耶稣会的差遣，著名意大利传教士利玛窦来到澳门，开始了在中国的传教历程，直到 1610 年去世。利玛窦在中国生活了二十余载，非常熟悉明代中国人的生活，对中国茶文化的了解也远胜过其先驱。利玛窦对于中国人的饮茶爱好、饮茶的益处、日本与中国在饮茶方式上的不同点进行了系统归纳：

> 有一种灌木，它的叶子可以煎成中国人、日本人和他们的邻人叫做茶（Cia）的那种著名饮料。中国人饮用它为期不会太久，因为在他们的古书中并没有表示这种特殊饮料的古字，而他们的书写符号都是很古老的。的确，也可能同样的植物会在我们自己的土地上发现。在这里，他们在春天采集这种叶子，放在阴凉处阴干，然后他们用干叶子调制饮料，供吃饭时饮用或朋友来访时待客。在这种场合，只要宾主在一起谈着话，就不停地献茶。这种饮料需要品啜而不要大饮，并且总是趁热喝。它的味道不是很好，略带苦涩，但即使经常饮用也被认为是有益健康的。

---

① Joseph M. Walsh, "A Cup of Tea", *Containing a History of the Tea Plant*, p.16. 沃尔什在本书中提到马菲的《印度史》出版于 1559 年，乌克斯认为出版于 1588 年，笔者检索发现最早的版本为在佛罗伦萨出版的 1588 年版。参见 William H. Ukers, *All about Tea*, Vol. I , p.25。

这种灌木叶子分不同等级，按质量可卖一个或两甚至三个金锭一磅。在日本，最好的可卖到十个或甚至十二个金锭一磅。日本人用这种叶子调制饮料的方式与中国人略有不同：他们把它磨成粉末，然后放两三汤匙的粉末到一壶滚开的水里，喝这样冲出来的饮料。中国人则把干叶子放入一壶滚水，当叶子里精华被泡出来以后，就把叶子滤出，喝剩下的水。①

由利玛窦的记述来看，他对当时中国人的饮茶习俗已经非常了解，但是，或许缘于利玛窦对中国历史文化的隔膜，他对茶的介绍中包含着若干不当甚至错误之处。比如，他认为中国人饮用茶的历史不会太久，显然是对中国先民发现并利用茶的历史不甚了解，而其论证理由为中国古籍中没有"茶"字，这或许是因为"茶"在古书中的称谓并不统一所致，茶在古书中称谓多样，如陆羽所言，"一曰茶，二曰槚，三曰蔎，四曰茗，五曰荈"②。尽管如此，利玛窦对于茶的介绍与前人相比仍深入了许多。另外还需注意的是，利玛窦本人未曾抵达日本传教，他却极为自然地比较中日饮茶的差异，尽管由于其对日本饮茶历史的了解不够深入，未能指出所述及的日本饮茶法实为中国茶文化在日本传播、发展的结果，但由其对日本饮茶法并不陌生来看，再结合前文中马菲的论述可以看出，在日传教的耶稣会士当时已经较为详尽地将日本的饮茶情况传至欧洲，然后他们才逐渐了解到中国的饮茶习俗。1615 年，利玛窦的著述在奥格斯堡出版了拉丁文版本，后又相继出版了法文版本三种，拉丁文版本四种，西班牙文、德文和意大利文版本各一种，英文摘译本一种，真可谓一纸风行欧洲，有助于欧洲对中国茶文化的进一步了解。

利玛窦开启了在华传教的大门之后，欧洲来华传教士逐渐增多，1613年，葡萄牙籍传教士曾德昭抵达南京并开始传教，他中间曾返回欧洲，最终在 1658 年卒于广州。曾德昭在其撰写的《大中国志》中记述道：

茶有好多种类，既因植物不同，也因上等的叶子比别的精细；所有植物差不多都有这一特性。按质量一磅的价钱从一克朗到四法丁，有若干差别。这种烘干的茶叶放入热水，显出颜色、香味，初尝不好

---

① ［意］利玛窦、金尼阁：《中国札记》上册，何高济等译，中华书局 1983 年版，第 17—18 页。

② （唐）陆羽著，沈冬梅校注：《茶经校注》，第 1 页。

喝，但习惯后就能接受它。中国和日本大量饮茶，不仅通常代替饮料，也用以招待访客，像北方用酒一样。那些国家一般都认为，接待来客，即使生客，只说些客气话，太寒碜小气，至少必须请茶；如访问时间长，还须招待水果甜品；有时为此铺上一块桌布，如不铺，则把果品放在一张小几上的两个盘内。据说这种茶叶很有功效，可以肯定它有益健康，无论在中国还是在日本，没有人患结石病，也没听说此病的名字，可以由此推测，喝这种饮料对这种病是有效的防治；还可以确定，如有人因工作游乐关系，想要熬通宵，那么它有消除困倦之力，因为它浓厚的味道容易使头脑清醒；最后它对学生是有益的帮助。其余功效我不能十分肯定，所以不去谈它。①

主人给每位（宾客）安排好适合他的身份地位的位置，……（宾主）就座后，马上端来叫做茶的饮料，这也是按先后次序递送。

在有些省，频频上茶被认为是一种敬意，但在杭州省，如果上第三次茶，那就是通知客人离开的时候了。如客人是朋友，要呆些时间，那么马上安排一张桌子，摆上甜食和果品，他们绝不怠慢客人，这几乎是亚洲人的习惯，和欧洲的风俗不同。②

曾德昭对中国饮茶习俗的了解十分深入，不再局限于饮茶方法、味道等基本内容，对饮茶功效的认识较为具体，如饮茶能够防治结石病、消除困倦乏力，更为重要的是，他准确掌握了饮茶的礼仪内涵，客人需按照身份地位一一入座，主人则按先后次序递送，以茶待客表示敬意，常被后世视为清代官场习俗的"端茶送客"这时似乎已经在"杭州省"初步萌芽。《大中国志》完成于1638年，1642年被摘译为西班牙文，1643年又有意大利文版本发行，1645年后又出现了两种法文译本，1655年则出现了英文译本。《大中国志》的广为流传对欧洲深入了解中国茶文化起到了一定作用。

地理大发现为东西交流创造了更为有利的历史条件，饮茶资讯得以不断传入西方，且呈现日益深入的趋势，来东方传教的传教士担当了跨文化传播媒介的角色，从中发挥了重要作用。与此同时，因各种原因而抵达东方的西方人也已经开始尝试饮茶。饮茶资讯的西传与欧洲人对饮茶的初步体验，都为中西茶贸易的开启奠定了基础，为饮茶习俗在欧洲的广泛传播

---

① ［葡］曾德昭：《大中国志》，何高济译，上海古籍出版社1998年版，第23页。

② ［葡］曾德昭：《大中国志》，何高济译，上海古籍出版社1998年版，第75—76页。

揭开了序幕。

第二节　饮茶在荷兰的传播

自从欧洲人打通了通往东方的航线之后，占风气之先的葡萄牙人首先闯入东南亚地区，致力于开展利润丰厚的香料贸易。从 1509 年至 1515 年，阿方索·德·亚伯奎任葡萄牙的印度总督，他通过占领索科特拉岛和霍尔木兹岛，攻克并占据果阿城，控制马六甲海峡，从而掌控了跨越半球的远洋航海线路，一时之间，葡萄牙人几乎垄断了东西方之间的贸易。但是，葡萄牙人看重的是当时最为重要的传统商品——香料，并且他们的确通过该贸易获利甚丰，"通过直接由海路运送回的胡椒与丁香，使葡萄牙人如此富有，以致葡萄牙的财富与远比其面积更大、人口更多的王国相比，亦毫不逊色"①。但由于其关注点集中于香料，所以，无暇顾及茶叶作为一种商品所潜藏的巨大价值。

即使这样，葡萄牙人仍然可能成为将茶带入欧洲的先行者。葡萄牙人来到东方进行冒险，自然会接触到社会生活的各个层面，了解到各地的风土人情与特色商品，根据学者汪敬虞的看法，随着商船来到东方的葡萄牙海员可能将茶带回了本国②，而且葡萄牙已经开始有人尝试饮茶，尽管该说法并无有力的证据支撑，但也符合常理的推断。国外亦有类似看法，罗伯特·魏塞特于 1801 年出版的小册子中认为，葡萄牙作为东方贸易的先行者，可能最早接触到茶③，而兰基斯特在出版于 19 世纪的小册子中也不太肯定地认为葡萄牙人首先将茶引入了欧洲，"首次将茶引入欧洲据说为葡萄牙人所为，早在 1577 年时，他们开始了与中国的经常性贸易"④。无论如何，该时期茶在葡萄牙社会中得以小范围传播，这从葡萄牙公主凯瑟琳嗜好饮茶也可得到证明，她与英国国王查理二世结婚后，被英国人冠

① G. A. Ballard, *Rulers of the Indian Ocean*, Boston: Houghton Mifflin Company, 1928, p. 126.

② 汪敬虞：《中国近代茶叶的对外贸易和茶业的现代化问题》，《近代史研究》1987 年第 6 期。

③ Robert Wissett, *A View of the Rise, Progress, and Present State of the Tea Trade in Europe*, London, 1801, pp. 7-8.

④ E. Lankester, *On Food: Being Lectures Delivered at the South Kensington Museum*, London: Robert Hardwicke, 1873, p. 299.

以"饮茶王后"的美誉，其饮茶习惯即是在葡萄牙生活时养成的。但是，对该时期葡萄牙人的饮茶情况的估计不宜过于乐观，按照时人的记述，大致情况如下："在这个时期，茶被看作一种精细而非凡的事物，是一种极好的稀罕物，是一种美味的饮品，但它并没有成为贸易中的固定商品"①，说明当时只有少数葡萄牙人有所接触，而且视之为稀罕物，实际消费量很小，葡萄牙人很可能只是将茶作为来自异域的稀罕物带到了欧洲，并没有真正纳入贸易商品之中，所以人们通常认为，"荷兰是欧陆第一个进口茶叶的国家"②。

或许回顾茶叶进入欧洲的历程，觉得经历了如此漫长的历史时期才得以实现，有些匪夷所思，其实早在19世纪后半期即有论者指出，"我们发现直到9世纪茶的使用才被引入日本，所以当被告知又经历了八个世纪才传至欧洲，我们不应感到奇怪"③。甚至前文所述葡萄牙人也只能被视为先行者，真正开启中西茶贸易、成规模地将茶引入欧洲的为荷兰人，而且正是在荷兰，新潮人士最早掀起了饮茶风潮，进而在整个社会产生了颇为广泛的影响，饮茶潮流甚至越出了荷兰的边界，传播至欧洲其他国家。

一　中荷早期茶贸易

受到商业利润的吸引，荷兰人也力图在东西方贸易中有所作为。荷兰人到达东方比葡萄牙人晚了将近一个世纪，直至1595年，霍特曼才率领第一支荷兰船队抵达印尼的万丹，随后在荷兰国内即引发并掀起了东方贸易热。1602年，荷兰组织联合东印度公司（荷兰语为 Vereenigde Oost-Indische Compagnie，通常缩写为 VOC），全权负责在东方的殖民事业，荷兰由此形成统一的亚洲贸易组织，增强了竞争能力，促进了其东方贸易的迅速发展。

在这一背景之下，"荷兰人在第二次航行到中国的时候，携带了存贮良好的干鼠尾草，用它交换中国人的茶叶，中国人用3磅或者是4磅茶换得1磅鼠尾草——他们称其为'奇妙的欧洲草'，可以看出，荷兰人最早

---

① Godfrey McCalman, *A Natural, Commercial and Medicinal Treatise on Tea*, Glasgow, 1787, p. 45.

② Great Tower Street Tea Company, *Tea, its Natural, Social and Commercial History*, London, 1889, p. 18.

③ The Licensed Victuallers' Tea Association, *A History of the Sale and Use of Tea in England*, London, 1870, p. 4.

采用颇为原始的以货易货方式，用鼠尾草交换茶叶，以货易货的比率为四磅茶换一磅鼠尾草[①]，由此开创了茶叶贸易，但"由于欧洲人不能像他们进口茶叶那样大量地出口鼠尾草，因而以每磅 8 便士或 10 便士的价格在中国购茶"[②]。中西茶贸易由此而真正发轫。由于早期的历史模糊不清，资料中的记述也多有抵牾，也有著述认为荷兰最早输入的为日本茶叶，19 世纪后期出版的《茶：秘密与历史》即认为，"茶进入英国之前已经被带至荷兰，这须归因于荷兰与日本的协议"[③]。而根据威廉·乌克斯的记述，瑞士博物学家、解剖学家加斯帕德·鲍欣曾在 1623 年记述，"荷兰人最早从中国与日本运输茶叶至欧洲，时间为 17 世纪初叶"[④]。无论如何，是荷兰人首先将茶叶作为商品输入了欧洲，正如威廉·密尔本于 1813 年所指出的："毫无疑问，荷兰东印度公司是第一个将茶纳入商品名单的。"[⑤] 1619 年，荷兰占领了印尼的巴达维亚，随后将其作为在亚洲的殖民统治中心，便利了其进行东方贸易，购买来自中国的各种货物更为便利，所以，中荷早期的茶叶贸易相应地采取了"中国—巴达维亚—荷兰"这一间接贸易形式。

随着茶叶的输入，饮茶风气在荷兰逐渐流行，这又推动了荷兰东印度公司茶叶贸易的不断发展。根据统计，17 世纪 20—30 年代，平均每年有 5 艘中国帆船到达巴达维亚[⑥]，运载的货物为陶瓷、丝绸、茶叶等。但在较长时期，茶叶的运输量较为有限，比如 1650 年，返回荷兰的 11 艘商船所载的茶叶只有 30 磅，茶叶贸易增长缓慢，直到 1667 年，荷兰运至欧洲的茶叶才达到了相当数量。[⑦] 1684 年，清政府解除海禁，这间接地推动了荷兰所进行的茶叶贸易。海禁被取消之后，到达东南亚进行贸易的中国帆船显著增多，中荷茶贸易相应地明显增长：1685 年，荷兰东印度公司董事会指示荷印总督供应两万磅茶叶。茶叶贸易的增长可见一斑。随着中荷

① Anonymous, *The History of the Tea Plant: from the Sowing of the Seed to its Package for the European Market*, London, 1820, p. 17.

② Thomas Short, *A Dissertation upon Tea*, London, 1730, p. 12.

③ Samuel Phillips Day: *Tea: Its Mystery and History*, p. 27.

④ William H. Ukers, *All about Tea*, Vol. I, p. 28.

⑤ William Milburn, *Oriental Commerce*, Vol. 2, p. 528.

⑥ [荷] 伦纳德·鲍乐史：《荷兰东印度公司时期中国对巴达维亚的贸易》，《南洋资料译丛》1984 年第 4 期。

⑦ Zhuang Guotu, *Tea, Silver, Opium and War: The International Tea Trade and Western Commercial Expansion into China in 1740–1840*, p. 59.

茶贸易的发展，荷兰自然地成为西方国家中最大的茶叶贩运国，而阿姆斯特丹也相应成为欧洲的茶叶供应中心。① 所以密尔本认为，"从茶贸易发端到 17 世纪末叶，欧洲人对于茶的需求都是以荷兰人的销售为中介的"②，这一看法颇为符合当时历史的实际情况。

进入 18 世纪，中荷茶贸易进一步增长。18 世纪前半期，"中国—巴达维亚—荷兰"这一间接形式的茶叶贸易继续发展，比如 1715 年，荷兰东印度公司的董事会给荷印当局的指示中即包括订购茶叶 6 万—7 万磅，1716 年的指示中又要求增至 10 万磅，至 1719 年，荷兰东印度公司的订茶量已达 20 万磅。但是，这一增长趋势也面临威胁与挑战，因为英国、法国等更多的竞争对手日益关注茶叶，贸易竞争日趋加剧。为了提高竞争能力，荷兰东印度公司开始努力地开辟直接对华贸易通道，1727 年，公司派遣船只直接到中国购茶，"科斯霍恩号"与"布朗号"先后于 1728 年、1729 年出发，两艘船只首航即取得了丰厚的利润，茶叶贸易得到了新发展。而"自 1731 年至 1735 年，又有 11 艘荷船往广州贸易。自 1739 年（乾隆四年）开始，华茶成为荷船自东方运返欧洲的价值最大的商品"③。

随着荷兰所进行的茶叶贸易日益发展，饮茶在荷兰社会各界逐渐普及，正是在荷兰风尚的引领之下，饮茶作为新习俗在欧洲各国日益扩散，荷兰人甚至还将饮茶之风传播到了其北美殖民地。由于欧洲各国及其北美殖民地的茶叶消费量逐渐增长，茶叶销售已经有了颇具规模的市场，作为欧洲及其殖民地的茶叶供应者，荷兰人在该项商品上获利甚丰，这自然使得其他国家竞相效仿，英法等国也积极来到东方寻找财富，并且开始进行茶叶贸易，这为中西茶贸易在 18、19 世纪的大发展奠定了基础。

二　饮茶与荷兰社会

随着饮茶资讯的不断传入以及中西茶贸易的发展，饮茶在欧洲逐渐产生了一定影响，由于荷兰在开创中西茶贸易过程中发挥了重要作用，所以饮茶在荷兰的影响尤其明显，而且其饮茶风尚还影响到了欧洲其他国家，可以说，"在整个 17 世纪和 18 世纪初，荷兰是中国茶叶最大的贩运国，

---

① 张应龙：《鸦片战争前中荷茶叶贸易初探》，《暨南学报》1998 年 7 月。

② William Milburn, *Oriental Commerce*, Vol. 2, p. 528.

③ 全汉昇：《略论新航路发现后的中国海外贸易》，《中国海洋发展史论文集》1993 年第 5 辑。

荷兰所贩运的茶叶除本身消费外，相当一部分运至欧洲其他国家，荷兰对饮茶风尚在欧洲的传播和中国与欧洲之间的茶叶贸易均起了主导的作用"①。

目前可知，荷兰最早接触饮茶者为到达东南亚的特殊人士，主要包括荷兰东印度公司官员、水手以及医生、牧师等，因为生活于东南亚的华人群体保留了饮茶习惯，所以来到此地的荷兰人比较早地观察或者接触到了饮茶，并对此产生兴趣。比如 1655 年，荷兰东印度公司派遣使臣侯叶尔和凯赛尔作为贡使，一行 16 人携带表文、贡品，乘坐两艘商船出发，前往中国求通贸易，使团在华历时两年，在这一过程中自然接触到了饮茶，比如 1656 年 7 月 18 日，清廷分配给两位使臣的食物即包括"二两鞑靼茶"，分配给使臣秘书的食物包括"五钱茶"，晋谒皇帝之时，"二位使臣阁下……被带到一个高高的台上，但我们（指其他人员）却都留在下面了，有侍者在那里给我们喝加牛乳的鞑靼茶"。翌年 2 月 21 日，两位使臣向藩王辞行时未能见到本人，属吏作为接待者给以招待，"两位使臣坐在前厅，喝着加牛奶的鞑靼茶"②。曾经担任荷印公司官员的菲利普斯·包道斯曾于 1672 年撰述提出，"饮茶不仅使那些有此嗜好的亚洲居民有效地抵御了多种疾病，同样也可以为荷兰人所用，因为荷兰潮湿而多雨雾，这使得一些荷兰人患有胸膜炎、痛风、脚疾、头痛、精神抑郁、便秘、结石、轻度恶心、无精打采、坏血和麻痹、热病及其他恶性疾病，而茶叶则是一种可很好地防治这些病症的解毒剂"③。茶叶进入荷兰不久，社会人士如博物学家、医生、教会人士等即对其产生兴趣，赞同饮茶者认为的饮茶可以提神醒脑、祛病健身、益寿延年，而反对饮茶者则认为饮茶有害健康，总体看来，支持饮茶者占了上风，著名的"茶叶医生"考内利斯·庞德古从中发挥了重要作用。庞德古坚决支持饮茶并予以大力鼓吹，他在自己撰写的小册子《有关绝佳药草茶叶的论述》与《茶叶的用法与滥用》中均积极宣传，认为"人体几乎每一个部位都受到茶叶的积极影响；饮茶不会导致身体极度消瘦，不会引起战栗或跌倒，不会对男女的生育能力造成不良影响，对人的脑、眼、耳、嘴、喉、胃、肠、肾、胸腔、血管、

---

① 张应龙：《中国茶叶外销史研究》，第 27 页。

② ［荷］包乐史、庄国土：《〈荷使初访中国记〉研究》，厦门大学出版社 1989 年版，第 83、88、97 页。

③ 刘勇：《中国茶叶与近代荷兰饮茶习俗》，《历史研究》2013 年第 1 期。

膀胱及气肺等部位都有疗效"①，庞德古几乎"将茶吹嘘为万能灵药，可以抵挡世人难免的各种疾病"②，至于饮茶的量，他认为每天可以饮茶 8 杯至 10 杯，即便饮用 50 杯乃至 100 杯，甚至 200 杯也不会有什么不适，他本人也身体力行。庞德古大力鼓吹饮茶的益处，以至于让人怀疑他是否为荷兰东印度公司所收买，无论如何，庞德古所发挥的作用不可小视，"他对促进欧洲一般民众普及与应用茶叶颇有功绩，远逾其他的宣传者"③，"人们相信，庞德古医生的作为产生了较大影响，有助于饮茶习俗在欧洲的传播"④。当时的诙谐诗歌《快乐新娘的客人》中也特别吟唱了庞德古的贡献，"庞德古，谦恭的写茶作家，因其勤奋谨慎、知足常乐，而常常被我们想起。他向我们推荐茶叶，因为它是源自东方土壤最健康的完美药草。茶叶，对，就是茶叶，必须被我们赞扬，被视为身体的最好医生……"⑤ 通俗诗歌以喜闻乐见的形式对宣传饮茶发挥了重要作用。

茶叶在 17 世纪初进入荷兰之时，更多的是作为药物而被推荐并使用，"最初茶叶出售，主要以药店为主，以两来计量，与糖浆以及香料一起售卖"⑥，随着时间的推移而逐渐成为广受欢迎的饮品。荷兰社会的富裕阶层较早地开始尝试这一异域饮品，甚至荷兰王室也开始饮茶，根据王宫财产清单可知，1625—1647 年在位的国王弗雷德里克·亨德里克的遗孀收藏了一批茶具，包括"一只金茶罐、一只银茶罐和一把印度小银茶壶"以及瓷器"一把大瓷茶壶、一只带棱纹的小茶瓶"等。⑦ 随着荷兰东印度公司茶叶贸易的发展，饮茶逐渐为荷兰人所熟悉，大致而言，"1660 年至 1680 年，饮茶已经在荷兰普及"⑧，茶叶在荷兰由主要为药用转变为饮用，已然成为大众饮料。

饮茶在荷兰社会的影响日渐增长，甚至可以说，举国掀起了值得关注的饮茶风潮，喜剧《茶迷贵妇人》即给以了充分展示。《茶迷贵妇人》于

① 刘勇：《中国茶叶与近代荷兰饮茶习俗》，《历史研究》2013 年第 1 期。

② Cassell, Petter and Galpin, *Cassell's Household Guide：Being a Complete Encyclopaedia of Domestic and Social Economy and Forming a Guide to Every Department of Practical Life*, Vol. 1, London, 1869, p. 380.

③ William H. Ukers, *All about Tea*, Vol. I, p. 32.

④ Gervas Huxley, *Talking of Tea*, London：Thames & Hudson, 1956, p. 69.

⑤ 刘勇：《中国茶叶与近代荷兰饮茶习俗》，《历史研究》2013 年第 1 期。

⑥ William H. Ukers, *All about Tea*, Vol. I, p. 32.

⑦ 刘勇：《中国茶叶与近代荷兰饮茶习俗》，《历史研究》2013 年第 1 期。

⑧ William H. Ukers, *All about Tea*, Vol. I, p. 32.

1701 年在阿姆斯特丹上演，在剧中形象地展示了当时的荷兰茶会。出席茶会活动的客人在两三点时陆续抵达，女主人非常正式地致辞表示欢迎，致辞完毕，宾客落座，众人均将脚放置于暖炉之上，不论春夏秋冬都存有这一习惯，接着，女主人将茶叶从瓷质或者银质器具之中取出，置于有银质滤网的茶壶之中，然后询问宾客需要饮用什么种类的茶叶，宾客一般客随主便，请女主人决定饮茶的种类。一般而言，是由女主人把泡好的茶水亲自倒在小杯中。如果客人喜好饮用花茶，则提前煮好番红花，由客人自己随意添加。为了消除茶的苦味，人们也会在茶中加糖。不过，此时客人并非直接端起茶杯饮茶，而是将茶先倒入小碟子中，一再发出较大的声音进行啜饮，啜饮声被认为代表着对主人的感谢，是符合礼仪规范的行为。

尽管茶文化源自中国，世界各国饮茶均直接或间接受到中国的影响，但就荷兰饮茶而言，它与日本的关系较为密切，因为进入锁国时代后，荷兰成为唯一与日本继续保持贸易联系的西方国家，荷兰饮茶自然受到日本影响。虽然荷兰人也在单独的茶室中用东方茶具饮茶，但与日本的饮茶方式差异明显。

首先，日本当时的抹茶道极其规范严整，荷兰人的饮茶方式则较为随意。荷兰人至日本进行贸易之时，正是在日本草庵茶道全面形成之后①，以著名茶人千利休为集大成者的草庵茶道规范严整：进入茶室之前必须在特设的只能装三升水的洗手池净手，茶会持续时间必须为四小时，其中包含"三炭三露"（添三次炭，洒三次水）的严格程式，三次洒水程序的进行时间为宾客到来之前、宾客中间休息之前、客人离开之前，三次添炭程序的进行时间为宾客入席之后、宾客吃过浓茶之后、客人离席之后。不仅如此，如何洒水添炭也有相应规定，比如洒水时必须用爆发力将水抖出水勺，目的在于使其不形成水洼，能够尽快渗透下去，而添炭则要求提前将炭清洗干净，然后晾干，意在避免上面沾有炭渣，导致燃烧时发出噼噼啪啪的噪声，还要将炭按照长短粗细分成十个种类，添炭时按照规定依次放入炉中，目的在于保证炉火的均匀。② 而荷兰的饮茶方式尽管也有一定程序，但是相对较为宽泛。

其次，日本茶道的重心为精神生活，荷兰饮茶方式在境界上则明显不

---

① 关于日本草庵茶道的形成过程，详见滕军《中日茶文化交流史》，人民出版社 2004 年版。

② 草庵茶道的详情参见滕军《日本茶道文化概论》，东方出版社 1992 年版；滕军《中日茶文化交流史》，人民出版社 2004 年版。

及。千休利认为茶道活动为居士的修行方式，所以草庵茶道的核心要素其实并非饮茶，而是整个过程中的精神活动。千休利要求入茶室前洗手，他认为茶室为无垢的净土世界，茶室入口之所以修成高约73厘米，宽约70厘米的狭窄小口，意在使人膝行而入，脱去凡尘俗念，茶会的过程堪称日本文化要素的浓缩，"茶室的设计、道具的摆放汲取了阴阳五行思想；茶具的掌故传承体现出历史与文学的诸多要素；茶点心、茶花的创意表现出了日本独特的美学精华；茶道具囊括了金、木、竹、瓷等几乎所有的工艺品类；吃茶赏具的行为手势包含极周密的礼仪方式"[1]。茶会围绕着饮茶而展开精神活动，蕴含的是茶禅一味的精神内核，所以"以佛法修行得道，乃茶道第一大事也"[2]，茶道大师千利休体悟茶道的过程也是禅意的修炼，"宗易（千利休）以法式为阶梯，有再攀高处之志。常向大德、南宗等和尚请教，写旦夕禅林清规为书，以尺度制书院结构，开庭院为净土世界。一宇草庵、两张坐敷，侘茶之道足矣"[3]。比较而言，荷兰的饮茶方式在物质性方面明显重于日本，从其精神性层面而言，荷兰人饮茶更是一种社交活动，参与者享受聊天的愉悦，互相交流信息，而不是重在人的修行，遑论通过饮茶领悟至深的禅理。

荷兰茶文化与东方茶文化差异明显，它进行了一定程度的本土化改造，使饮茶在荷兰社会的影响日渐增长，日益成为社会生活的重要部分，悄然渗透于社会的方方面面。在沟通政府与民众的关系上，茶发挥了一定作用。比如海牙市政府17世纪时曾举行免费聚餐活动，1679年就餐时，参与者即饮用了茶水，1708年时，参与者除了饮用武夷茶外还品饮了绿茶。而在1721年王室街区的建成典礼上，免费聚餐活动特别提供了极品优质茶"宫廷贡绿"。在日常社会生活中，饮茶已经成为很多荷兰人的饮食习惯，在18世纪初的小册子中还曾经记述了有关饮茶的一些趣事：比如有的士兵对茶非常感兴趣，部队甚至专门为不能饮用冷饮者设置了"咖啡与茶"帐篷，目的在于满足士兵饮用咖啡或者茶水的需求；再如一些旅行者因为饮茶而与客栈老板发生纠纷，他们从阿姆斯特丹前往海牙，途经莱顿时在客栈中休息喝茶，其中一位农夫至少喝了50杯，还笨手笨脚地弄倒了茶桌，茶壶茶杯散落一地，客栈老板要求高额赔偿，他申明被

---

① 滕军：《中日茶文化交流史》，第224页。
② ［日］伊藤古鉴：《茶和禅》，冬至译，百花文艺出版社2004年版，前言，第13页。
③ ［日］伊藤古鉴：《茶和禅》，冬至译，百花文艺出版社2004年版，前言，第89页。

损坏的是当时最精美的瓷器，而且是祖母留给他的。①通过这些趣事可以看出，饮茶在荷兰的日常生活中已经极为普遍，以至于军队与旅者也不忘饮茶。饮茶喜好还影响了荷兰人的艺术品位，他们对修建中国式茶亭以及收集茶具产生了浓厚兴趣。受到当时欧洲中国风的影响，荷兰对中国的诸多方面均极为向往，与饮茶有关的茶亭与茶具即其中的重要部分。在荷兰，一些富贵之家喜欢在别墅或者花园中修建专门的茶亭，在这里招待朋友或者洽谈生意，茶亭的风格初时主要为金字塔形的简易棚顶，后来兴起了圆顶形小尖塔，继而转向了中国式风格。茶具收藏方面，荷兰人既喜爱纯粹东方情调的茶器也青睐东西杂糅的风格，种类与造型可谓丰富，茶杯、茶碗、茶壶、茶罐、茶碟、茶托、茶盘等一应俱全，茶具收藏者为此花费不菲，《失去的钻戒》一书中即给以有趣的揭示：一位女士为了得到朋友的赞扬而努力收藏茶具，花费了所有积蓄，为了能够继续自己的生活方式，她让仆人去当铺抵押了自己昂贵的钻戒，后来对丈夫撒谎说不慎丢失了，但纸里包不住火，最终事泄。

小　结

茶是中国先民的重要发现，茶文化在中国有一逐渐发展与传播的过程，同时随中外交流开始对外传播，但限于落后的交通工具与通信手段，在较长历史时期其影响主要局限于周边国家与地区，尤其是在朝鲜半岛与日本得以真正植根。在较长时期内西方对中国的茶文化闻所未闻，沟通中西的重要人物马可·波罗虽有机会但还是错过了与茶文化的接触，直至大航海时代的来临，欧洲人利用原有区域性抑或跨区域交通网络并使其进一步延伸与系统化，世界性的经济文化联系更为密切，基于传教或商业目的东来的传教士与商人成为跨文化传播媒介，才将饮茶资讯与实物不断传至西方，饮茶在西方社会得以逐渐传播。

饮茶最初在西方的传播顺序与各国和东方发生接触的先后有关，饮茶相对较为流行的国家进而辐射影响到更多国家。在大航海时代，葡萄牙人首先抵达东方并取得了巨大的商业成功，而且可能最早开始饮茶，但葡萄牙人的关注点主要集中于香料，只是将茶作为稀罕物携带回国，并未重视其商业价值。随后而至的荷兰人真正将茶纳入商品名单，从而开启了东西

① 刘勇：《中国茶叶与近代荷兰饮茶习俗》，《历史研究》2013年第1期。

方之间的茶贸易，并成为当时饮茶最为流行的西方国家，进而辐射影响到其他国家乃至殖民地，刺激了各国东印度公司纷纷投身到茶贸易之中。

在赞同饮茶者的鼓吹之下，饮茶在荷兰日渐流行，茶的功用由最初的以药用为主逐渐转为日常饮品，其影响渗透至社会生活各个层面，进而日益形成独具本土特色的茶会。荷兰式的茶会具有一定的程式规范，与日本茶道相比，荷兰饮茶在程式上较为随意，并不侧重于精神生活与文化修养，更偏向于社交性活动。荷兰饮茶的这些特色后来成为西方国家饮茶的基本特点。

第二章　茶在英国的传播与普及

大约在 150 年中，……可以毫不夸张地说，茶已经由宫廷普及到了茅舍之中。

——威廉·密尔本①

茶变得愈发重要，因为它可以将冷餐变为一顿更可口的热饭。

——约翰·伯奈特②

　　随着东西交通大开，茶文化主要以传教士与商人为跨文化传播媒介传至西欧，饮茶之风首先在荷兰逐渐流行，与荷兰隔海相望的英国受其影响。与此同时，英国为了争夺殖民利益，积极开拓东方贸易，其茶叶贸易逐渐发展，对饮茶在英国的传播发挥了推动作用。茶在英国传播普及的过程，大致可分为三个阶段：首先为初步接触阶段，时段为 17 世纪中叶至 17 世纪末期，该时期饮茶者主要限于社会上层，茶的功用由作为药品与饮品逐渐转为主要为饮品；其次为深入传播阶段，时段为 18 世纪初至 18 世纪后半期，饮茶被中产阶级接受并日渐普及开来，与此同时，社会各界围绕饮茶功效与经济社会影响展开激烈论争，对饮茶实现了由片面鼓吹到客观认识的转变；最后为全面普及阶段，时段为 18 世纪末期至 19 世纪初期，随着对饮茶认识的深入以及茶叶贸易的迅猛增长，饮茶在处于社会下层的劳动者中传播开来，在英国社会最终全面普及。在茶进入英国之前，社会各界人士流行饮用多种酒类，酗酒现象颇为严重。另外让人不能忽视的是，咖啡也与茶前后相继，在英国社会逐渐传播，茶在英国的传播与普及不能不与二者产生纠葛。

---

①　William Milburn, *Oriental Commerce*, Vol. 2, p. 535.

②　John Burnett, *Plenty and Want: A Social History of British Food from 1815 to the Present Day*, London: Routledge, 1989, p. 4.

第一节　茶初入英国

茶传入西方经历了资讯传播与实物传播两个阶段，在英国的传播过程大致相类，饮茶资讯在英国社会首先有所传播，茶叶实物通过咖啡馆与社会上层人士的引介与示范而逐渐开始流行，部分喜好饮茶的社会人士对其功效给以特别关注，归纳了饮茶有益于身心健康的多种功能，并撰写了相关小册子予以积极宣传，这为饮茶在英国社会的进一步传播与普及起到了显著的推动作用。

一　饮茶资讯的传播

如前文所言，西方人首先接触到与饮茶有关的资讯，继而接触到茶叶实物乃至亲身饮茶，具体到英国人而言也大体如此，商人、作家以及旅行家等首先对茶叶有所提及或介绍，继而茶叶实物通过各种途径进入英国，由此揭开了英国人饮茶的序幕，为饮茶的逐渐普及奠定了基础。

根据目前可见的文字记录，英国人最早记述茶叶相关信息者为维克汉姆（R. Wickham）。作为英国东印度公司驻日本平户岛的商业代表，维克汉姆于 1615 年 6 月 27 日致信公司驻澳门代表伊顿（Eaton），他在信中如此写道："伊顿先生，烦劳您帮我在澳门购买一把用于冲泡最优品种茶叶的茶壶……无论价格如何，我都乐意支付。"[1] 可见，维克汉姆对饮茶有所了解——甚至可能已经在尝试饮茶，所以才特意写信委托伊顿先生帮助其购买合宜的茶壶，而且还专门说明了该茶壶的用途，他要用于冲泡最优质的茶叶。该历史资料为目前可知英国人最早的涉及饮茶的文字记述，维克汉姆堪称以书面形式提及饮茶的英国第一人。

稍后，英国人涉及饮茶资讯的记述有所增加。1625 年，英国作家珀切斯（Samuel Purchas）在其丛书《珀切斯朝圣者五书》（*Purchas His Pilgrimes in Five Books*）中专门出了一辑，辑录了许多当时可以读到的来华传教士报告，其中即提到饮茶："他们时常饮用一种叫做茶的植物的粉末，

---

① Denys Forrest, *Tea for the British: Social and Economic History of a Famous Trade*, London, Chatto and Windus, 1973, p. 20.

将核桃大小的茶末置于瓷盘之中,然后倒入开水冲泡后饮用。"① 1637 年,英国人彼得·芒迪(Peter Mundy)记录了饮茶资讯,"那里的人用茶款待我们,这是一种用水与草药类植物加热煮沸制作的饮品"②,因为作者曾随威德尔(J. Weddell)率领的英国船队抵达中国,所以其关于饮茶的记述可信度较高,不过,其饮茶经历对英国人而言只是光怪陆离的异域体验之一,英国本土读者获得的仍仅限于抽象资讯。

二 茶叶进入咖啡馆③

随着饮茶资讯逐渐增多,茶作为实物大致在 17 世纪上半叶进入英国本土,但具体年份目前尚难以确定④,具体人物也模糊不清,有些著述将其归功于阿灵顿勋爵(Lord Arlington)与奥索里勋爵(Lord Ossory),认为他们于 1666 年由荷兰将茶带入英国⑤,实难令人信服,因为茶在 1657 年已经进入了英国的咖啡馆。无论如何,就最初传播状况而言,茶并未能在英国社会产生较大的影响,也未能得到英国人较多的关注,大概仅限于满足少数人士对东方物品的好奇心。但是,富于创新精神的个别商业人士慧眼独具,开始将其纳入自己的销售范围,茶的社会影响由此得以逐渐扩

---

① Jane Pettigrew, *A Social History of Tea*, p. 12. 需要指出的是,葡萄牙传教士加斯柏尔·达·克路士的《中国志》被辑录于《珀切斯朝圣者五书》之中,这是已知该著作最早的英译本,其英文题目为 "记中国及其邻近地区,多明我修士加斯帕·达·克路士撰,献给葡萄牙国王塞巴斯蒂安:这里有删减"(*A Treatise of China and Adjoining Regions, Written by Gaspar da Cruz a Dominican Friar, and Dicated to Sebastian, King of Portugal: Here Abbreviated*)。

② 郭卫东:《华茶在英伦:十八世纪的茶叶贸易与中英交流》,《中西文化研究》2009 年总第 15 期。

③ 咖啡馆这一名称容易望文生义、引起误解,其经营项目实则包括咖啡、茶与热巧克力等多种非酒精饮料,甚至还包括杜松子酒等酒类饮料。参见 Ian S. Hornsey, *A History of Beer and Brewing*, Cambridge: Royal Society of Chemistry, 2003, p. 387。

④ 目前海内外学界对于茶进入英国的具体年份意见不甚一致,比如陈椽认为,东印度公司在崇祯十年(1637 年)时从广州运走茶叶 50 斤;张应龙认为,到 1645 年的时候茶叶才输入英国本土;威廉·乌克斯认为,英国本土出现饮茶现象是在 1651 年之前;安东尼·伯格斯认为,在 1635 年的时候伦敦、阿姆斯特丹与巴黎开始饮茶。但大致看来,学界认为茶进入英国是在 17 世纪上半叶。参见陈椽《中国茶叶外销史》,第 47 页;张应龙《中国茶叶外销史研究》,第 33 页;William H. Ukers, *All about Tea*, Vol. I, p. 21; Anthony Burgess, *The Book of Tea*, p. 58.

⑤ The Licensed Victuallers' Tea Association, *A History of the Sale and Use of Tea in England*, p. 5.

大，这一趋势肇始于英国的咖啡馆。

目前一般认为，咖啡馆于 17 世纪五六十年代出现于英国，此后受到社会各界人士的热烈欢迎，各形各色的咖啡馆纷纷出现，数量不断增长，彼此之间的竞争也在所难免。在这一背景下，为了提高自身咖啡馆的竞争能力，吸引更多的顾客光临消费，1657 年，伦敦商人托马斯·加威（Thomas Garway）颇具前瞻眼光，率先在自己经营的咖啡馆增添了新的项目——茶，"正是咖啡馆中首先售茶"①。由于此时英国尚未形成售茶的惯例，所以托马斯·加威借用了当时流行的售卖啤酒的方式：将茶冲煮好以后放置于木桶内保存，待到客人需要饮用时倒出并加热，所以此时"茶被以液体的形式售卖"②。由于此时茶叶的价格堪称昂贵——每磅售价高达 6—10 英镑，托马斯·加威所销售的茶水也是价格不菲，按照约翰·萨姆纳的说法，"它以杯为单位进行售卖，价格昂贵"③，所以当时购买茶水的顾客似乎较为有限。

托马斯·加威的创举无疑具有重要意义，小册子《论茶》甚至认为，"自托马斯·加威而发生了革命"④，因为随着托马斯·加威率先将茶引入到咖啡馆中，其他咖啡馆经营者如法炮制，开始引入茶水，此举明显扩大了饮茶在英国社会的影响。现存资料表明，名为"苏丹妃子头颅"（Sultanness Head）的一家咖啡馆售卖茶水，而且于 1658 年 9 月进行了类似的广告宣传，其广告刊登在 23 日到 30 日的《政治快报》（Mercurius Politicus）上，简明扼要地广而告之："品质优秀、已然为医生所证明的一种中国饮料——中国人称其为 Tcha 而其他地方则称之为 Tay 或 Tee——在位于伦敦皇家交易所之畔的'苏丹妃子头颅'咖啡馆有售。"⑤ 该广告尽管极为简短，但具重要历史意义，"毫无疑问，此乃英国有茶这种新饮品公开出售的最早的权威性宣示"⑥。

1660 年，为了扩大自身咖啡馆的茶水生意，托马斯·加威也进行了

① Gervas Huxley, *Talking of Tea*, p. 9.
② John Sumner, *A Popular Treatise on Tea：Its Qualities and Effects*, Birmingham：William Hodgetts, 1863, p. 10.
③ John Sumner, *A Popular Treatise on Tea：Its Qualities and Effects*, Birmingham：William Hodgetts, 1863, p. 10.
④ George Fish Jeffries, *A Treatise on Tea*, London, 1865, p. 7.
⑤ Jane Pettigrew, *A Social History of Tea*, p. 9.
⑥ The Licensed Victuallers' Tea Association, *A History of the Sale and Use of Tea in England*, p. 6.

广告宣传，以便民众更好地了解了茶叶基本知识尤其是饮茶的功效。在该广告中，首先指出了茶的来源，认为茶一般来自中国，生长自灌木，茶花为白色黄芯，其具体产地主要为江西（Xemsi），茶叶采摘之后要在下面生火的铁锅中使其干燥，置入铅色的罐中储存起来，以备饮用。在对其来源与制作进行简要介绍后，随即指出："茶叶具有非同一般的作用，缘此，在充满智慧的古老国家——中国，人们均以高价买卖茶叶。此种饮料既被一般人所赞赏，又得到在该处旅行的各国名人之好评，他们通过各种实验与经历对其深入认识，所以，都劝导本国人也饮用此种饮料。"该则广告首先略带夸张地将茶在东方大受欢迎的情形展示在众人面前，引起阅读者的兴趣，继而指出了茶叶广受欢迎的重要缘由——它具有促进身心健康的独特品质："其最主要的功效在于质地温和，冬夏皆宜，饮用茶有益于卫生，利于身体健康，拥有延年益寿的功效。"在对饮茶功效加以概括介绍之后，进而详细地一一列举：饮茶能够使人"身轻如燕，提神醒脑，清扫脾脏方面的障碍，饮用时添加蜂蜜而非砂糖，则对治疗膀胱石及砂淋症颇为有效，也可以清肾脏与尿管。减轻呼吸困难，清除五官方面的障碍，明目，防治并可以治疗身体衰弱以及肝热，治疗心脏与胃肠功能衰退，促进食欲，增强消化能力，对于经常食肉者及身体肥胖者尤其有效，减少噩梦，提高记忆力，能够防止睡眠过度，多饮茶水可以彻夜从事研究而不伤身体。饮用品质适当的茶叶液汁，可以医治发冷发热。茶水也可以与牛奶混合饮用，如此饮用能防止肺痨。它能治疗水肿坏血，借助发汗与排尿而洗涤血液，以防传染，也能够清净胆脏"①。托马斯·加威关于饮茶的宣传为英国历史上目前可知的第一则内容翔实的茶叶广告，其饮茶功效介绍条缕清晰，比照现在茶叶科学的研究成果，其中可能存在某些不够准确之处，但大致内容相同。②限于张贴广告这种传播手段，受众人数有限，该广告所产生的实际影响不宜高估，但无论如何，它在小范围内促进

---

① Thomas Garway, *An Exact Description of the Growth, Quality, and Vertues of the Leaf Tea*, London, 1660, p. 1. 该海报将饮茶相关知识浓缩在一页纸上，重点突出了其功效，目前收藏于大英图书馆，同时制成了胶片供查阅与使用。

② 关于当代茶学界对于饮茶功效的认识，陈宗懋主编的《中国茶经》中《茶性篇》关于茶药理特征的内容较为详细，列举并说明了茶的24种功效：少睡；安神；明目；清头目；止渴生津；清热；消暑；解毒；消食；醒酒；去肥腻；下气；利水；通便；治痢；祛痰；祛风解表；坚齿；治心痛；治疮治瘘；疗饥；益气力；延年益寿；其他。两者加以对照即可看出，托马斯·加威所进行的宣传总体上符合现代茶学研究者的观点。参见陈宗懋主编《中国茶经》上册，上海文化出版社1992年版，第247—268页。

了时人更好地认识饮茶的功用，具有值得关注的历史价值。

上述两家咖啡馆对其茶水生意进行了广告宣传，但茶在英国社会的影响力仍不甚乐观，资料显示，此时多数英国人对本国已然开始售茶并不知情。1659 年，供职于英国东印度公司的丹尼尔·谢尔顿（Daniel Sheldon）还特意写信，请公司在东方的同事帮助其购茶："见信后请尽快帮助购买少量茶叶，无须考虑价格高低，我用来赠送给叔叔——吉尔伯特·谢尔顿博士（Dr. Gilbert sheldon）。因为叔叔的友人告诉他，应该探究该神奇植物——茶——的叶片，所以他极为好奇，甚至计划亲自前往中国和日本，以便进行相关研究。"[1] 由此可见，丹尼尔·谢尔顿等似乎并不知道英国本土已售卖茶叶，以至于颇费周折地委托在东方的同事帮助其购买。同样，为后世留下珍贵日记资料的塞廖尔·佩皮斯（Samuel Pepys）曾于1660 年 9 月 25 日给以记述："随后，我让人买回了一杯我以前从未饮用过的茶（一种中国饮料）。"[2] 佩皮斯时常在酒馆或者咖啡馆里消磨时间，对各种饮品自然并不陌生，但此前却并未喝过茶，甚至在谈到第一次饮茶时还特意给以解释，言明这是一种中国饮料，可知他此前对饮茶极为陌生，甚至可能闻所未闻。

由上文可知，尽管此时茶已经出现在咖啡馆中，但售茶在当时英国社会所产生的影响似乎不宜高估。延至 1662 年，有茶出售的消息再次出现于报刊之上，《王国情报者》（Kingdom's Intelligencer）上登载："在伦敦皇家交易所那里的咖啡馆中，Tea 或者 Chaa 没有标价，但被认为颇有益处，并得到了家族印章'伟大的莫拉特'的授权保证。"[3] 可以看出，茶在英国社会所产生的影响呈延续与逐渐扩大的趋势。

三　凯瑟琳推动饮茶

茶在咖啡馆开始售卖之后，其社会影响力仍较为有限，而在这一历史背景之下，英国的一个重要政治事件——查理二世的跨国婚姻——对促进饮茶在英国的传播发挥了重要作用，"葡萄牙的凯瑟琳公主即后来的英国王后，很快就使饮茶在英国宫廷流行起来"[4]，宫廷时尚领风气之先，扩

① William H. Ukers, *All about Tea*, Vol. I, p. 40.

② 佩皮斯日记全文在线网址，http://www.pepysdiary.com/。

③ The Licensed Victuallers' Tea Association, *A History of the Sale and Use of Tea in England*, p. 7.

④ Godfrey McCalman, *A Natural, Commercial and Medicinal Treatise on Tea*, p. 46.

大了饮茶在英国上层人士乃至整个社会的影响。

1640 年，英国发生革命，几经波折，斯图亚特王朝于 1660 年复辟，流亡荷兰的查理于 5 月 25 日回国登上了王位，成为查理二世。1662 年，查理二世与葡萄牙国王约翰四世的女儿凯瑟琳公主成婚，这一事件无意中扩大了饮茶在英国的社会影响。由于葡萄牙曾在东方贸易中占风气之先，较早地与东方进行了文化交流，所以饮茶在葡萄牙社会有所传播，以至于凯瑟琳公主养成了饮茶喜好：她时常"在小巧的杯中——按照时人的说法'其大小与钉针（thimbles）相若'——啜茶"。①上行下效，凯瑟琳公主的喜好为他人所艳羡，饮茶之风在英国宫廷很快即流行开来，贵族效仿宫廷风尚，部分人士逐渐开始尝试饮茶。1663 年，适逢凯瑟琳王后生日庆典，著名诗人埃德蒙·沃勒尔（Edmund Waller）献诗一首：

> 花神宠秋色，嫦娥矜月桂；
> 月桂与秋色，美难与茶比。
> 一为后中英，一为群芳最；
> 物阜称东土，携来感勇士；
> 助我清明思，湛然去烦累。
> 欣逢后诞辰，祝寿介以此。②

埃德蒙·沃勒尔用其生花妙笔不仅赞美了凯瑟琳王后，而且爱屋及乌地赞誉了为王后所喜好的"草中茶"，这对扩大茶的影响发挥了相当大的作用。凯瑟琳王后在英国社会一度颇受欢迎：她乘坐马车在英国各地行进时，热情的民众纷至沓来、竞相欢迎，以至于挤作一团几乎寸步难移。所以，凯瑟琳王后的饮茶嗜好自然引人关注，这对于扩大茶在英国社会的影响具有促进作用，埃德蒙·沃勒尔本人在 1664 年尝试饮茶，他饮用的茶来自一位耶稣会士——"他是最近由中国返回的"。③受到凯瑟琳王后影响，茶为更多的人士所知晓，这在 1664 年发生的历史事件中即有所体现：1664 年，英国东印度公司的普罗德船长从万丹远航归来，他向国王恭敬地奉献上的异域礼物即一包"贵重的茶叶"以及肉桂油，结果每磅茶获

---

① Tom Standage, *A History of the World in 6 Glasses*, New York：Walker Company, 2005, p. 189.

② 阿秋：《英国第一首茶诗》，《茶叶研究》1943 年第 1 卷第 1 期。

③ Samuel Phillips Day, *Tea：Its Mystery and History*, p. 38.

奖 50 先令。可见，凯瑟琳王后的饮茶嗜好已经在社会上为人所知，所以，远航归来的普罗德船长才会投其所好。普罗德船长献茶与肉桂油这一事件作为社会新闻被刊登在报纸上，一时之间成为人们的谈资，这实则间接地对饮茶发挥了宣传作用，有利于扩大茶在英国的社会影响。

凯瑟琳王后也间接促进了英国后来对中西茶贸易的控制，因为其嫁妆中包括丹吉尔和孟买两地，英国得到孟买后将其交与东印度公司管理，这为公司在印度西海岸成功立足奠定了重要基础，从而间接地促进了英国人参与包括茶叶在内的奢侈品贸易①，长远来看，这对推动茶在英国社会的传播意义深远。

四　英国社会对茶的认识

在上述历史条件之下，饮茶在英国社会中的影响日益增长，引起了更多社会人士的关注，英国人对饮茶的认识与了解也有相当进展。茶作为一种饮品，具有药用和饮用的双重价值，从茶的发现与利用历史来看，人们首先发现了茶的药用价值，后来才将其发展成为一种饮料。② 就中国人对茶的利用而言，"神农发现说"即体现出茶的药用价值首先受到重视，同样，在茶文化影响颇大的日本，荣西禅师在传播饮茶时也重视并宣传其药用价值，所以撰写了茶文化经典名著《吃茶养生记》，由题目即可管窥其主旨。茶进入英国后的传播过程大体相类，它既作为药品也作为饮品，其药用价值颇受重视。

根据学者的相关研究，"在 1664 年时，茶被用作药物的量与用作饮品而消费掉的量相当"。③ 随着茶的社会影响日益扩大，英国人通过多种渠道获取茶的相关知识，对茶的认识日益深入。1686 年 10 月 20 日，议员

---

① Maxine Berg and Elizabeth Eger edited, *Luxury in the Eighteenth Century: Debates, Desires and Delectable Goods*, Hampshire: Palgrave, 2003, p. 232.

② 目前学界关于饮茶的起源主要有三种说法：饮用起源说、食用起源说与药用起源说，其中药用起源说日益受到更多关注。朱自振认为，"茶的发现和利用，最初不是作为饮料而是作为草药显之于世的"。徐晓村则认为茶最初是作为食物被食用的，在食用中发现了它的药用价值，而饮茶则是食用和药用的一种结合形式。关剑平从制茶技术与制药技术的关联论证了药用起源说的合理性，较为令人信服。详见朱自振《茶史初探》，第 19 页；徐晓村《饮茶起源考论》，《中国农业大学学报》（哲社版）2003 年第 3 期；关剑平《茶与中国文化》，人民出版社 2001 年版，第 3—52 页。

③ C. H. Denyer, "The Consumption of Tea and Other Staple Drinks", *The Economic Journal*, Vol. 3, No. 9, 1893.

T. 波韦（T. Povey）通过整理与阅读相关文献，较为全面地认识了茶的特性，认为它主要具有以下作用：

　　1. 它净化血液中浓浊的部分；2. 它彻底治疗多梦；3. 它减轻脑部的淤泾；4. 舒缓和治疗颈部晕眩、疼痛；5. 预防水肿；6. 去头部湿气；7. 消除食物生冷寒性；8. 通身体阻塞；9. 明目；10. 清除并净化成人的体液和燥热的肝脏；11. 净化膀胱和肾脏的缺陷；12. 彻底击败嗜睡；13. 驱赶眩晕，使人敏捷和勇敢；14. 鼓舞心志，赶走恐惧；15. 驱赶源自于风的疼痛；16. 增强内部器官和防止肺痨；17. 增强记忆力；18. 使意志清晰、加速理解力；19. 帮助击退高卢人；20. 增加人们的慈善行为。①

　　波韦所罗列的茶的 20 种功效看似颇为夸张，实则基本合理②，与前文所述的托马斯·加威所张贴的广告大致相同，加上波韦本人并无商业宣传目的，所以其看法可能更容易为英国民众所接受。另外需要注意的是，上述宣传意在强调饮茶的疗效，反映出最初英国人接受饮茶的若干特点，"人们被建议饮茶出于其药效而非饮用的乐趣"③。同时，历史材料表明此时饮茶范围有所扩展，克拉伦登伯爵亨利曾记述饮茶经历，"柏应理神父与我共进晚餐，此后我们一起饮茶——他说与其在中国饮到的茶一样品质优良"④。

　　查理二世于 1685 年去世，詹姆斯二世即位，但其倒行逆施的统治措施最终导致了光荣革命的发生，最终被迫逃亡，玛丽二世与威廉三世由此

---

①　[英] 艾瑞丝·麦克法兰、艾瑞·麦克法兰：《绿色黄金》，杨淑玲、沈桂凤译，第110—111 页。

②　参照权威茶学著作所列举的饮茶功效，按照笔者的浅见，波韦的大部分认识均较为合理，其中最后两点意有所指，第 19 点即茶可以帮助击退高卢人，意在指明茶具有兴奋作用，可以提高军队的战斗力，而第 20 点即茶可增加人们的慈善行为，意在指明茶与社会道德密切关联，这与茶圣陆羽在《茶经》中所指出的"茶之为用，味至寒，为饮，最宜精行俭德之人"也颇相吻合。参见吴觉农《茶经述评》，农业出版社 1987 年版；陈宗懋主编《中国茶经》，上海文化出版社 1992 年版。

③　Arnold Palmer, *Movable Feast*: *A Reconnaissance of the Origins and Consequences of Fluctuations in Meal Times*, *With Special Attention to the Introduction of Luncheon and Afternoon Tea*, London, New York and Toronto: Oxford University Press, 1952, p. 97.

④　Anonymous, *The History of the Tea Plant*: *from the Sowing of the Seed to its Package for the European Market*, p. 18.

共同担任英国国王。饮茶之风在荷兰的流行早于英国，玛丽二世对饮茶尤为喜爱，她不仅自己饮茶，而且促进了饮茶之风在英国的持续与推广，因为她经常在宫廷之中举办中国式茶会。这时候，宫廷按照想象中的中国情调加以精心布置，用中国式的屏风、茶具、银器乃至先进的移动式茶几等物品作为点缀，可以想见，在浓郁的中国风氛围中饮茶当别有情调。受此影响，服务于威廉三世的奥文顿牧师（J. Ovington）对茶也颇感兴趣，1699 年，他撰写了小册子《论茶性与茶品》，非常全面地对茶进行介绍，内容包括引入茶的原因、茶的名称、茶树的概况、采摘茶的方法、茶的种类、制茶方法、茶叶存储方法以及茶的特性。[1] 在小册子中，作者重点对茶的特性给以论述，认为饮茶几乎可以治愈天下所有的疾病，包括尿砂和眩晕，并且有助于消解导致胃部不适的酸水，消减因饮食过度而滋生的赘肉，还认为茶可以预防痛风、利于消化、促进食欲，更为重要的是它可以振奋精神——使迟钝的思维得以活跃。[2] 当然，作者也并没有一味鼓吹饮茶的功效，在小册子末尾谨慎地指出，"尽管茶叶长期以来即拥有这些珍贵而卓越的特性，不过，不能想当然地认为这些特性会毫无差别、同样地显示在所有人身上，或者是无一例外地奏效。不管是疾病的剧烈期或者长期持续，还是个人的体质或者某些特定的神秘微恙，都会使功效发生改变，延缓或者阻碍已知效果的产生，若没有按照指导饮茶，或者饮用得不合时宜，抑或是水或者茶品质不好，或者其药性本身不佳，那么，我们无法期盼通过饮茶轻易地拥有健康"[3]。

　　英国人对茶的积极认可延续至 18 世纪初期，此时，英国已经介绍引入了较为全面的饮茶知识。比如 1702 年，塔特在其茶诗的附录中对茶予以全面介绍，需要指出的是，这些内容并非作者的原创，而是对欧陆著作《关于茶的对话》一书的译介，由于原著用拉丁文撰写而且印数较少，所以不易读到，在英国社会的影响极为有限，但经过塔特的译介后，它丰富和深化了英国社会对茶的认识。[4]

　　塔特首先简要介绍了《关于茶的对话》一书，指明了自己的附录为内容摘录，然后指出了茶的特性与实际功效，认为通过饮茶再辅以有规律的生活方式，英格兰人因为食用肉类而导致的疾病可以得到抑制：因为茶

---

[1]　J. Ovengton, *An Essay upon the Nature and Qualities of Tea*, London, 1699, pp. 1-39.

[2]　J. Ovengton, *An Essay upon the Nature and Qualities of Tea*, pp. 20-38.

[3]　J. Ovengton, *An Essay upon the Nature and Qualities of Tea*, pp. 38-39.

[4]　Tate, *A Poem upon Tea*, London, 1702.

可以增进胃功能，降低血液酸性，恢复心脏活力，清醒头脑，振奋精神，增进理解能力，提高记忆力，促使人体与精神均保持良好状态。塔特还摘录了指导性的饮茶建议，指出饮茶须讲究时间：清晨为饮茶最佳时间，此时少量饮茶尤为合宜，如在正餐之后立即饮茶，或两三个小时后饮茶，可以依照自身喜好随意饮用。塔特还指出了三种茶的特性差异：第一种为松萝茶，第二种为珠茶，以上两者均属绿茶，第三种茶即武夷茶，属不同种类，绿茶适宜年轻人士以及身体健壮者，武夷茶则适于身形憔悴的肺病患者、情绪抑郁者、节制者、衰弱疲劳者、研究学习者以及疾病患者。两类茶有共同点，饮用两者均益于恢复身心健康，倘若加上牛奶、点心或面包片，则可以成为一顿美餐。在塔特看来，茶还具有其他功效，认为这种饮品的美味是陪伴谈话的莫大享受，它除了益于身体健康与精神愉悦之外，还有助于公务人员举止高尚，更具工作能力，可以提高普通劳动者的体力，增强脑力劳动者的脑力，使其在工作之前处于良好的状态，疲惫之后很好地恢复，它对于解除体力、脑力方面的疲劳均具良效，伴随轻松的排汗过程，疲劳状态得以终止，神清气爽随之而来，使血液循环更为顺畅。

塔特还指出了泡茶须注意的若干事项，认为水质越纯净，沏出的茶水越优；松萝茶与珠茶冲泡较为合宜，这样做对茶的损伤相对较小；武夷茶适于加热或者是反复煮沸，饮用起来仍令人满意；一般的饮茶方法并不添加糖，饮用绿茶尤其如此，加糖可以使茶水更为甜美，但会有损于其功效，如果仅仅加入少许的糖则对其功效基本无碍。另外，塔特还特意指出，添加到茶水中的糖质量越优，对茶汁越有益，对茶水的颜色与味道而言均是如此，而饮用武夷茶，添加较多的糖则不仅合宜，而且是必需的。塔特还对如何保存茶叶提出了指导性建议，认为茶叶应该被非常小心谨慎地保存在银制、合金或者锡制盒子之中，需要关闭得非常严密，与空气保持良好的隔绝状态，最重要的一点，保存茶叶必须注意防潮，不可与气味浓烈的物品距离过近。

无论是奥文顿牧师还是塔特，其著述中对茶的介绍尤其是关于饮茶的知识，应当说已经颇为丰富与全面，这些著述的出版与流行，使与饮茶相关的知识得以传播开来，有利于提高英国人对茶文化的认知水平，扩大饮茶在英国社会的影响，为饮茶在社会中的进一步传播与普及奠定了重要基础。

第二节　茶在英国初步普及

茶自进入英国始，在很大程度上被视为奢侈品，其社会影响的扩展颇为缓慢，王室的示范效应促进了茶在社会上层的传播，饮茶得以在英国社会初步立足，但茶文化在英国的传播并未止步于此，因为"奢侈不仅是希奇物品和虚荣心，它也是社会上令人艳羡的成功标志，是穷人有一天也能够实现的梦想。……富人就是这样注定为穷人的未来生活作准备"①。奢侈品的这种特殊属性使其可以沿着自上而下的路径渐次传播，在更低的阶层中由艳羡垂涎而逐渐变为实际享有，与此同时，茶文化相关知识的传播利于饮茶为更多社会人士所了解乃至接受。所以，在18世纪初至18世纪中叶，饮茶由社会上层逐渐波及中产阶级并被日益接受，从而实现了饮茶在英国社会的初步普及。

一　茶在中产阶级中的传播

英国社会上层的饮茶之风并非旋起旋灭，继玛丽二世与威廉三世之后，安妮女王也嗜好饮茶，宫廷之中的饮茶风气得以持续与保持。根据相关记述，安妮女王的日常生活与茶紧密关联：早餐时，她必定佐以红茶，平时也频频饮茶，有时在宫廷中举办中国风茶会，诗人蒲伯的描绘颇为诙谐："伟大的安妮女王，统治着三个国家，有时开会议政，有时只喝喝茶。"② 安妮女王对茶的喜好表现于其日常言行，当她闻听摩洛哥国王拒绝释放69名英军战俘的坏消息，认为这位斗筲之器的国王最好喝两壶茶，消减一下胸中的怒气。

饮茶风尚在宫廷得以延续，有关茶文化的知识不断传播，饮茶日益为英国社会所熟悉。到1712年时，"饮茶已然变得如此普通，它已经无需加以介绍"③，正是在这种情况下，茶的影响由社会上层日益向下渗透，饮茶的习惯在中产阶级中逐渐形成。从历史资料来看，在18世纪初叶，若干中产阶级人士已经开始饮茶，这从1710年至1730年"金狮"（Golden Lion）④茶店的常客身份记录表中可见一斑，该时期身份明确的常客共计

---

① ［法］布罗代尔：《十五至十八世纪的物质文明、经济和资本主义》第一卷，顾良、施康强译，第212—213页。

② The Licensed Victuallers' Tea Association, *A History of the Sale and Use of Tea in England*, p. 9.

③ Peter Mottevx, *A Poem upon Tea*, London, 1712, p. 1.

④ "金狮"（Golden Lion）茶店由托马斯·川宁（Thomas Twining）于1706年创建，位于伦敦市中心的斯特兰德大街（Strand）216号，托马斯·川宁购买了汤姆咖啡馆，将之改为茶店，由此创造了川宁这一后来为英国王室所青睐的著名茶叶品牌。

182 人，其中包括贵族 78 人、僧侣 11 人、律师 58 人、医师 9 人、官员 26 人。① 可以看出，此时部分中产阶级人士已经开始饮茶。

　　档案资料对此也有所体现，哈利法克斯遗产档案中即保留了与饮茶相关的记载。在哈利法克斯遗产档案中，18 世纪 20 年代即出现了涉及饮茶的两份遗产清单：其中一位立遗嘱者为乔治·梅森（George Mewson），其身份为本地律师，去世后所留遗物中包含有一张茶几、一个价值 12 英镑 2 先令的银茶壶以及少量瓷器；另一位立遗嘱者为詹姆斯·基特森（James Kitson），其身份为羊毛商人，遗物中包含有 67 件陶瓷器、1 个茶几盘，以及 1 把茶壶。② 上述两者的遗产均包含茶具，说明拥有者喜好饮茶甚至已经养成了饮茶习惯。由此可见，最迟不晚于 18 世纪 20 年代，哈利法克斯的若干中产阶级人士已经开始饮茶。

二　英国社会新的饮茶趋向

　　至 18 世纪前期，茶已经开始在英国的中产阶级中逐渐普及，与此同时，英国饮茶出现了值得关注的新发展趋向，其主要体现为饮茶家庭化趋向进一步强化③，女性饮茶者不断增加，两者互相作用与推动，为茶在中产阶级中的进一步传播与普及奠定了坚实基础。

　　（一）饮茶家庭化日趋发展

　　自 1657 年托马斯·加威在咖啡馆中售卖茶水始，茶、咖啡以及热巧克力均成为咖啡馆中的重要饮品，茶在其中占有一定地位。比如在 1711 年，著名散文作家约瑟夫·阿狄生（Joseph Addison）在《旁观自述》一文中写道："近些年来，我在本市度日，公共场所常去常往，……有时，我抽着烟斗，坐在柴尔德咖啡馆里，仿佛一心一意看《信使报》，却把屋子里每个茶座上的谈话都偷偷听在耳中。"④ 他将咖啡馆中的座位称为

---

① ［日］仁田大八：《邂逅英国红茶》，林呈蓉译，第 55 页。由于当时该店既供应茶也供应咖啡，所以该历史资料把饮茶的客人与饮用咖啡的客人混合在了一起，但仍可以大致看出当时该店的常客阶层分布情况。

② ［美］约翰·斯梅尔：《中产阶级文化的起源》，陈勇译，上海人民出版社 2006 年版，第 113 页。

③ 应当说，茶在上层社会普及过程中也具有家庭化的特征，该时期虽然出现了可供男女出入的茶馆，但茶馆数量有限，饮茶主要还是在私人空间中进行，所以说饮茶家庭化趋向进一步强化。

④ ［英］约瑟夫·阿狄生等：《伦敦的叫卖声：英国随笔》，刘炳善译，生活·读书·新知三联书店 1997 年版，第 8 页。

"茶座"，由此可以看出，茶已然成为咖啡馆中的重要饮品，"饮茶在所有各类咖啡馆喧闹的生活中扮演了重要角色"。[1] 但是茶的影响并非局限于公共领域，同时出现了日益向私人领域蔓延的趋势。乔治一世在位时期，茶进入家庭生活变身居家饮料的趋向已经较为明显，饮茶家庭其起居室中均备有精美的成套茶具，购买茶叶后小心翼翼地将其妥善保存在小盒子中，甚至外面还要加锁具以保障安全——其目的在于防止仆人窃取这种价格较为昂贵的饮品。

饮茶出现上述家庭化趋向的原因，一方面在于嗜好饮茶者贪图方便，为了自己能够随时饮茶，所以在家中也要备好茶与茶具，以便时时饮用，另一方面与咖啡馆的特殊性质有关：当时的咖啡馆不仅提供饮品，通常也兼营陪宿、卖春等交易，是一个男性化的活动场所[2]，时人汤姆·布朗曾绘声绘色地予以描绘，"在咖啡馆里，熟谙内情的男人总是能找到一两个美丽女子，她用勾魂摄魄的眼神将你吸引进她们烟雾弥漫的店中，使你乐于其中"[3]，所以，除了咖啡店的老板娘之外，女性一般被排除在咖啡馆之外，她们在较长时期内只能购茶在家中饮用，"当公共场所的男性开始饮用咖啡时，茶的消费主要是在家庭内部"[4]，咖啡开始时在公共场所占据优势，事实上挤压了茶的存在空间，这也是促进饮茶家庭化的重要因素。

（二）女性饮茶者不断增多

在茶进入英国逐渐传播的过程中，凯瑟琳王后、玛丽二世与安妮女王等女性均从中发挥了重要作用，"最初，茶具有很明显的性别关联"[5]，其示范效应在贵族女性身上体现得颇为明显。凯瑟琳王后喜好饮茶为人所

① Gervas Huxley, *Talking of Tea*, p. 79.

② ［日］生活设计编辑部：《英式下午茶》，许瑞政译，台湾东贩公司 1997 年版，第 101 页。咖啡是从阿拉伯地区传播到欧洲的，在阿拉伯地区的咖啡馆中，客人不仅狂饮咖啡，还纵情于各种娱乐活动，包括赌博、性交易等，参见 ［美］潘德葛拉斯《咖啡万岁——小咖啡如何改变大世界》，韩怀宗译，（台北）联经出版事业公司 2000 年版，第 8 页。

③ Thomas Brown, Amusements Serious and Comical, Calculated for the Meridian of London, in *The Works of Mr. Thomas Brown*, Vol. Ⅲ, London, 1715, p. 71.

④ John Burnett, *Liquid Pleasures*: *A Social History of Drinks in Modern Britain*, London and New York: Routledge, 1999, p. 50.

⑤ John Burnett, *Liquid Pleasures*: *A Social History of Drinks in Modern Britain*, London and New York: Routledge, 1999, p. 50.

知，贵族社会中的女性极为艳羡，常以王后每天都需要饮茶为由，证明自己饮茶具有不容批驳的正当性。安妮女王也喜好饮茶，贵族女性同样加以效仿，部分妇女抛弃了原有的饮酒习惯转为饮茶。英国宫廷中饮茶风尚持续不断，这对英国社会发挥了示范引导作用。随着女性饮茶者不断增多，其社会影响日渐扩大，这在 1706 年尤其得以体现：该年度，托马斯·川宁（Thomas Twining）将汤姆咖啡馆改造为"金狮"茶店，它与普通咖啡馆的明显不同之处在于，其面对的消费者存有差异，它不再是男性消费者的排他性专利，而是男女顾客均可造访的消费场所。"金狮"茶店开业后，之前被排除在咖啡馆之外的女性得以进入，某些女性消费者经常聚集其中，一边饮茶一边聊天，"金狮"茶店的出现扩大了消费者的范围，为女性消费者提供了私人领域之外的饮茶空间，这同时反映出女性饮茶者已经明显增多，她们需要满足其饮茶与社会交往需求的社会场所，托马斯·川宁具有敏锐的市场嗅觉，所以将咖啡馆改造为茶店，女性消费者不仅可以在此饮茶，同时可以购茶携带回家，"'金狮'是首家专门按照重量售茶的店铺"①。当时购茶者买茶后都是用自己的方式带回家，1680 年时，报纸上的广告还建议消费者购茶时"携带便利的盒子"。② 川宁开设茶店促进了饮茶的传播，川宁茶不仅成为英国久负盛名的茶叶品牌，而且深受女性消费者的青睐，以至于 19 世纪的著名女作家简·奥斯汀造访伦敦时，还特意到川宁茶店购茶，以满足自身的饮茶需求。③

综而观之，饮茶日渐家庭化与女性饮茶者日益增多这两种趋向交互推动，饮茶家庭化便于女性更方便地饮茶，而女性饮茶者的增多也有利于饮茶向家庭化发展，因为尽管伦敦已经拥有了"金狮"等茶馆，但毕竟数量较少，并未阻碍饮茶的家庭化趋势，曾经有学者指出，"茶从未与公共生活相关联，它过于家庭化"④，这一说法略显绝对，从该时期的历史发展来看，茶首先与公共生活相关联，进而更多地进入家庭，深入渗透至私人生活，英国人的饮茶习惯由此而逐渐形成，或许这样认识更为合乎实际。

---

① Gervas Huxley, *Talking of Tea*, p. 79.

② Gervas Huxley, *Talking of Tea*, p. 45.

③ 川宁公司最初经营咖啡馆，后来发展成为茶馆与茶叶公司，同时也是英国著名的茶叶品牌，但需要注意的是，川宁公司并没有完全放弃咖啡业务，在川宁博物馆的展示中，也包含着咖啡包装等物品，只是在整体业务中咖啡的地位不高。

④ Anthony Burgess, *The Book of Tea*, p. 12.

三　茶在中产阶级中的普及

　　上文所述的饮茶发展趋向极大地推动了饮茶在英国社会的传播，促进了饮茶在中产阶级之中的逐渐普及。进而观之，此时甚至个别社会下层人士也接触到饮茶，比如伦敦城中仆人的早餐，基本上已然是面包加上黄油，再搭配以奶茶，但由于此时茶叶价格较高，茶尚未能真正进入社会下层的日常生活。纵观这一历史时期，饮茶主要是在中产阶级中逐渐普及。

　　就笔者目前掌握的历史资料来看，现有材料难以直接反映饮茶在中产阶级中的普及状况，但相关资料可以提供佐证，就该历史时期的财产以及遗产状况进行分析，可以间接了解到：至18世纪中叶，中产阶级已经普遍饮茶。比如，18世纪40年代的一个中产阶级家庭的财产包括："在厅内有一钟表以及一个箱子、一张写字台以及桌子和架子、十二只草编凳子、一架壁炉；在起居室内有一个角橱、瓷器、一张圆桌、一张茶桌、一张牌桌、一张化妆桌……十二把藤椅。"① 由此可见，该中产阶级家庭拥有饮茶所用的家具与器具，表明家人开始饮茶甚至可能养成了饮茶习惯。但是，该时期类似的历史材料并不多见，可能至18世纪40年代，只有部分甚至少数中产阶级家庭养成了饮茶习惯。

　　随着历史的推移，至18世纪中叶，较多的历史材料证明茶在中产阶级家庭日益普及。根据相关研究成果，至18世纪中叶，保存下来的所有家庭账簿均包括关于茶或咖啡的支出记录，所留遗嘱中也频繁地提及茶杯与其他瓷器。比如，去世于1745年的药剂师杰里迈亚·德雷克（Jeremiah Drake），其居所的客厅中拥有一张茶几、一盏玻璃罩灯、两幅家庭肖像、地垫和六个瓷盘。再如，时间稍晚去世的哔叽制造商约翰·萨克利夫（John Sutcliffe），他留给妻子的遗产包括一块位于附近镇区的自由地产与能够布置一个房间的必需物品，去世之前，他特别加以强调的物品是"我们平时睡眠用的床"和"我用来饮茶的陶瓷器具以及其他用品"。② 由此可见，大致在18世纪中叶，饮茶在英国的中产阶级家庭中已经普及开来。

　　依照时人估计，普通绅士家庭——家庭成员包括绅士本人、妻子、孩子四个及仆人两个——消费预算如下："除基本必需品例如面包和蔬菜之

---

① Lorna Weatherill, *Consumer Behaviour and Material Culture in Britain*, *1660-1760*, London and New York: Routledge, 1988, p. 34.

② ［美］约翰·斯梅尔：《中产阶级文化的起源》，陈勇译，第112—114页。

外，建议还应该包括适量的其余物品：每周食用黄油七磅、干酪三磅半；每日食用肉一磅；每周预算须加上购茶费用两先令、购糖费用三先令。"① 由此可见，饮茶已经成为中产阶级家庭中普遍存在的消费现象。英国学者洛纳·威泽尔考察该时期历史时认为："合法输入的诸种热饮料——尤其是茶，在 18 世纪 50 年代更加普遍……至 18 世纪四五十年代，茶被广泛地认为属于中产阶级生活方式中很正常的一部分。"② 这一判断较为符合当时的历史事实。

第三节 茶与其他饮品的竞争

在较长历史时期，各大陆处于相对隔绝状态，而新航路的开辟使世界日益连接为一个整体，全球性的物产与商品交流日益发展。在 16、17 世纪，三种举足轻重的无酒精饮料商品先后进入欧洲：1528 年，西班牙人最早将可可输入欧洲，是为进入欧洲的第一种饮料商品，大半个世纪之后，荷兰人则于 1610 年将茶叶输入欧洲，此后不久，威尼斯商人于 1615 年将咖啡输入欧洲。具体到英国而言，可可的影响较小，并没有能够与茶形成竞争，所以在此略而不谈，而咖啡则与茶构成了竞争关系，与此同时，咖啡与茶作为新近传播的饮料同英国人原有的酒精类饮品抢夺生存空间，茶正是在同咖啡与酒类的竞争中占据了一席之地，进而成为广受英国人喜爱的饮品。

一 茶与咖啡的竞争

咖啡为起源于非洲的重要饮品，它随着历史的推移而逐渐传播开来。目前学者一般认为，咖啡起源于东非的埃塞俄比亚，时间为公元 5—6 世纪。据说一位牧童在牧羊时无意中发现了咄咄怪事：羊吃了一种叶片与红果子后异常兴奋，状如癫狂。牧童出于好奇，模仿着加以品尝，随后感到精神振奋，人类由此而揭开了咖啡的秘密。此后，咖啡逐渐由埃塞俄比亚传播开来，先是影响到与之隔红海相望的阿拉伯地区，延至 15 世纪末期，饮用咖啡作为习俗在阿拉伯各地已经非常普遍。而随着奥斯曼土耳其帝国

---

① Dorothy Marshall, *English People in the Eighteenth Century*, London and New York：Longmans, 1956, p. 129.

② Lorna Weatherill, *Consumer Behaviour and Material Culture in Britain*, *1660-1760*, p. 37.

的不断扩张，1536 年，它占领并控制了重要的咖啡产地——也门，受此影响，饮用咖啡的习惯在帝国境内广泛传播开来。

欧洲人接触到咖啡即通过土耳其人，饮用咖啡的习俗随后在欧洲各国日益传播开来，咖啡馆如雨后春笋般大量涌现。根据可靠材料，1610 年，威尼斯商人将咖啡豆运至威尼斯，开设咖啡馆进行经营，这可能是欧洲出现的首家咖啡馆。英国最早的饮咖啡者可能为牛津大学贝利奥尔学院的来自克里特岛的学生，时间大约为 1647 年[1]，或许因为牛津得风气之先，这里可能出现了英国最早的咖啡馆，按照现位于牛津的"大咖啡馆"（The Grand Cafe）的张贴宣传，其原址为英国最古老的咖啡馆，1650 年即出现。[2] 1652 年，希腊人罗塞在伦敦开设了人们常说的"首家"咖啡馆。作为一种新兴饮料，咖啡满足了人们的好奇心，受到英国人的极大欢迎，"喜好新奇是英国国民性的重要特点，咖啡很快变得众所周知"[3]，咖啡馆顾客盈门，其数量迅速增长，几年时间即增长至 83 家，18 世纪初已多达 500 家。[4]

从英国人最初的反应来看，咖啡似乎比茶更受消费者欢迎。如前文所述，茶自 17 世纪上半叶进入英国，但最初其产生的影响颇为有限，甚至直到 17 世纪末期，饮茶仍主要局限于社会上层的狭小范围，汤姆·斯坦达格曾指出，"毫不夸张地说，18 世纪初叶在英国几乎无人饮茶"[5]，该看法虽然略带夸张，但也并未完全偏离历史事实，此时饮茶仅仅局限于包括宫廷在内的上层社会，就整个社会而言，其影响确实极为有限。

与茶相比，咖啡最初更受欢迎，这并非因为其功效优于茶叶，而是由

---

①　Gervas Huxley, *Talking of Tea*, London: Thames & Hudson, 1956, p. 9.

②　按照马克曼·艾利斯的说法，该咖啡馆为英国的第一家咖啡馆，这一说法与"大咖啡馆"的橱窗以及网站上的说法稍有不同，"大咖啡馆"将其历史追溯到 1650 年，并且宣传自己为英国首家咖啡馆，杰维斯·赫胥黎认可这一观点，在其著作中也持有这一看法，目前尚未找到更多材料予以辨析，暂时存疑。参见［英］马克曼·艾利斯《咖啡馆的文化史》，孟丽译，广西师范大学出版社 2007 年版，第 34 页；"大咖啡馆"的网站，http://www.thegrandcafe.co.uk; Gervas Huxley, *Talking of Tea*。

③　Robert Wissett, *A View of the Rise, Progress, and Present State of the Tea Trade in Europe*, p. 14.

④　Anthony Farrington, *Trading Places: The East India Company and Asia 1600-1834*, London: The British Library, 2002, p. 110. 潘德葛拉斯列出的数据更为惊人，认为到 1700 年时，伦敦的咖啡馆达到了 2000 家，参见［美］潘德葛拉斯《咖啡万岁——小咖啡如何改变大世界》，韩怀宗译，第 17 页。

⑤　Tom Standage, *A History of the World in 6 Glasses*, pp. 187-188.

于运输距离与销售价格方面占有绝对优势。就最初英国人的认识而言，咖啡本身并不具有优于茶叶的功效，这可以从咖啡馆招揽顾客的海报中加以了解。1652 年，希腊人罗塞开设伦敦首家咖啡馆后，曾经张贴宣传海报予以鼓吹，所列举的饮用咖啡的功效主要为：利于消化、医治眼疾、抑制头痛、有益于治疗眼睛酸痛、防治肺炎以及咳嗽等肺部相关疾病、调节体液不调、预防女性流产、治疗脾脏疾病、祛除踝关节风寒、防止头晕、提振精神。① 细而观之，这与托马斯·加威对茶所进行的宣传相比较，并无明显优势。咖啡最初比茶更受欢迎的原因可能并不在于产品本身的特性，而是主要受到两者不同的外部条件的影响。与茶叶相比，咖啡具有两个外在有利因素：首先，咖啡的运输条件更为有利，由于该时期咖啡的主要产地为也门，运至英国的距离明显较近，这与从地处遥远东方的中国运输茶叶相比更为便捷，在当时落后的运输条件下，咖啡在运输便利性方面明显占有先机；其次，或许是距离较近的缘故，咖啡的商业成本更为可控，其在英国的售价相对低廉，"茶比咖啡贵得多，进入伦敦后很久还是稀有之物"②，不难看出，咖啡相对于茶叶而言具有明显的价格优势。从更为广阔的历史背景予以考察，咖啡在英国的迅速传播为欧洲各地"咖啡热"的一部分，在 17 世纪中期至后半叶，势不可挡的"咖啡热"几乎迅速遍及欧洲各国，意大利人、法国人、德国人纷纷饮用，英国受到这一热潮的影响，使咖啡受到了英国社会各界的极大欢迎。

但是，咖啡在英国社会很快即遭遇传播阻碍。随着咖啡馆数量的不断攀升，彼此之间的竞争不断加剧，咖啡馆经营者开始增添新的饮料，还为顾客提供报纸以供休闲。茶正是借着这一契机跻身咖啡馆之中，咖啡馆实则变为提供咖啡、酒类、茶水等多种饮品的交流场所，该变化导致咖啡馆似乎有些名不副实，但更为不利的是，"英国妇女"③ 对咖啡馆的不满情绪日益积累，进而将批判矛头直接指向了该场所的主要饮品——咖啡。

在英国，咖啡馆堪称男性化的场所，不仅"文学家、知识分子、哲学家与科学家常常聚集于少数几家咖啡馆中"，而且"纨绔子弟、赌棍、游手好闲者以及其他不三不四的人士也有自己经常聚集的咖啡馆"，甚至"'公共活动'（public activity）——包括卖淫在内——的各个阶段都在咖

---

① Pasqua Rosee, *The Vertue of the Coffee Drink*, London, 1652, p. 1.

② ［英］马克曼·艾利斯：《咖啡馆的文化史》，孟丽译，第 139 页。

③ 在女性对咖啡馆以及咖啡进行批判的同时，有些男性借助这一风潮，模仿女性口吻对咖啡展开了口诛笔伐，推波助澜。

啡馆生活中有所表述与反映"①。咖啡馆充斥着男性气息，鱼龙混杂，高雅与低俗并存，正常交往与策划犯罪同时进行，而且常常兼营陪宿、卖春等生意，普通的女性群体被排斥在外，不允许进入咖啡馆。所以有社会人士假借英国妇女的口气对咖啡馆（当然包括咖啡在内）予以猛烈批判。1674 年，署名"好心人"的著名小册子《妇女抵制咖啡呼吁书》问世，它开篇即言明，小册子是在向捍卫维纳斯的自由的人们（the Keepers of the Liberties of Venus）致敬，这是数千位身材丰满、容貌靓丽的美好女子所发出的谦卑诉求，继而痛斥了咖啡在英国所引发的不良变化，以前英国男子充满男性的雄伟、阳刚气魄，所以英国被视为女性的天堂，现今英国男子已然失去了往昔的威仪，其罪魁祸首即饮用咖啡，它最近过度流行起来，作为令人厌恶的异教徒饮料，这种饮品导致男人疲软不振，吸干了他们的水分，他们从咖啡馆厮混归来之时，除了鼻涕外没有一处是湿润的，除了关节外没有一处是坚硬的，除了耳朵外没有一处能够直立（standing）起来，这些人在咖啡馆中道听途说、飞短流长，英国男人因为饮用咖啡变成了虚弱不堪的阳痿患者。②在痛陈饮用咖啡的危害之后，小册子作者希望，"我们谦卑地祈求，诚挚的爱国者要壮大自己的力量，要严厉禁止 60岁以下的所有人饮用咖啡"③。该批判很快就得到了否定性的答复，匿名作者撰写的小册子《答妇女抵制咖啡呼吁书》随即出版，以眼还眼地回应到，"能否设想一下，不知感恩的妇女们，我们竭尽所能日日夜夜地劳作，用最好的心血与精力服务于你们，你们怎能如此公开地抱怨呢？的确，我们处在一个史无前例的时代与国家之中——需更用心于你们的性欲，难道我们没有屈尊就范于各种方式的淫荡行为？"④作者认为咖啡馆是"市民学院"（Citizens Accademy），能够增长人的智慧，咖啡能够使人清醒，女性不应对其妄加批判。⑤其后又有相关小册子问世，出版于 1675年的《啤酒店女老板反对咖啡陈情书》直指咖啡，痛加鞭挞，怒斥咖啡为无照经营的非法商品，其味道犹如大便一样恶劣不堪，颜色如同混合在一起的磨碎的煤炭，咖啡馆败坏了英国社会善结人缘的传统美德，而且严

①　Roy Moxham, *A Brief History of Tea*: *The Extraordinary Story of the World's Favourite Drink*, Robinson Publishing, 2009, p. 36.

②　A Well-willer, *The Women's Petition Against Coffee*, London, 1674, pp. 1-2.

③　A Well-willer, *The Women's Petition Against Coffee*, London, 1674, p. 6.

④　Anonymous, *The Men's Answer to the Women's Petition against Coffee*, London, 1674, p. 1.

⑤　Anonymous, *The Men's Answer to the Women's Petition against Coffee*, London, 1674, p. 4.

重损害了男人的性功能，导致生命力的枯竭，甚至影响到了妻子与后代。① 上述对咖啡的猛烈批判显示，英国社会对咖啡已然出现了抵制风潮，就其出发点而言，主要基于维护社会道德与经济利益的考量。

针对以上批判，拥护咖啡者则积极予以辩护，否认咖啡会出现上述不良影响，但随后的政治事件为咖啡馆的发展蒙上了一层更为浓郁的阴影。由于咖啡馆并非仅仅为饮用咖啡的场所，顾客聚集其中高谈阔论，加上该历史时期英国报业的发展，所以，一边饮用咖啡一边阅读报刊逐渐流行起来，成为咖啡馆中的普遍现象，不识字者则听别人高声朗读报纸，人们还就关心的社会问题各抒己见并进行讨论，公开针砭时弊。可以说，咖啡馆"以其低廉的消费价格为光顾者提供了休闲解乏、了解新闻、沟通信息、切磋学问、议论世风、褒贬时政的公共空间"。② 出于维护自身统治地位的政治需要，复辟的斯图亚特王朝借英国社会中对咖啡馆与咖啡的抵制之势，先后于 1675 年 12 月 29 日与 1676 年 1 月 8 日两次下令，勒令关闭所有的咖啡馆，但是该禁令遭到咖啡馆拥护者的激烈反对，最终没能真正施行。

英国社会对咖啡馆和咖啡的批判与斯图亚特王朝对咖啡馆的政治压制，对咖啡在英国社会的广泛传播造成了消极影响，与此同时，咖啡又遭遇了茶叶强有力的挑战，并且最终在竞争中败北。

进入 18 世纪，茶在英国中产阶级之中逐渐普及，这主要体现于饮茶的家庭化趋势继续发展与女性饮茶者的不断增加，因而饮茶日益渗入家庭生活，逐渐占据了私人空间。茶在咖啡馆占有一席之地，但咖啡馆中的主要饮品仍然为咖啡，而茶在私人空间的传播极大地扩展了其影响。咖啡在当时的英国仅仅作为与公共生活相联系的饮料，虽然极大地促进了咖啡馆的繁荣，但它未能深入家庭生活。究其原因，这主要与咖啡本身的特性有关：咖啡的加工工序极为繁复，普通人难以掌握，它需要恰到好处的烘焙与研磨才能饮用，"随意选取一些咖啡豆，放进烤盘之类的东西，放在小火上不断翻炒防止烤焦。咖啡豆最初是白色的，烤干后会变成棕色，最后变成黑色。当烤成棕色即将变黑的时候放在研钵里碾磨，磨碎后倒进密封

① 陈勇：《咖啡馆与近代早期英国的公共领域——哈贝马斯话题的历史管窥》，《浙江学刊》2008 年第 6 期。

② 陈勇：《咖啡馆与近代早期英国的公共领域——哈贝马斯话题的历史管窥》，《浙江学刊》2008 年第 6 期。

的瓶子里"①。贝宁汉姆医生的这一记述简略地揭示了当时咖啡粉的制作过程，看似简单实则不易，"咖啡炮制出来难度较大，没有几个家庭能行，……道地的咖啡超出了家庭的技术能力"②。饮茶则准备起来极为方便，而且可以多次冲泡，两者的特性差异较大，这在英国限制了咖啡的传播空间，而茶则能够在两个领域传播开来——尤其在私人空间占据了绝对优势。

茶除了在私人空间占据优势之外，就该时期世界贸易的发展而言，同样逐渐占据上风。最初进入英国的茶叶主要来自荷兰，不仅价格较为昂贵，而且能得到的供应量极小，随着英国在东方所进行的商业贸易不断开拓，发展茶叶贸易的条件随之改善。1674—1680 年，郑经的军队再次夺取厦门，英国船只借助与郑氏集团的商业联系而首次在大陆港口进行贸易，购买了相当数量的丝绸、瓷器与茶等商品，为茶叶贸易的发展提供了更好的实际条件。从 1699 年起，英国船只几乎每年都航行至广州进行贸易，贸易渠道日益打开乃至扩宽。③ 所以，该时期英国茶叶进口迅猛攀升：1690 年，输入茶叶 41471 磅，至 1712 年时已增长到 15 万磅，1721年则突破了 100 万磅。④ 与此形成对照，英国的咖啡供应并无改善，它很大程度上仍控制在荷兰人手中。进入 18 世纪，传统的香料贸易呈现预势，荷兰人不能不进行调整与应对，他们通过将咖啡种植引入东印度群岛从而获得了新的经济资源，而且其市场供应量迅猛增长，"1723 年销售的咖啡就达到了 1200 万磅。随着欧洲人养成喝咖啡的爱好，荷兰人也就成了这种外来饮料的主要供应者"⑤。随着 18 世纪茶叶贸易的迅猛发展，茶税对国家财政至关重要，而咖啡则日益无足轻重，以至于咖啡馆在英国日渐衰退，"至 18 世纪中叶，咖啡馆的全盛时期已经悄然逝去"⑥。而至 18 世纪末时，仅有少数保留了下来，勉强维持。⑦ 可以说，两者市场供应的差别以及对财政的重要性明显不同，不能不影响英国人的选择，所以有学者颇为深刻地指出，咖啡在英国落败"并非因为英人在口味上与欧陆存有差

---

① ［英］马克曼·艾利斯：《咖啡馆的文化史》，孟丽译，第 135 页。

② Anthony Burgess, *The Book of Tea*, pp. 10-12.

③ Anthony Farrington, *Trading Places：The East India Company and Asia 1600—1834*, p. 84.

④ 陈椽：《中国茶叶外销史》，第 142—143 页。

⑤ ［美］斯塔夫里阿诺斯：《全球通史》下卷，董书慧等译，北京大学出版社 2005 年版，第 431 页。

⑥ Gervas Huxley, *Talking of Tea*, p. 79.

⑦ William H. Ukers, *All about Tea*, Vol. I, p. 46.

异，而是如果沉湎于咖啡之中需要付出更大的代价"①。

二　茶与酒类的竞争

茶在英国社会的传播普及不仅与咖啡形成竞争，而且需要与英国人的传统饮品酒类争夺存在空间。中世纪乃至近代早期，英国社会生活中酒类饮品影响较大：贵族品享的主要酒类为浓啤酒、啤酒以及葡萄酒，葡萄酒因为价格过于昂贵，下层人士无法承受，所以深得贵族的喜爱，甚至成为贵族构建其社会身份的重要象征；社会下层的农民则经常饮用劣质淡啤酒。这种状况延续至 18 世纪，只是英国社会中酒的种类发生了些许变化。茶在同咖啡的竞争中逐渐夺取优势，同时，它与酒类饮品也构成竞争，最终饮茶极大地抑制了酒类消费的泛滥。

至 17 世纪中叶，啤酒在英国社会的各类饮品中仍占据优势地位，但已然面临威胁，英国本土或者进口的其他饮料逐渐增多。1673 年，深感威胁的啤酒制造者曾呼吁政府禁止其他饮料，"白兰地酒、咖啡、烈性啤酒（Mum）及巧克力（这里指巧克力饮料）等均应予以禁止，它们极大地影响了以大麦、麦芽等为原料所制成的本土产品的消费"②。而前文所述《啤酒店女老板反对咖啡陈情书》也体现出啤酒遭到了咖啡的威胁。

至 18 世纪初期，各种酒类在英国社会仍颇为流行，社会评论家对此深恶痛绝，言辞激烈地批评道，"酗酒是公认的英国人各个阶层都具有的全民性罪恶，尽管妇女较少因此受到指责"③。该时期，啤酒仍是英国社会生活中的重要饮料，而杜松子酒更是泛滥成灾。杜松子酒是一种经过蒸馏、烈度相对较高的酒精饮料，其原料价格低廉，生产周期较短，无须增陈贮存，具有较为强烈的麻醉作用。18 世纪初期，杜松子酒在英国很快流行起来，在英国市场的销售量直线上升，1720 年时销售量约为 50 万加仑，到 1735 年时已剧增至 500 万加仑。④ 杜松子酒之所以能够泛滥成灾，很大程度上是国家未加限制的结果。自 1700 年始，英国只允许在拥有执照的酒馆内销售啤酒等酒类，在这些地方之外销售麦酒（ale）、啤酒

---

① S. D. Smith, "Accounting for Taste: British Coffee Consumption in Historical Perspective", *The Journal of Interdisciplinary History*, Autumn 1996.

② Ian S. Hornsey, *A History of Beer and Brewing*, p. 390.

③ George Macaulay, *The England of Queen Anne*, London and New York: Longmans, 1932, p. 64.

④ 邹穗：《英国工业革命中的福音运动》，《世界历史》1998 年第 3 期。

（beer）、梨子酒（perry）或者苹果酒（cider）均属非法行为，罚款 20 先令，但对销售各种烈酒（spirits）并无类似限制，仅要求每加仑交税 2 便士，所以烈性酒——其中主要为杜松子酒——价格相当低廉，销售杜松子酒的酒馆大量涌现。

　　国家的税收政策无形中促成了杜松子酒的泛滥成灾，导致了严重的社会问题。有识之士在 1736 年时即着手予以矫治，出版了小册子《蒸馏酒，民族的祸根》，揭开了禁酒运动的序幕。1751 年，亨利·菲尔丁在小册子《关于最近盗贼增多原因的探讨》中对杜松子酒的社会危害给以生动描述："我在这里谈到的醉态是通过饮用烈性的令人迷醉的酒而导致的，特别是那种被称为杜松子酒的：我完全有理由认为这种酒是这个城市中超过十万人的主要食物——如果它可以被称为食物的话。在这里，有许多可怜的家伙每天喝数品脱的这种'毒药'，非常不幸，我每天都要看到、闻到其恶劣的影响。"① 对于社会下层而言尤其如此，嗜好杜松子酒成为很多人生活中的一种习惯，"喝酒占据了无产者生活的大部分内容。喝酒和醉酒已经不是什么罕见的社会现象，简直就是这个阶级本身固有的一种标志"②。杜松子酒泛滥成灾的恶劣影响不难想见。

　　杜松子酒的泛滥以及引发的诸多问题迫使政府不得不予以应对，推出措施力图限制杜松子酒的销售。为了抑制杜松子酒的恶性泛滥，英国于 1751 年提高了针对杜松子酒所课的税，同时由于该时期粮食价格有所上升，杜松子酒的制作成本明显上扬，相应地，杜松子酒的价格显著提高。在这样的背景下，英国社会需要合适的饮品满足人们的需要，"公众必然地转向了啤酒以及其他廉价而又有益于健康的饮品"，这一背景为茶的进一步传播提供了契机，茶迅速填补了杜松子酒消退所留下的空白，该历史形势促进了饮茶在英国社会的普及，以至于"该时期最为显著的变化之一即社会各阶层的茶叶消费量增长，无论城镇还是乡村均是如此"③。该时期，茶的价格逐步下降，它日益成为较为普通的消费品，而且茶叶具有

---

① J. C. Drummond, Anne Wilbraham, *The English Man's Food: A History of Five Century of English Diet*, p. 197.

② ［德］沃尔夫冈·希弗尔布施：《味觉乐园》，李公军、吴红光译，百花文艺出版社 2005 年版，第 140 页。

③ J. C. Drummond, Anne Wilbraham, *The English Man's Food: A History of Five Century of English Diet*, p. 198.

益于身心健康的特性，这均为茶的逐渐传播普及提供了发展契机。考察该时期的社会变化即发现，饮茶所发挥的替代性作用对抑制杜松子酒造成的恶劣影响具有重要作用，诚如英国学者乔治·麦考利·特里维廉所进行的历史观察："在家家户户可以获得茶或者咖啡之前，戒酒运动根本行不通。"①

需要指出的是，茶在英国未能如同击败咖啡一样沉重打击杜松子酒。18世纪下半叶，荷兰、法国等欧陆国家面向英国的走私活动非常猖獗，杜松子酒仍然是走私者热衷于贩运的重要商品，"荷兰的斯奇丹（Scheidam）拥有125个麦芽蒸馏装置，它们每年可以生产3857500加仑杜松子酒，其中大部分被走私运至英格兰"②，在法国与瑞典等地，也有相当规模的蒸馏工场，它们生产大量的杜松子酒，其中相当部分提供给了英国走私者。但是，杜松子酒恣意泛滥的趋势毕竟得到了一定的遏制，饮茶则在英国社会得到了更大范围的传播。茶作为无酒精的文明饮料，有助于提升英国人的道德品质，维持良好的社会秩序，"说实在的，对这个国家大部分的人来说，很难不提到茶所带来的社会影响有多大，它教化了粗野的人们，抚慰了不安的心灵，拯救了酒鬼免于被毁灭的命运，对很多贫困、绝望又不幸的母亲来说，茶带来鼓舞与平静的思维，她们才得以支持下去"③，这一评论虽然略带夸张，但也反映了历史的若干真实面貌。在小册子《饮茶妻子与嗜酒丈夫》中，喜好饮茶的妻子们批判嗜好饮酒的丈夫们，"你们责怪我们饮用何其无辜的茶叶，事实上，它提早地振奋了我们的精神，你们却去酒馆滥饮，丢下我们孤独一人直到黎明"④。小册子作者借助妻子之口批判丈夫，同时将饮茶所带来的精神振奋与酒类所带来的迷乱形成对比，显示出该时期饮茶在英国社会的传播给酒类带来的压力，对此，英国首相威廉·格莱斯顿曾于1882年给以评价，"在公平竞争的环境中，居家饮茶对酒精类饮品构成强有力的挑战，茶在公平的战斗中取得了优势"⑤。

茶进入英国本土并日益传播开来，不可避免地与咖啡以及酒类饮料——

---

① George Macaulay, *The England of Queen Anne*, p. 64.

② Anonymous, *Advice to the Unwary*, London, 1780, p. 2.

③ ［英］艾瑞丝·麦克法兰、艾瑞·麦克法兰：《绿色黄金》，杨淑玲、沈桂凤译，第140页。

④ Anonymous, *The Tea Drinking Wife, and Drunken Husband*, London, 1749, p. 3.

⑤ Claire Hopley, *The History of Tea*, South Yorkshire：Remember When, 2009, p. 49.

尤其是杜松子酒——构成了一种事实上的竞争关系。由于茶与咖啡本身特性的差异，更因为英国取得这两种饮品的贸易条件明显不同，导致咖啡在英国社会由迅速流行转为逐渐衰落，英国人最终成为较为彻底的饮茶民族，这与欧陆各国相去甚远。在茶同酒类饮料的竞争中，有识之士对于饮酒的批判以及国家政策的转变抑制了杜松子酒的过度泛滥，压缩了酒类在英国社会的存在空间，茶在这一背景下扩大了自身的影响力。但是，由于酒类具有排忧解愁与放纵享乐的双重作用，人类社会对酒类的需求长期存在，英国社会也是如此，所以饮茶只是在一定程度上抑制了酒类的过度泛滥。

第四节　英国社会关于饮茶的争论

茶自进入英国之后，社会影响日益明显，饮茶最初在英国宫廷成为流行风尚，随后又影响到上层社会并为其所接受，它还不断地向社会其他阶层逐渐渗透，出现了日益扩散与普及的发展趋势。在饮茶渐趋普及的同时，尤其是与茶在中产阶级家庭之中传播相伴，社会各界关于饮茶的争论日益升级。从更大的地理范围来看，关于饮茶的争论并不仅仅出现于英国，茶所影响到的西欧各国大多出现了这一现象，但就英国而言，社会各界关于饮茶的争论似乎更为激烈。

一　17世纪西欧有关饮茶的争论

17世纪上半叶，随着茶被西欧更多的人士所接触或饮用，饮茶有益还是有害在很多地区成为人们颇为关注的一个问题，支持饮茶者与反对饮茶者唇枪舌剑、互相辩驳，各色人士均参与其中，医师尤其担当了重要角色。

荷兰对茶的西传起到了重要作用，其茶叶贸易的发展与饮茶风气的兴起均早于其他西欧国家，所以荷兰人对茶兴趣浓厚。早在17世纪初，荷兰某些人士对饮茶的功效即给以高度评价，医师约翰纳斯·冯·海尔蒙特（Johannes van Helmont）看法相类，认为茶堪称良药，可以用于防止人体体液流失，有助于身体恢复健康。医师尼古拉斯·杜普（Nikolas Tulp）在小册子《医药观察》中认为，饮茶可以使人免受多种疾病的侵害，其中包括结石、头痛、风寒、眼炎、黏膜炎、哮喘、胃蠕动缓慢和肠道障碍，饮茶还能益寿延年，此外有一项特别的好处，饮茶可以防止犯困，便于熬夜，能够为夜间写作与冥想者提供帮助。① 可以想象，上述人士对饮茶功效的正面评价有助于荷兰社会接受这一饮品。

随着饮茶在欧洲的传播，至17世纪30年代，茶在欧洲（主要为荷兰）更趋流行，"饮茶有害论"逐渐出现。1635年，服务于丹麦国王的德国医生西蒙·鲍利（Simon Pauli）发表专论：茶虽然具有某些医疗作用，但其消极作用更为显著——茶会缩短饮茶者的寿命，对于年龄超过40岁者尤其如此②，他认为出现该问题的原因主要在于，茶在东方国家所产生的积极功效具有地方性，无法在欧洲人身上显现，40岁以上者不宜饮茶，主要源于茶具有较强的干燥作用。③ 1648年，法国医师基依·巴当也发表了"红茶有害说"的类似报告，附和了前者对饮茶的批判。

西蒙·鲍利的看法遭到了佩克林（Pecklin）的反驳，后者认为茶有助于预防坏血病，而且是药效温和的收敛剂，还能够促进肠胃蠕动。荷兰医师尼古拉斯·迪尔克斯（Nikolas Dirx）与前文提及的考内利斯·庞德古则对饮茶给以赞美，前者将茶视为万能药物，认为其他植物均难以与之相提并论；后者认同饮茶有益健康的看法，认为茶具有良好的治疗效果，建议人们每天饮茶数杯，甚至略显夸张地呼吁与倡议饮用上百杯乃至两百杯。④ 考内利斯·庞德古本人"以身作则"，身体力行，每天均频频饮茶。

由上述有关饮茶的争论可见，医师对饮茶的功效意见不一，争论双方大致旗鼓相当，他们均努力阐述自己的观点，但似乎都没有令人信服的确切证据，缺乏严密的论证。在该历史时期，饮茶的支持者与反对者双方的争论尚限于表面，这与稍后主要发生于英国的论争相比，尤其如此。

二　18世纪英国有关饮茶的争论

继荷兰之后，饮茶逐渐在英国开始流行，茶作为一种新兴事物、一种来自遥远东方的神奇饮品，在英国社会引发了激烈论争，各色人士就饮茶有益还是有害这一问题互相批驳，进而言之，部分参与争论者还围绕饮茶的经济社会影响激烈辩驳，当然，也有参与者将两者联系在一起加以讨

---

① ［英］艾瑞丝·麦克法兰、艾瑞·麦克法兰：《绿色黄金》，杨淑玲、沈桂凤译，第112页。

② Tom Standage, *A History of the World in 6 Glasses*, p. 186.

③ Simon Mason, *The Good and Bad Effects of Tea Considered*, London, 1745, p. 16.

④ 考内利斯·庞德古提出的饮茶杯数似乎超出一般人的想象，过于夸张，但结合前文所提及的凯瑟琳王后饮茶用"顶针"般大的茶杯可知，他所说的杯容量极小，其大小可能类似于王后所用之杯。

论，笔者为了行文便利，将该问题分为两个方面加以梳理。

（一）关于饮茶功效的争论

在 17 世纪欧洲各国有关饮茶的争论中，鲜见英国人参与其中，这可能主要源于茶在当时的英国社会影响较小，还未能真正成为社会各界关注的对象。随着饮茶的日渐流行，英国社会论及饮茶的文献有所增加。大致而言，至 18 世纪初叶，社会人士关于饮茶的评论基本上还较为积极。① 1710 年，一位匿名作者发表了小册子《论武夷茶的不稳定性》，对茶所具有的多种良好功效明确加以肯定，认为饮茶可以较好地治疗肺病与体虚，也有助于延缓衰老。② 至 18 世纪上半叶，茶在中产阶级家庭日趋普及，其社会影响已然颇为广泛，茶相应地成为各界人士的关注对象，认为饮茶有害者开始积极宣扬"饮茶有害论"，拥护饮茶者则奋起反驳，由此导致了激烈争论，对阵双方就饮茶的功效问题互相辩驳，各抒己见。

1722 年，匿名作者发表了小册子《茶的性质、使用以及滥用述论》。文中认为，茶对于人体颇为有害，是导致疑病性失调的主要根源。作者明确指出："我们饮食中的多种新鲜物品内，有一种似乎是导致疑病性失调的主要根源——它广为人知的名称就是'茶'。它既是一种药物也是一种用于饮食的物品，……它对动物机体所产生的破坏性作用丝毫不弱于鸦片或其他药品——目前我们已经知悉，这些药品要更为谨慎地避免使用。"③

与 17 世纪参与饮茶争论的论者相比较，该小册子作者并非空发议论，而是条缕清晰地予以详细论证，认为饮茶有害主要有三方面原因：首先，饮茶可以稀释人的血液以至引发疾病的程度——疾病的根源即在于血液过度稀薄，"茶的第一个显著影响就是提振我们的精神：在我们饮茶时或者饮茶后这一效果就会得以呈现，但是茶本身并不包含元气，所以，它无法通过增加血液中的元气这一方式来振奋我们的精神，只可通过促使存在血

---

① 在 18 世纪初之前，英国也出现过少量对于茶的负面评论，比如亨利·萨维尔在 1678 年时抱怨说："在正餐之后，他们要求饮茶，而不是吸烟与喝酒，饮茶是印度人不足取的劣行，……但事实是，各个国家都因为一定程度上拥有这样的恶俗而变得道德败坏。"但是，根据笔者所见到的材料，提及这种负面看法的极少。参见 C. H. Denyer, "The Consumption of Tea and Other Staple Drinks", *The Economic Journal*, Vol. 3, No. 9, March 1893。

② Anonymous, *The Volatile Spirit of Bohee-Tea*, London, 1710.

③ Anonymous, *An Essay of the Nature, Use, and Abuse of Tea in a Letter to a Lady with an Account of Its Mechanical Operation*, London, 1722, pp. 14-15.

液中的元气增加分泌，以这种方式来做到这一点，必然会稀释人体的血液；饮茶的另一显著影响就是利于排尿：因为尿液是一种稀薄而味苦的分泌物，增加尿分泌需要加快血液运动，提高血液运行速度，增多血液中稀薄而苦味的部分来实现，茶只有在首先对血液进行稀释的情况下才能对上述三种状况施加影响"①，在进行理论分析之后，作者还通过自己用动物（具体而言为狗）进行的实验给以证明，认为其结果验证了自己的理论具有较强的合理性。其次，茶会使人体的血液衰弱不堪，或者说它会消耗相当数量的元气，从而引发疾病——疾病源于血液过于衰弱或缺乏元气。前文已经提到，茶会耗费血液中的元气，由此可见，茶必定会导致人体的血液衰弱不堪，从而引发由血液状况较为衰弱而产生的疾病。② 最后，茶会导致一定程度的多血症，这必定会引发由此而产生的疾病。作者认为，茶不仅会致使血液量增加而且会导致血液比正常状态下占据更多的空间，所以茶能够引发多血症，作者相信这一点毫无疑问。③ 在进行上述论证后，作者得出结论如下：频繁饮茶会引发一定程度的多血症，致使人体血液处于稀薄而衰弱的状态，这必将导致源于体内拥有大量稀薄、衰弱的血液而产生的疾病。在该理论基础上，作者又详细地进行了生理学论证，认为滥用茶造成血液呈非正常状态而导致了疑病性失调。④

由上文可见，小册子认为饮茶会导致疑病性失调，需要指出的是，该观点并非个别人士的荒谬之谈，文献资料显示，当时英国其他一些医生对饮茶也持大致相类的看法。比如 1725 年，署名"一名医师"（A Physician）者曾出版小册子，对此加以论证：疑病症是近年来出现的疾病，导致疾病的根源就在于人体发生改变，影响身体的……就是空气、水与日常饮食，而饮食无疑为其中变动最剧者，所以，饮食为造成疑病症的根由。近年来，英国人在饮食方面发生较大变化即很多人士开始饮茶，可

---

① Anonymous, *An Essay of the Nature, Use, and Abuse of Tea in a Letter to a Lady with an Account of Its Mechanical Operation*, London, 1722, pp. 15-24.

② Anonymous, *An Essay of the Nature, Use, and Abuse of Tea in a Letter to a Lady with an Account of Its Mechanical Operation*, pp. 24-25.

③ Anonymous, *An Essay of the Nature, Use, and Abuse of Tea in a Letter to a Lady with an Account of Its Mechanical Operation*, p. 26.

④ Anonymous, *An Essay of the Nature, Use, and Abuse of Tea in a Letter to a Lady with an Account of Its Mechanical Operation*, pp. 29-30.

见，进入英国饮食的新物品——茶——应该就是病症之源。①

以上两位论者通过详细论证与"科学"实验得出了"饮茶有害"的结论，似乎具有较强的可信性与说服力，这与之前人们对茶的认识乃至赞美大相径庭。饮茶对身体有益还是有害一时之间似乎难以判断。

1730 年，托马斯·肖特（Thomas Short）撰写了小册子《茶论》。作者简略概括了部分社会人士针对饮茶功效提出的尖锐质疑：有人认为茶无法防止疾病的发作，也有人把饮茶所产生的积极影响归结为泡茶的热水所产生的功效，有人则质疑人们认为的茶所具有的功效——这种炫夸之词不过意在促进茶叶进口，商人借以增加商业利益。② 随后，作者又叙述了有关饮茶功效的资料，继而就此提出疑问，"我们何以能够从饮茶中获得这些益处"？③ 为了解决这一问题，作者精心设计并实际展开了多种实验，对茶的成分与功效进行了科学研究，最后认为：茶叶之中含有油、盐等成分，所以对于医治全身僵硬症、头部不适（包括头疼）、精神萎靡、中风、咳嗽、肺病、血稠、嗜睡、眩晕、眼花等多种病症（或不适）均有效果。④ 也就是说，作者通过实验的方式证明了茶具有多种有益功效。但是，那些对饮茶功效的怀疑乃至质问是否无中生有呢？作者在该问题上的态度颇为谨慎，他极为审慎地指出，在很多情况下饮茶会产生较为严重的负面影响：神经偏于敏感的人士饮用了绿茶尤其是红茶之后，会表现出颤抖的症状；由于存有黏液而使肺部难以畅通的情况下，饮用武夷茶并不合宜；呈现水肿、多痰等病症者饮用武夷茶会造成更为恶劣的情况；肝脏、脾脏、胰腺以及其他脏腑器官存有功能障碍者也不宜饮用武夷茶；长期患病且处于康复期者不宜饮用绿茶；胃极为敏感者也不宜饮用绿茶；对某些肠黏膜极薄的人士而言，饮用绿茶（尤其是浓绿茶）会导致身体不适；患有肠绞痛（dry gripes）时饮用绿茶会使病情加重；对于身体较为瘦弱者、生活懈怠懒散者、劳动强度过大者而言，他们也同样不宜饮用绿茶。⑤

可以看出，托马斯·肖特对于饮茶究竟功效如何这一问题所持的态度

---

① A Physician, *An Essay on the Use and Abuse of Tea*, The second edition, London, 1725, pp. 9-14.

② Thomas Short, *A Dissertation upon Tea*, pp. 19-20.

③ Thomas Short, *A Dissertation upon Tea*, pp. 19-20.

④ Thomas Short, *A Dissertation upon Tea*, pp. 28-62.

⑤ Thomas Short, *A Dissertation upon Tea*, pp. 62-65.

颇为严谨，既通过实验证明了茶所具有的正面功效，同时又指出了若干不适于饮茶的情况，与之前的论者相比，他并非一味地肯定或否定，而是采用了辩证与实证相结合的方式，较为合理地指出了饮茶所具备的功效及其局限。应当说，小册子《茶论》极具说服力，有助于每一位认真的阅读者合理认识饮茶的功效。

但是，支持饮茶者与反对者仍旧相持不下，至18世纪中叶，争论似乎更为热烈。1744年，约翰·麦克马斯（John Mackmath）撰写了小册子《关于对茶所征收的关税以及经销者所遭受的困苦的思考》，文中谈到某些人士主张禁止茶叶进口，他们认为饮茶是一种恶劣习气，作者立场坚定地言明，不相信任何人士能证明茶如同那些人所认为的一般有害。[①] 1745年，西蒙·梅森撰写了小册子《关于茶的正面与负面功效的思考》，作者梳理了关于饮茶功效的争论，同时表明了自身的看法，认为茶具有镇定作用，能帮助消化、振奋精神、促进分泌、增进肠部活动，而人们所认为的痛风与结石对中国人而言见所未见、闻所未闻，其原因并非饮茶产生的良好功效，而是水被煮沸过的缘故。作者认为没有必要去重复对茶的赞美之语，茶的功效已然被人为夸大，退而言之，即使茶的功效没有被夸耀放大，欧洲的某些植物也具有同样的功效，饮茶之所以能够产生如此巨大的影响，很大程度上是源于诗人骚客对茶的偏爱——甚至可以说是崇尚！[②]

西蒙·梅森的小册子刚刚问世即遭到批判。同年，F.N. 瑟詹（F. N. Surgeon）撰写了小册子《评梅森先生关于茶的论述》，批判的矛头直接指向西蒙·梅森。作者全面否定了梅森的看法，认为茶简直一无是处、百无一是。F. N. 瑟詹非常肯定地写道，梅森在其小册子中提到的茶之特性均属臆想，茶对于身体健康而言并无益处——最多仅仅是无害而已。但作者随后的论述似乎又否定了自己在前文中作出的判断，认为饮茶具有以下多种危害：首先，饮茶会导致胃气痛；其次，它还会导致精神忧虑，心脏部位感觉到压迫感，这种状况要比上述症状出现的频率更高；最后，饮茶者浑身战栗，作者认为这也是一种神经方面的病症。但是很多饮茶者并没有出现上述症状，其原因何在？F. N. 瑟詹对此给以解释，很多人饮茶时习惯于混合奶油、牛奶、糖以及黄油，正是这些添加物防止了上述病症较快发作，但从较长时间来看，这些病症在某些人身上肯定会发

---

① John Mackmath, *Considerations on the Duties upon Tea and the Hardships Suffered by the Dealers in that Commodity*, London, 1744, p. 2.

② Simon Mason, *The Good and Bad Effects of Tea Considered*, pp. 16-21.

作。对于有些人将饮茶所产生的负面影响归结到泡茶的水上，他也提出了自己的反对意见，"因为用同样的水泡制鼠尾草或者是欧洲人所熟悉的其他饮品，如同茶一样进行饮用，并不会出现饮茶所产生的那些消极影响"①。不言自明，他还是认为茶本身而并非泡茶的水对人体造成了损害。

F. N. 瑟詹所撰的小册子态度鲜明，对饮茶予以全面否定，那么该小册子所指出的饮茶造成的各种病症是否纯属杜撰？著名宗教家约翰·卫斯理（John Wesley）以及社会改革家乔纳斯·汉韦（Jonas Hanway）的相关材料可以作为佐证，给以解答。根据卫斯理在其信件中的回忆，他年轻时曾经患上"手颤症"，"难以想象是何种因素导致手颤，中止饮茶后约两三天该现象即消失。……这是茶所导致的自然结果之一，大量饮茶、频繁饮茶尤其如此"②。卫斯理后来发现，伦敦的很多社会人士患有类似病症，他认为这同样是饮茶酿就的恶果，所以积极鼓动英国人戒茶。汉韦则认为，茶作为热饮料使人有悖于自然规则的运行，致使女性毫无生气且饱受妇科疾病的困扰，饮用加糖的茶水造成年轻人极易罹患坏血症与炎症。③汉韦甚至将茶与折磨英国社会的杜松子酒相提并论，痛心疾首予以怒斥，"杜松子酒和茶糟蹋了多少人啊！"④ 文坛领袖约翰逊博士（Dr. Johnson）不以为然，坚决拥护饮茶，他针对汉韦对茶的指责给以驳斥，不相信饮茶能够引发各种疾病，认为这是患者本身不健康的生活方式所致，与饮茶并无关涉，汉韦的无故指摘很大程度上为源于愤怒的激情而导致的夸大。⑤约翰逊博士还通过推理予以阐释："如果它使纤维变干，那么就无法软化它们；如果它起收缩作用，它就无法使其松弛。本人怀疑，是否它减弱了男士的力量，消损了女士的美貌，是否阻碍了纺织业与铁器制造业的进步。"⑥

---

① F. N. Surgeon, *Remarks on Mr. Mason's Treatise upon Tea*, London, 1745, pp. 6-24.

② John Wesley, *A Letter to a Friend*, *Concerning Tea*, London, 1748, p. 4.

③ Jonas Hanway, *A Journal of Eight Days Journey from Portsmouth to Kingston upon Thames*, *with Miscellaneous Thoughts*, *Moral and Religious*, *in a Series of Letters*: *to Which is Added*, *and Essay on Tea*, London, 1756, pp. 33-34.

④ Jonas Hanway, *A Journal of Eight Days Journey from Portsmouth to Kingston upon Thames*, *with Miscellaneous Thoughts*, *Moral and Religious*, *in a Series of Letters*: *to Which is Added*, *and Essay on Tea*, London, 1756, p. 89.

⑤ Arthur Murphy, *The Works of Samuel Johnson*, Vol. XI, London, 1823, pp. 240-255.

⑥ Philanthropus, *The Lady & Gentleman's Tea-table and Useful Companion in the Knowledge and Choice of Teas*, London, 1818, p. 45.

1772年，"著名医师"约翰·科克利·莱特森的（John Coakley Lett-som）《茶树博物志》问世，"对茶树进行了论述，而且增加了一些对饮茶的观察"①，该著作对茶进行了全面深入的研究，堪称具有里程碑意义的总结性著作。作者的态度极为严谨与客观，他指出了人们在饮茶功效问题上产生争论的原因："对于茶叶的功效，每个人都有自己的判断——至少可以判断它对于自身健康的影响，但作为个体而言，人们的体质各不相同，饮茶产生的功效肯定也互有差异，这就是人们对于茶持有不同看法的原因。"② 但是，这并不能作为依据用以肯定或否定茶的功效。为了能够对茶有更为深入的了解，作者进行了系列实验③：他将同样的牛肉分别浸泡在由普通的红茶泡成的茶水、用优质绿茶泡成的茶水以及普通的清水中，48个小时之后，浸泡在水中的牛肉首先腐坏，经过了72小时之后，浸泡在茶水中的牛肉才腐坏。作者认为这足以表明，红茶与绿茶均具备防腐功效。在另一实验中，他向自己能够找到的各种绿茶与红茶泡成的茶水中注入相同数量的含铁的盐，结果使数种茶水变成了深紫色。作者认为，这可以表明，各种茶均具有收敛止血的功效，而且适用于已经死亡的动物的纤维组织。他还做了另一个实验，先把一般的清水注入青蛙腹部，20分钟后，青蛙逐渐失去了感觉和运动能力，过了几个小时后，青蛙才逐渐恢复了活力；他又以同样的方式，将绿茶泡制的茶水注入青蛙腹部，结果表明，在青蛙身上没有产生任何明显的影响。作者没有解释此举目的何在，笔者浅见，他似乎意在说明茶水对动物机体并无不良影响。

在通过系列实验对茶的特性加以研究之后，作者又列举了某些人所阐述的饮茶造成的负面影响：一些人士——身体不够健康而且精力不够充沛者——抱怨在用完"茶早餐"后，发现自己的身体不断震颤，写字之时双手不稳，……这种状况大概会很快消失，除此之外，他们没有感到其他影响；另外一些人士，早晨时饮茶并没有感觉任何不适，下午饮茶后发现自己易于激动。另外，还有一些人士甚至饮一杯茶都不堪忍受，其中有的会显现胃部剧痛、身体颤抖的情况；对于一些体质纤弱而敏感的人士而

---

① Great Tower Street Tea Company, *Tea, its Natural, Social and Commercial History*, p. 11.

② John Coakley Lettsom, *The Natural History of the Tea-tree, with Observations on the Medical Qualities of Tea, and Effects of Tea-drinking*, London, 1772, p. 37.

③ 试验的具体内容以及操作过程参见 John Coakley Lettsom, *The Natural History of the Tea-tree, with Observations on the Medical Qualities of Tea, and Effects of Tea-drinking*, pp. 39-41.

言，他们在饮茶后会出现下述症状：胃肠疼痛；身体痉挛；多尿，尿液颜色较浅而且比较清澈；精神极度兴奋，会因为很细微的声响、微不足道的骚扰而惊惶不安。但是，这些症状究竟是否由饮茶引起的呢？作者认为，把上述问题归咎于饮茶或许值得怀疑。[1] 最后，作者对饮茶的功效进行总结归纳，认为"如果饮茶者的体质不是过于敏感，饮茶时温度不是过高，饮茶的量也不是过多，那么茶（水）或许优于我们所知道的任何其他植物泡制的水——如果我们再考量到它所具有的使人精神振奋的活力，不是仅仅从其昂贵的价格以及作为一种时髦物品的角度来考虑，更从它的味道和效果来探讨"[2]。莱特森的著作对于茶的功能问题进行了很好的验证与说明，不仅证明了茶的良好功效，同时指出了饮茶对部分人群并不合宜，认为综而观之，这种饮品在合理饮用的情况下优于欧洲人已知的其他植物饮料。

总而言之，英国人对茶的认识经历了一个曲折的过程。至 18 世纪初叶，英国人对于茶的评价较高，但是，一种异域文化在传播过程中难免遭遇冲突与阻碍，随着饮茶的日益普及，反对饮茶的声音日趋高涨，有社会人士对于饮茶是否具有良好功效产生了质疑。经过激烈争论之后，英国社会基本上达成了共识：饮茶具有良好功效，但是，并不是所有人士在所有情况下均宜于饮茶。可以看出，英国社会对于饮茶的功效问题已经认识得较为深刻。

（二）关于饮茶经济社会影响的争论

上述关于饮茶功效的争论与关于其社会经济影响的争论密切关联，论者在参与辩驳时每每将二者联系在一起，但相比较而言，大致可以从中发现些许差异，不同身份的社会人士参与争论时还是有所侧重，医师等专业人士偏重于争论饮茶功效，社会活动家偏重于争论其经济社会影响，这主要与参与争论者的职业背景、知识结构与思想倾向有关。

1. 社会活动家对饮茶的批判

在对饮茶进行激烈批评的社会人士中，最为著名者即当时英国宗教界的领袖人物约翰·卫斯理。纵览茶在世界传播的历史过程，它向来与宗教具有非常密切的联系，比如，佛教对茶的广泛传播曾发挥了重要的推动作

---

[1]　John Coakley Lettsom, *The Natural History of the Tea-tree, with Observations on the Medical Qualities of Tea, and Effects of Tea-drinking*, pp. 43-47.

[2]　John Coakley Lettsom, *The Natural History of the Tea-tree, with Observations on the Medical Qualities of Tea, and Effects of Tea-drinking*, p. 50.

用,其提神醒脑、有益于身心健康的特性有利于习佛者坐禅修行,所以高僧行基等特意将茶引种到日本,荣西禅师对饮茶在日本的流布居功至伟。作为宗教界著名人士,约翰·卫斯理从亲身经历出发,对饮茶的功效进行了批判。他在信件中描述了饮茶导致自身罹患手颤症,但值得玩味的是,约翰·卫斯理后来又恢复了饮茶习惯,尤其是晚年时期,在每一个星期天的早晨,他都是与牧师们一同饮茶之后才去主持礼拜,其年轻时所患手颤症是否复发,抑或通过何种方法避免了该病症的发作,笔者不得而知。分析约翰·卫斯理所留下的相关历史文献发现,他在痛陈饮茶对身体有害之后转而列举的戒茶理由均基于社会道德考量,笔者认为,其对饮茶的经济社会影响的认识或许才是问题的关键所在。

　　卫斯理反对饮茶的深层原因似乎还是其宗教道德主张。卫斯理在现身说法论述饮茶有害健康之后,进而予以展开,认为饮茶对人们的身心健康并无益处——即便对个别人士有所裨益,完全可以利用欧洲植物取得同样的功效,并且花费与饮茶相比明显更少。饮茶花费相对更多,戒茶则可以节约财物,将其用于更有价值之处,“假使他们深陷债务的泥潭,他们会更富于正义之心,用挣来或节省下的钱财予以偿清;假使他们并无债务缠身,他们会更富于同情之心,将财物捐送给需要的人士”。“假若我与你没有竭尽所能解救穷困者所遭遇的痛苦,在上帝的面前我们如何面对他们?”[①] 卫斯理作为卫斯理宗的创始人,由于不满当时国教日益衰败、道德日渐败坏的社会现实,掀起了宗教复兴运动,他提倡极为严格的清教道德,抨击奢侈浪费、个人贪欲、替子孙积财等行为。茶叶在此时价格较高,购买茶具等物品的花费较多,所以饮茶被他视为有悖清教道德的奢侈行为,以至大声疾呼饮茶有害,公开号召信徒戒茶。卫斯理的号召回荡于英伦上空,产生了广泛的社会影响,比如亚当·克拉克读到卫斯理反对饮茶的呼吁之后,就停止了饮茶,“17 年前,我得到并阅读了卫斯理先生对茶的论述,决心从那时起不再饮用这种药草的汁液”[②],因为卫斯理的信众十分广泛,所以他本人成为英国社会反对饮茶的代表人物之一。

　　另一位著名的反茶人士是社会改革家乔纳斯·汉韦。1756 年,乔纳斯·汉韦出版了小册子《论茶有害健康,拖垮经济、……写给两位小姐的 25 封信》,如同卫斯理一样,汉韦也进行现身说法,甚至将英国社会

①　John Wesley, *A Letter to a Friend, Concerning Tea*, p. 5.

②　John Bowes, "Temperance as it is Opposed to Strong Drinks, Tobacco, and Snuff, Tea and Coffee", Reprinted from *Christian Magazine and Herald of Union*, 1836, p. 12.

的饮茶行为比作土耳其人的鸦片嗜好，还痛心疾首地将杜松子酒与茶一视同仁进行鞭挞，"杜松子酒与茶毁了多少人啊！"① 乔纳斯·汉韦的批判慷慨激昂、情绪激烈，看似缺乏理性，实则不然。乔纳斯·汉韦是社会改革家，主要关注当时英国的社会发展问题，他反对饮茶更重要的原因即认为茶叶进口会危害经济发展、削弱国力，其思考逻辑大致如下：饮茶与不良的养育方式造成婴儿死亡率的上升，饮茶还会造成饮用者情绪低落、精神混乱，导致自杀现象明显增多，所以饮茶可以造成人口减少的恶劣情形，而拥有相当数量的人口才足以创造财富，也才能够组建起军队保证国家的安全；饮茶的花费颇为可观，导致金银大量流失至国外，由此损害了本国工业的发展，同时也难以维系与其他国家的关系，危害国家的安全。② 所以，乔纳斯·汉韦慷慨激昂地对饮茶展开批判："喝茶危害经济，那更是不言而喻了，花那么多白银去那个东方国家进口奢侈的茶叶，有百害而无一利，为什么不用这些钱去修路、建农场、（建）果园，把农民的茅舍变成宫殿！喝茶是一种恶习，不仅危害个人身体、社会经济，还有亡国的危险，且想想当年的罗马帝国，商人们用银币去换中国的丝绸，女人们都穿起了华贵的丝袍，男人们一天洗五六次澡，国库空了，道德败落，军事无能，野蛮人入侵，偌大的罗马帝国瞬间分崩离析！"③ 可见，汉韦反对饮茶的担忧主要是它所产生的经济社会影响，认为这些问题性质严重，足以影响英国的国家命运。

至 1777 年，仍有论者撰写小册子将茶视为奢侈品，因此对其大加批判。该年，匿名作者出版了小册子《论茶、糖、白面包、黄油、乡村酒馆、烈性啤酒、杜松子酒以及其他现代奢侈品》，文中猛烈批判了各种奢侈品，将茶也列入其中，认为"……面包、黄油再加上茶与糖以及各种酒精饮料——如杜松子酒、烈性啤酒等——几乎是所有的贫困之根源，它们构成了所有妨碍人类劳动能力的罪恶，它们的身上弥漫着从潘多拉盒子中释放出来的穷苦与不幸"④。

---

① J. C. Drummond, Anne Wilbraham, *The English Man's Food: A History of Five Century of English Diet*, p. 204.

② Jonas Hanway, *A Journal of Eight Days Journey from Portsmouth to Kingston upon Thames, with Miscellaneous Thoughts, Moral and Religious, in a Series of Letters: to Which is Added, and Essay on Tea*, pp. 50-172.

③ 周宁:《鸦片帝国》，学苑出版社 2004 年版，第 15—16 页。

④ Anonymous, *An Essay on Tea, Sugar, White Bread and Butter, Country Alehouses, Strong Beer and Geneva and Other Modern Luxuries*, England, 1777, p. 7.

综而观之，上述社会活动家对茶的经济社会影响的批评主要集中在两个方面：小而言之，认为饮茶不仅不利于身体健康，而且造成道德败坏，会给饮茶家庭造成经济负担，影响到基本的生活需求；大而言之，认为人们的饮茶行为能够导致英国遭受严重的经济损失，危害国家的经济基础，削弱国力。

2. 支持饮茶者所进行的反驳

对饮茶的经济社会影响持积极态度者对上述批判并不认可，他们更加看重饮茶的正面作用，认为茶可以为英国带来经济利益。早在 1722 年，匿名作者即撰写小册子，指出茶叶进口对英国颇为有益，"茶贸易提供了巨额关税，养活了众多的从业者"①。1744 年，另一匿名作者对进行茶叶贸易给以支持，认为进口这一货物颇有助益，如能管理得当，一般民众——特别是英国东印度公司——尤其重要的是英国国库均可以从中大为获益。②

18 世纪中期，文坛领袖约翰逊博士对反对饮茶者进行了坚决反击。约翰逊博士以编撰英文字典而声名远播，在 18 世纪中后期，他堪称英国文坛的执牛耳者。或许与长期伏案工作有关，约翰逊博士嗜好饮茶，据说他在一位贵妇人家中作客时，饮用了大量茶水，不停地递出杯子请女主人添加，直到他喝了 32 杯之后，这位贵妇人觉得有些不妥，委婉地予以提醒："约翰逊博士，您喝茶过量了。"他回答道："夫人，您失礼了。"③包斯威尔与约翰逊博士颇为交好，曾就其饮茶嗜好发出如此感叹："我想，没有人能比约翰逊博士更有滋味地享受该芬芳树叶——茶——的汤汁。他无时无刻的饮用量如此惊人，其神经一定非同寻常的强健，使其在毫不节制饮用时而不会过于放松（relaxed）。"④

闻听针对饮茶的抨击，约翰逊博士拍案而起，其批判反茶论者的文章趣味横生、辛辣幽默。在文中，约翰逊博士诙谐地自我嘲讽，以"顽固不化、寡廉鲜耻的饮茶者"自居，他现身说法认为饮茶无害，"我饮茶 20年并未受到损害，相信它并非毒药"，至于茶有害健康，那只是对某些人

①　Anonymous, *An Essay of the Nature, Use, and Abuse of Tea in a Letter to a Lady with an Account of Its Mechanical Operation*, London, 1722, p. 6.

②　Anonymous, *Considerations on the Duties upon Tea and the Hardships Suffered by the Dealers in that Commodity*, London, 1744, p. 2.

③　Anthony Burgess, *The Book of Tea*, p. 9.

④　John Sumner, *A Popular Treatise on Tea: Its Qualities and Effects*, pp. 38-39.

或许如此，"他们每天在床上睡十个小时，打八个小时的牌，余下六个小时的大部分时间坐在桌旁"。① 言外之意在于，他认为这些人不良的生活方式危害了健康，而不是茶本身具有消极影响。在反驳文章中，约翰逊博士毫不掩饰自己对茶的偏爱，颇有几分自豪地写道："数年来，（我）只用这种非常可爱的植物的液汁来减少食量，水壶一直保持着热度，不让它冷却下来，这样，就可以用茶来度过长夜，更用茶来迎接黎明。"② 友人包斯威尔对此也有所记述，"他一再向我保证，茶从来没有令他感到任何不畅适"③。此外，约翰逊博士还敏锐地看到，汉韦在其对茶叶贸易的批评性叙述中其实也承认了其益处，因为其文章中的部分语句已经言明：茶叶贸易每年需六艘商船驶向中国，雇用了五六百名船员提供服务，还能够为英国国库带来税收。④

总体看来，约翰逊博士旗帜鲜明地表达了自身对饮茶的喜爱与支持，其反驳文章富于文学色彩，似乎未能抓住反茶论者的实质。即便如此，由于约翰逊博士在文坛享有盛誉，反驳文章风趣幽默、讽刺辛辣，其社会影响力不可小觑，他的回击对于消除饮茶有害论具有重要作用。

对于饮茶造成经济负担，影响到英国家庭购买必需品这种论调，D. 戴维斯在1795年发表的小册子《农工状况考察》中给以了驳斥。D. 戴维斯的论述不仅令人耳目一新，而且极具说服力，他认为饮茶并非"奢侈"，而是穷人"最为合理"的选择，他们无力饲养奶牛导致无法获得牛奶，而淡啤酒因为征税过高导致价格上扬，饮茶为贴合实际的"理性"选择，"唯一可以为穷人软化干面包使其能够下咽的只有茶"。对此种饮食方式的花费，D. 戴维斯给以估算，"茶水配面包，这样就可以维持日常生活，全家人喝茶花费每周平均不超过一先令"。他认为这并未造成超出支付能力的经济负担，穷人的饮茶方式也与奢侈毫无关系，因为社会各阶层饮茶存在明显差异，"您说茶是一种奢侈，您如果指的是加上糖与奶油的优质熙春茶（Hyson Tea）的话，我承认的确如此。但这并不是穷人的茶，他们喝茶不过是清水上漂着几片廉价茶叶，再放点红糖而已"。所

① Samued Johnson, "Review of A Journal of Eight Days' Journey", Arthur Murphy, *The Works of Samuel Johnson*, Vol. XL, London, 1823.

② Samuel Johnson, "Review of A Joural of Eight Days' Journey".

③ ［英］包斯威尔：《约翰逊传》，罗珞迦等译，中国社会科学出版社2004年版，第62页。

④ Samuel Johnson, "Review of A Joural of Eight Days' Journey".

以"饮茶并非导致穷人贫困不堪的根源，而是其结果"![1] 作者极其敏锐地指出了论者常常忽略的重要问题，社会各阶层所购买的茶叶不可想当然地一视同仁，社会中上层人士饮用的茶质优价高，穷人所饮用的茶则价格较为低廉，这是他们维持基本生活的一个重要组成部分，与社会活动家激烈批评的奢侈浪费相去甚远。

英国社会关于饮茶有益还是有害的争论几乎贯穿了整个 18 世纪，伴随了茶在英国逐渐普及的整个过程，其中尤以 18 世纪中期为争论的高峰，这很大程度上缘于此时正是饮茶在英国社会的深入普及期。争论的双方所关注的焦点问题主要为饮茶的功效与饮茶的经济社会影响，经过互相质疑辩驳，英国社会认识到饮茶所具有的良好功效，与此同时，并非所有人士均宜于饮茶，饮茶也可能带来若干消极的经济社会影响，但其对贸易与经济的促进作用更为明显。通过争论，英国社会的各界人士对茶的认识日趋深刻而全面，这为茶在英国的最终普及奠定了重要基础，与此同时，英国社会整体对饮茶的看法已经更为客观，人们从饮茶争论中也吸取了若干合理的意见与建议，比如在出版于 19 世纪初期的小册子中，作者肯定饮茶功效的同时也颇为谨慎地指出，"如果每一天常规性（地）饮茶两次而且饮茶量过多，会产生一些不良的后果"[2]。

第五节 茶在英国社会的最终普及

如前文所述，至 18 世纪中叶，饮茶在中产阶级中已经基本普及，甚至少部分社会下层人士对饮茶也有所接触，饮茶在英国社会全面普及似乎已经为时不远，此时各界人士有关饮茶的争论进入高峰，这一争论促进了英国人对饮茶功效与经济社会影响的全面理解，客观上扩大了茶的社会影响，为饮茶在英国社会的最终普及创造了历史条件。

一 社会下层对饮茶的初步接受

大致在 18 世纪中叶，饮茶在英国中产阶级中实现普及，也有论者给以更为乐观的估计，认为"至 1750 年，茶已成为各阶层的主要饮品，无

---

[1] D. Davies, *The Case of Labourers in Husbandry*, London, 1795, pp. 37-39.

[2] Philanthropus, *The lady & Gentleman's Tea-table and Useful Companion in the Knowledge and Choice of Teas*, p. 37.

论其阶层与收入如何"①。这一观点似乎缺乏有力的佐证，资料显示，该时期仅仅有部分社会下层人士养成了饮茶习惯。

根据相关历史资料，至 18 世纪中期，有关社会下层饮茶的记述开始出现并日趋增多。比如，邓肯·霍布斯于 1743 年在信中写道："红茶目前被视为是极普通的东西，即使是贫穷的劳动者家庭，早餐也能佐以红茶。过去吃早餐习惯佐以啤酒，现在则不这么做了。"② 1744 年，查尔斯·第尔林（Charles Deering）在关于诺丁汉郡（Nottinghamshire）的著作中写道：这里的人们不能没有茶、咖啡和巧克力，尤其是茶，被人们大量且广泛地饮用，不只是上流社会人士和有钱的商人经常饮用，几乎每个缝纫工、布料上浆工、钟表师傅都享用自己的茶以及早上的快乐时光……即使是一名普通的洗衣妇，都会觉得早餐如果没有茶和涂上热牛油的白面包，就不算是合宜的早餐。……某一天在杂货店里，……一位衣衫褴褛、满脸油污的妇女走进来，后面还跟着两个孩子，……她要一便士的茶和半便士的糖，当店主忙着为其服务的时候，她说：恩先生（Mr. N.），我不知道该怎么说，但我可以确定的是，如果被禁止每天喝点茶，我就无法过活了。③ 一位观察家于 1757 年观察到："在里齐蒙得（Richmond）附近的小路上，夏季这里常常能看到乞丐喝茶。你可以看到修路工人喝茶，他们甚至在煤渣车上喝；同样荒谬的是，（有人将茶）装在杯中，出售给晒制干草的工人。"④ 可以看出，此时英国已经出现了装在杯中的"便携茶"，工人可以非常方便地饮用。

通过观察者的描述可知，这一时期，社会下层人士甚至于乞丐已经接触饮茶甚至养成了饮茶习惯，由此可见，饮茶在英国社会各阶层逐渐普及的过程并非泾渭分明，历史发展不可能完全按照阶层的界限机械进行，而是受到地域、职业、社会交往等多种因素影响。比如在 18 世纪，在社会上层家庭中的厨房工作的人可以获得一份额外收入，穷人会到富裕人家的后门以一二便士的价格向他们购买饮用过的茶叶，⑤ 伦敦城中仆人的早餐基本为黄油、面包配奶茶。前一种情况中，少数社会下层人士以较低价格接触到了泡过的茶渣，聊胜于无地接触到饮茶，后一种情况则仅限于居住

① Gervas Huxley, *Talking of Tea*, p. 10.

② ［日］仁田大八：《邂逅英国红茶》，林呈蓉译，第 61 页。

③ Dorothy Marshall, *English People in the Eighteenth Century*, p. 172.

④ Tom Standage, *A History of the World in 6 Glasses*, pp. 188-189.

⑤ ［日］仁田大八：《邂逅英国红茶》，林呈蓉译，第 61 页。

在伦敦的仆人，考虑到该市的特殊地位与经济发展程度，该事例并不具有广泛的代表性，毕竟伦敦经济相对发达，从事这一职业的人数也较为有限。同样可供参照的是，接近18世纪中叶，尚有少数社会人士对饮茶竟然一无所知。西蒙·梅森（Simon Mason）曾记述了一个颇为有趣的实例："我们能够想象茶对于一名乡村女士（Country Dame）而言，现在她对茶几乎一无所知，就像若干年前的情形一样吗？女士告诉我，自己有一位住在伦敦的姐姐，她寄给自己半磅茶叶，……女士……将茶放在布袋之中煮沸，……稍后取出，……加上黄油与醋，然后与自己的好友坐下来食用，在进行咀嚼的时候，他们发现不易咬动，有人抱怨她煮的时间不够长，这位女士生气地说，姐姐本应该告诉她如何制作的。"① 这位女士对饮茶闻所未闻，以至于不知道如何享用茶叶，误以为可食用的美味，陷入尴尬的境地，这可能与其身处相对闭塞的乡村有关。

饮茶从社会上层向下层逐渐传播，这是茶在英国传播过程中体现出的大致趋势，但历史发展不可能如同刀切豆腐般整齐划一，茶在中产阶级之中逐渐普及之时，部分社会下层人士接触到饮茶合乎历史实际，但不能据此对18世纪中叶茶在社会下层的影响予以过高估计，因为从当时社会下层的整体状况来看，普遍饮茶尚需时日。比如，1762年的一份家庭开支记录中一年的花费为：面包、面粉、燕麦片6英镑10先令；块根植物、蔬菜、蚕豆、豌豆、水果1英镑3先令10便士；燃料、蜡烛、肥皂2英镑9先令10便士；牛奶、牛油、奶酪2英镑1便士；肉、租金、缝衣针、毛线、线等2英镑12先令；衣服、维修、床上用品、鞋2英镑16先令4便士；食盐、啤酒、舶来品、醋、香料1英镑11先令5便士；接生、教堂、产期12先令6便士。② 其中明确包含了牛奶以及啤酒消费，但并无有关饮茶花费的记录。该资料为经济学家约翰·巴顿在《论影响社会上劳动阶级状况的环境》中所进行的统计，原文发表于1817年6月，具有较高的可信度。另外，就该时期中英茶贸易的发展趋势进行观察，至18世纪六七十年代，英国东印度公司所进口的茶叶数量仍呈现大幅增长趋

---

① Simon Mason, *The Good and Bad Effects of Tea Considered*, pp. 25–26. 该故事在相关文献中较为常见，只是主人公有所不同，个别细节稍有差异，但大致内容都是某人士收到茶叶后不知道如何享用，误以为可供食用，所以将其做成了蹩脚的菜品，有关类似故事的其他具体记述可参见 The Licensed Victuallers' Tea Association, *A History of the Sale and Use of Tea in England*, London: W. J. Johnson Printer, 1870, p. 13。

② ［英］约翰·巴顿：《论影响社会上劳动阶级状况的环境》，薛蕃康译，商务印书馆1990年版，第49页。

势，这也能从一个侧面反映出饮茶仍处于继续普及的过程。可以说，这一历史时期，部分社会下层人士接触到了饮茶，但总体而言，饮茶在社会下层普及开来尚待时日。①

二 饮茶在英国社会的最终普及

1730 年以降，英国开通了对华帆船直接贸易之后，英国东印度公司的茶叶进口数量快速增长，茶叶价格相应降低，茶在英国社会真正开始走向普及。至 18 世纪下半叶时，饮茶在下层社会中已经较为普遍，尤其是1784 年《减税法案》得以通过与施行之后，英国的茶叶进口量迅猛增长，饮茶在社会下层得以真正普及开来。

饮茶在英国早期传播之时，价格昂贵，这无形中限制了其传播范围，"当一磅茶售价数几尼之时，从未发现有穷人饮茶者"。② 18 世纪下半叶，英国的茶叶进口量猛增，这为茶在社会下层的普及创造了条件。资料显示，1750 年英国进口茶叶 2324912 磅，1764 年时已增长至 5684707 磅，1774 年时进一步增长至 6831534 磅。茶叶进口量猛增反映出英国茶叶消费的显著增长，饮茶在社会下层的逐渐普及为其主要推动因素，两者之间存在互动联系，与此同时，茶叶的价格下降也值得关注。比如，"肯特号"1704 年时购茶 470 担，价值 14000 两白银③，平均每担的价格为29.79 两白银，而至 1751 年时，广州市场的茶叶价格按照白银计为：武夷茶，每担 15.50 两；白毫，每担 24.00 两；工夫，每担 21.57 两；色种，每担 31.94 两；松萝，每担 20.66 两；贡熙，每担 41.13 两④，平均每担价值白银 25.8 两，而至 1783 年时，公司的茶叶存货为 27322 担，其价值为 366146 两白银⑤，每担茶价值 13.4 两白银。尽管上述价格分析没

---

① 就中英茶贸易的发展情况予以观察，至 18 世纪六七十年代，英国东印度公司所进口的茶叶数量仍呈现大幅增长趋势，说明茶叶消费处于不断上升过程之中，这也能从一个侧面反映出饮茶仍处于继续普及的状态。

② J. B. Writing-Master, *In Praise of Tea. A Poem Dedicated to the Ladies of Great Britain*, London, 1736, p. 9.

③ [美] 马士：《东印度公司对华贸易编年史》第一、二卷，中国海关史研究中心组译，中山大学出版社 1991 年版，第 141 页。

④ [美] 马士：《东印度公司对华贸易编年史》第一、二卷，中国海关史研究中心组译，中山大学出版社 1991 年版，第 293 页。

⑤ [美] 马士：《东印度公司对华贸易编年史》第一、二卷，中国海关史研究中心组译，中山大学出版社 1991 年版，第 405 页。

有考量茶叶种类的变化，显得较为粗略，但大致可以看出，在茶叶进口猛增的背景下，茶叶价格已然明显下降，这些因素都促进了饮茶在社会下层的普及。按照学者洛纳·威泽尔的看法：至 1760 年，饮茶已经传播到所有人口之中。[1] 该估计似乎过于乐观，前文中 1762 年的农业劳动者家庭开支表明，此时可能仍有相当数量的家庭尚未饮茶。

　　但毫无疑问的是，至 18 世纪末叶，反映英国社会普遍饮茶的资料显著增多。比如，法国有一贵族 1786 年时在英国旅行，敏锐地注意到，"在英国，饮用红茶几乎普及到普通民众，尽管其价格并不便宜，但即便是贫穷百姓也与富裕人士一样，一天饮两次茶"[2]。通过其观察可以看出，此时英国社会下层人士每天也要饮茶两次。对于该时期饮茶的普及状况，遗产记录也提供了重要证据：纳撒尼尔·阿克德于 1785 年去世，此时他只是居住在别人家中的房客，并无自己的房屋，经济条件难言富裕，应该接近或者属于社会下层，但他辞世后所留下的遗物中即包括红木茶几一张、可以连续走动八天的时钟一座。[3] 通过拥有红木茶几来看，死者生前已经养成了饮茶习惯。已有关于普通劳动者家庭开支（约为 1797 年）的研究也能给以证明：家庭一，居住于伯克郡的斯特雷特利（Streatley），家庭成员包括男性劳动者、妻子与四个子女，其年收入约为 46 英镑，每周的食品消费包括 8 条面包、2 磅奶酪、2 磅黄油、2 磅糖、2 盎司茶叶、1/2 盎司麦片（oatmeal）、1/2 磅咸肉（通常为熟肉）、约 2 品脱牛奶（2 便士）；家庭二，居住于威斯特摩兰郡的肯德尔（Kendal），其家庭成员包括男性劳动者、妻子与三个子女，年收入低于 30 英镑，其一年的食品消费支出为购买麦片（oatmeal）花费 15 英镑、肉类 5 先令、牛奶 5 英镑、茶与糖 1 英镑 12 先令、土豆 2 英镑 12 先令、黄油 1 英镑 10 先令、糖蜜 8 先令；家庭三，居住在位于英格兰东南部的埃普森（Epsom），家庭成员包括男性劳动者、妻子与八个子女，年收入 45—50 英镑，该家庭每周消费的食品包括 13 条 4 磅重的面包、一大块带骨肉、3/2 磅黄油、3/2 磅奶酪、茶与 2 磅糖以及每天花费 3/2 便士购买淡啤酒。[4] 以上三个家庭均为社会下层普通劳动者，生活地域各不相同，家庭成员构成与收入状况也有

---

[1]　Lorna Weatherill, *Consumer Behaviour and Material Culture in Britain*, *1660-1760*, p. 38.

[2]　［日］仁田大八：《邂逅英国红茶》，林呈蓉译，第 61 页。

[3]　［美］约翰·斯梅尔：《中产阶级文化的起源》，陈勇译，第 112 页。

[4]　J. C. Drummond, Anne Wilbraham, *The English Man's Food：A History of Five Century of English Diet*, pp. 208-210.

所差异，但从其消费支出状况来看，茶在三个家庭中均已成为基本生活消费的一部分。

可以看出，至 18 世纪末期，饮茶已经成为普通劳动者的生活习惯，饮茶在社会下层的日常生活中已经极为普遍，饮茶最终在英国社会已然普及开来。C. H. 丹耶对于该问题的认识颇具洞察力，他于 1893 年时即指出，"在 18 世纪最后四分之一的时间中，茶甚至于成为农业工人的经常性饮品"①，这与笔者的研究结果颇为吻合。其实在 18 世纪末，菲德瑞克·艾登（Frederick Eden）对此状况给以了颇为形象的描述，他于 1797 年写道："任何人如果不嫌麻烦，愿意在用餐的时候走进米德萨克斯郡（Midddlesex）与萨里郡（Surrey）棉花田里的贫穷家庭，就能发现，茶不只是早晨与晚上的普通饮料，还通常于晚餐时分被大量饮用。与用本土所产的大麦制成的清汤相比，这种外来的物品是否味道更美或者是更富有营养价值，我还是将这一问题留给医生们去决定吧。"② 可以看出，至 18 世纪末，饮茶在英国社会最终真正普及，各社会阶层都已经养成了饮茶的习惯。

进入 19 世纪，英国社会各阶层普遍饮茶的状况持续发展。至 18 世纪末期，饮茶为社会各阶层普遍接受并付诸实践，此后，这一趋势继续发展，19 世纪年人均饮茶量的统计结果如下：1801 年至 1810 年为 1.41 磅；1811 年至 1820 年为 1.28 磅；1821 年至 1830 年为 1.27 磅；1831 年至 1840 年为 1.36 磅；1841 年至 1850 年为 1.61 磅；1851 年至 1860 年为 2.31 磅；1861 年至 1870 年为 3.26 磅；1871 年至 1880 年为 4.37 磅；1881 年至 1890 年为 4.92 磅；1891 年至 1900 年为 5.70 磅。③ 时人对饮茶状况也有颇为具体的观察，爱德华·史密斯于 1863 年评论道，饮茶是生活中不可分割的一部分，它是"既得的习惯与民众的趣味"④。英国社会几乎无时无地不在饮茶，"除了居家品饮之外，工人携带茶以便在工厂中间休息时享用，农业劳动者将壶带至田间，矿工将罐装凉茶带入矿井"⑤。与欧陆普遍饮用咖啡相比，英国社会普遍饮茶而且人均消费量惊人，这已

---

① C. H. Denyer, "The Consumption of Tea and Other Staple Drinks", *The Economic Journal*, Vol. 3, No. 9.

② J. C. Drummond, Anne Wilbraham, *The English Man's Food: A History of Five Century of English Diet*, p. 204.

③ William Scott, *Tea and the Effects of Tea Drinking*, London: T. Cornell & Sons, 1906, p. 7.

④ John Burnett, *Liquid Pleasures: A Social History of Drinks in Modern Britain*, p. 59.

⑤ John Burnett, *Liquid Pleasures: A Social History of Drinks in Modern Britain*, p. 59.

然成为英国的重要特色。

小　结

　　受到葡萄牙尤其是荷兰的影响，饮茶在英国日渐传播并最终普及，其过程大致可分为三个阶段：第一阶段为 17 世纪中叶至末期的初步接触阶段，该时期，茶初入英国，王室的示范效应扩大了其社会影响，促进了饮茶在社会上层的传播，但此时茶叶不仅价格昂贵，不易获得，而且饮茶并不为社会普遍了解，所以饮茶主要限于社会上层；第二阶段为 18 世纪初至后半期的深入传播阶段，该时期饮茶向下渗透，在中产阶级这一群体中日益普及，并且随着其社会影响的不断扩大，饮茶在英国遭遇文化碰撞，各界人士围绕茶的功效及其经济社会影响展开争论，英国社会对饮茶的认识实现了由片面鼓吹到相对客观、全面的转变；第三阶段为 18 世纪末期的最终普及阶段，该时期，饮茶在社会下层中也传播开来，茶成为社会各界、各个阶层普遍消费的饮品，出现这一结果既与上述论争促进了英国社会对饮茶的认识有关，更是 1784 年《减税法案》通过后，茶叶进口量猛增、茶叶价格相应下降的结果。

　　饮茶在英国传播普及的过程也伴随着不同饮品之间的激烈竞争。首先，茶与大概同时期传入的另一无酒精饮品咖啡形成直接竞争，茶在英国之所以能够胜出，既与茶和咖啡的不同特性、二者在英国社会的普及程度不同有关，同时更是受到英国在茶叶贸易与咖啡贸易中处于不同地位的影响。其次，作为新兴饮品的茶叶与传统的酒精类饮品存有竞争关系，饮茶的流行一定程度上抑制了酒类尤其是杜松子酒的泛滥。茶在饮品竞争中逐渐取得优势，这与其在其他西方国家日趋没落的状况形成鲜明对照，由此也奠定了英国茶文化在西方独领风骚的基础。

第三章　饮茶在英国的本土化

需要注意的是，加入糖质量越高，则对于茶汁越有益，对于茶水的颜色与味道而言都是如此。对于武夷茶而言，加入较多的糖不仅是合宜的，而且是必需的。

——佩克林①

中国人从不饮用冷水，他们不喜欢冷水并且认为它有碍健康，茶是从早到晚均饮用的受喜爱的饮品，不像我们一样添加牛奶与糖。

——罗伯特·福钧②

自新航路开辟以来，全球性的经济文化交流日益发展。正是在这一宏观历史之下，茶这一源自中国的东方饮料进入欧洲，进而在英国逐渐传播开来，茶在与咖啡以及酒类饮料的竞争中日益普及，英国社会各界人士经过激烈争论，对饮茶的功效与经济社会影响有了更为深入的认识，经历了这一文化碰撞之后，饮茶在英国日益真正植根，英国人完成了由主要饮用绿茶转为饮用红茶的文化选择，饮茶方式也日渐实现了文化的融合，真正将茶、糖与牛奶（乳类）结合起来，最终颇具创造性地发展出了英伦本土特色的红茶文化，其典型体现即堪称不列颠文化标签的英国下午茶。

第一节　英国饮茶由绿茶向红茶的转变

饮茶曾经在西欧风行一时，但最终仅仅在英国真正传播开来，最终实

---

① Nahum Tate, *A Poem upon Tea*, p. 44.

② Robert Fortune, *Two Visits to the Tea Countries of China and the British Tea Plantations in the Himalaya*, Vol. ii., London, 1853, pp. 295–296.

现本土化，融入了英国人的社会生活，而不是仅仅作为一种风尚旋生旋灭、倏忽而逝，其根本原因在于英国人受到荷兰影响的同时，在特定历史背景下将饮茶融入英国本土饮食文化传统之中，按照自己的方式实现了对茶文化的改造，英国人饮用茶类的变化——由主要饮用绿茶转为饮用红茶，这是茶文化英国化的重要方面。

一　英国消费茶叶种类的变化

(一) 红茶的诞生与西传

世界各国的茶文化均直接或间接源自中国，就中国漫长的饮茶历史而言，各时期流行的茶叶种类存有明显差异。茶被先民发现之后，人们开始利用的可能为鲜叶，进而发展为生煮羹饮，至三国时代，开始进行简单加工，把采来的茶叶制作成饼，然后晒干或烘干，由于饼茶青草味颇为明显，令人不悦，经过制茶者的反复摸索改进，逐渐出现了蒸青制茶，通过蒸青达到祛除青草味道的目的，至唐代蒸青作饼已经逐渐完善，在流行饼茶的同时，也有粗茶、散茶、末茶等同时并存。宋代的茶叶制作工艺更趋精致，饼茶甚至出现了龙团凤饼这样的旷古精品。宋至元，饼茶、龙凤团茶和散茶同时并存。延至明代，明太祖朱元璋出身于底层社会，出于体恤民力计废除龙凤团茶，而散茶则较为简单质朴，所以在该时期日渐盛行起来，此时的散茶基本属于绿茶，饮用绿茶在较长历史时期为中国茶文化的主流，甚至时至今日仍是如此。

红茶作为在海外影响甚巨的茶类，明代以前并无明确记载。根据福建武夷山市星村镇拥有五百年茶叶经营史的江姓家族所流传的说法，红茶产生于明代末期：据说江家的先祖定居桐木关后以茶为生，明末某年适值采茶时节，有军队在此经过，士兵们驻扎在茶厂之中休息，夜里因陋就简地睡在茶青上，等到军队离开之后茶青已然变色发红，主人只好搓揉茶叶然后用马尾松柴块烘烤，烘干后的茶叶乌黑油润，浸透出浓郁的松香味道，最终这批茶叶在星村茶市以较低的价格售出，意想不到的是，第二年竟然有人高价订购此种茶叶，红茶由此而逐渐发展兴旺。[①] 此口述资料具有较高的可信度，该地区茶叶技术的发展历程可予以印证。明代初期，出身贫苦的开国皇帝朱元璋体恤民力，下诏罢造劳民伤财的团茶，而武夷山地区作为团茶的重要产地，其茶叶制作遭遇巨大挫折，在这一政治背景之下，

---

① 邹新球：《世界红茶的始祖：武夷正山小种红茶》，中国农业出版社 2006 年版，第11 页。

茶叶生产者无法延续此前的做法，只能努力革新、力求有所突破，所以引进了松萝茶的炒青技术，该技术提高了武夷山地区茶的质量，同时蕴含着另一发展可能，"如采摘的鲜茶叶未及时处理，有可能发生日光萎凋，而将萎凋的茶叶再去炒青，这犹如小种红茶特有的传统工序过红锅，而后再去焙干，就会出现汤色红赤"①。可以说，红茶发端于明代末期已经得到学界较多的认可。

红茶作为新兴茶类，其市场竞争力远不及绿茶，它完全可能湮没于历史的灰尘之中，它能够发展起来主要缘于中西贸易日益兴起的特定历史机遇。尽管红茶产生之后，其在中国社会的影响极为有限，本土消费者很少饮用，但适逢西方人来到东方拓展贸易的历史机遇，对茶文化并无深入了解的商人或许出于对东方物产的好奇，将红茶连同绿茶一同装船运回了欧洲，广阔的外部市场为红茶提供了发展机遇，所以武夷山地区留下了"武夷山一大怪，正山小种国外卖"的说法，甚至直到20世纪90年代，茶学研究者在武夷山进行社会调查时仍发现，"产区农民生产红茶而又从不饮用红茶，日常饮用以及馈赠礼品均以绿茶、乌龙茶为贵，这就引出了一个推论——红茶应是为海外贸易发展而兴起的产物"②。但是，由于荷兰早期所进口的茶叶种类目前难以判断，只能从稍晚的资料予以窥测，1694年至1714年，阿姆斯特丹市长尼古拉斯·维泽恩定期给一位名为海斯贝特·库珀的教师邮寄茶叶，其中即有"一小瓶品质上好的武夷茶和白毛峰"，再如1708年海牙市政府召集社区免费聚餐时，曾为民众提供茶饮，"除武夷茶外还喝到绿茶"③，说明荷兰人饮用的茶叶可能既包括绿茶也包括红茶。

（二）最初进入英国的茶叶种类

红茶出现于明代末期，荷兰人从东方输入茶叶时既包含绿茶也包括红茶，英国的情况大体相类。在17、18世纪，英国人笼统地将茶分为绿茶（Green Tea）与红茶（Black Tea）④ 两类，就具体品种而言，英国人饮用

---

① 邹新球：《世界红茶的始祖：武夷正山小种红茶》，中国农业出版社2006年版，第10页。

② 高章焕、庄任：《继往开来自强不息——校勘有关福建茶史资料扎记》（"扎"原文如此——编者注），《福建茶叶》1991年第1期。

③ 刘勇：《中国茶叶与近代荷兰饮茶习俗》，《历史研究》2013年第1期。

④ 当时英国人称为Black Tea的茶，如果按照字面翻译应该是"深色茶"，其中不仅包括干茶呈黑色、茶汤呈红色的红茶，还包括干茶呈青褐色、茶汤呈金黄色的乌龙茶，由于乌龙茶的进口量较少，所以人们混杂在一起不甚确切地称为Black Tea，其中红茶居多，而今天的英语中该词指的也是"红茶"。

的绿茶包括松萝、珠茶、熙春、屯溪、贡熙、瓜片等品种，所饮用的红茶包括武夷、工夫、白毫、小种、色种等。时至今日，一般谈及英国茶文化均会联想到红茶，无形中忽略了英国人在较长时期之内，饮用的茶类中绿茶占有较大比重甚至占据优势地位，从茶进入英国始至 18 世纪末期，英国人的饮茶偏好发生了明显变化。概而言之，演变轨迹大致为先是偏重于绿茶，后来发展为偏重于红茶，这一情形就此延续了下来。英国人饮用红茶是历史选择的结果，也是茶文化本土化的重要方面。

茶在最初进入英国时数量极少，确凿的历史资料较为缺乏，从目前相关研究来看，论者涉及这一问题时多笼统称之"茶"，没有指出确切的茶类，少数论者具体指出了茶类但彼此意见不一。威廉·乌克斯在其名著《茶叶全书》附录年表中明确写道，于 1715 年时英国人才开始饮用绿茶。在 19 世纪初期的著作中，汉斯·巴斯克即持这一观点，认为"绿茶首次引入为 1715 年，当时价格高达每磅 60 先令"[1]。19 世纪中后期出版的小册子仍延续了这一观点，认为"从 1715 年，绿茶开始被消费"[2]，由此推测，此前英国人多饮用红茶。但是，该观点实难令人信服，有待商榷。因为同样是在威廉·乌克斯的《茶叶全书》中，其附录年表中所列 1705 年茶叶销售情况是：该年度，在爱丁堡登载的一则茶叶广告显示，"绿茶每磅售价为 16 先令，红茶每磅为 30 先令"[3]，说明绿茶最迟不会晚于 1705 年，已经在爱丁堡的市场中进行出售，苏格兰与英格兰本来即交流频繁，况且两者于 1707 年合并为一，考虑到这一历史背景，绿茶出现在英国（英格兰）的市场上却要推迟至十年之后，多少令人难以相信。再者，探析绿茶出现在英国市场还需要考虑荷兰这一重要因素，荷兰为中西茶贸易的真正开创者，后来英国尽管努力从中国进口茶叶，但也从荷兰间接进口，而荷兰本身既进口红茶也进口绿茶，比如在 1694 年至 1714 年，戴文特·雅典娜学校的教师海斯贝特·库珀收到市长寄来的茶叶，其中即包括"一瓶品质上佳的武夷茶与白毛峰"[4]。英国的茶叶来源为中国与荷兰（同样购自中国市场），爱丁堡市场的茶叶或来自中国或来自荷兰，不太可能在茶类问题上出现较大差异。

如果进一步参照其他相关资料的记述，对该问题的认识会更为清晰：

---

① Hans Busk, *The Dessert, A Poem to Which is Added the Tea*, London, 1820, p. 102.

② Edward Fisher Bamber, *Tea*, p. 6.

③ William H. Ukers, *All About Tea*, Vol. 2, p. 502.

④ 刘勇：《中国茶叶与近代荷兰饮茶习俗》，《历史研究》2013 年第 1 期。

17世纪末期英国人已经饮用并且进口了绿茶。比如在1685年，英国东印度公司的董事在信中即写道："在这里，茶已然成为一种商品，我们在一些场合要将它敬献给当政掌权的伟大朋友。请你们每年发送给我五至六罐最优良、最新鲜的茶叶——它可以赋予水颜色，溶解于水的淡绿色化合物被人们欣然接受。"① 这一重要资料尽管没有指明作为礼物的茶叶的具体种类，但从所提的茶汤颜色为"淡绿色"可以推测，这种茶叶无疑当属绿茶。而至1699年，英国东印度公司的"麦士里菲尔德号"商船来华进行贸易，所订购的货物中即包括"松萝茶，最优等，160担"②，松萝茶今日或许名声不显，但当时颇为流行，它因产于安徽松萝山而得名，品质上佳，明代文学家袁宏道将之与龙井进行比较评鉴，给出如此评语："近日徽人有送松萝茶者，味在龙井之上，天池之下。"③ 其认为松萝茶的味道胜过今日备受推崇的龙井茶，可谓赞誉有加。山地毕竟产量有限，后来的松萝茶并非产于山上，多为歙县和宣城出产，毫无疑问也属绿茶。

认识欧洲人所输入的茶叶种类，还需要考虑到亚洲另一茶叶来源地。17世纪上半叶，荷兰人不仅将中国茶输入欧洲，而且因为荷兰与日本的关系较为密切，所以也将日本茶输入了欧洲④，尽管日本茶输入欧洲的数量不详，但毫无疑问，它无法与中国茶相比。单就茶类而言，荷兰人从日本输入的为绿茶，因为按照学界关于制茶技术发展史的研究，当时红茶制作技术在武夷山地区刚刚发端，并未传入日本，况且时至今日，日本仍主要为绿茶生产国，所以，从日本输入欧洲的茶最大可能甚至可以说只能是绿茶。

综合以上论述可以看出，英国东印度公司此时已经进口了绿茶，不过，对其所占比重难以确定，时人托马斯·肖特或许略带夸张，认为"欧洲人最初接触并饮用的基本上都是绿茶"，后来情况发生了明显变化，"武夷茶取代了绿茶"⑤，这一观察揭示了若干真实的历史面相。当代学者

---

① Anthony Farrington, *Trading Places: The East India Company and Asia 1600—1834*, pp. 89-94.

② 马士：《东印度公司对华贸易编年史》第一、二卷，中国海关史研究中心组译，第89页。

③ 袁宏道著，钱伯诚笺校：《龙井》，《袁宏道集笺校》卷十，上海古籍出版社1981年版，第431页。

④ 参见 William H. Ukers, *All About Tea*, Vol. 1, pp. 27-29；[日] 角山荣《茶的世界史：文化与商品的东西交流》，王淑华译，玉山社出版事业股份有限公司2004年版，第26—27页。

⑤ Thomas Short, *A Dissertation upon Tea*, p. 13.

尼克·霍尔的看法大致相类，"17世纪初，当欧洲人开始饮茶时，他们喝的是绿茶"①，尽管他未能加以论证，但该观点与笔者的探讨大致吻合。总之，欧洲人在最初接触到茶叶之时可能既接触到了红茶也接触到了绿茶，但是目前并未查阅到可靠的数据资料可以给出证明，欧洲人最初所进行的茶叶贸易中红茶与绿茶究竟分别占有多大比重，英国的情况也是如此。

（三）绿茶占据优势地位的时期

至18世纪初，相关历史资料能够准确说明英国进口茶叶的种类，揭示出英国人此时的饮茶偏好。前文已经提及，英国东印度公司1699年的来华贸易船只"麦士里菲尔德号"购买了松萝茶，而且仅此一种。以后的年份中，英国东印度公司购茶的种类较为明确，概而观之，至18世纪初期绿茶始终占有优势地位。比如1702年，东印度公司下达指令购茶一船，明确列出其中松萝茶占三分之二，珠茶占六分之一，武夷茶占六分之一②，松萝茶与珠茶均属绿茶，两者占到茶叶总量的六分之五。再如1704年，公司派商船"肯特号"来华，购茶总量为105000磅，其中松萝茶为75000磅，大珠茶为10000磅，武夷茶为20000磅，前两者均属绿茶，占到了茶叶总量的80.9%。延及1715年，英国茶叶市场中的整体情况为，"市场上充斥着来自中国的绿茶"③。可以看出，该时期英国所进口的茶叶中绿茶占有绝对优势，这反映出该时期英国人对绿茶更为偏好，绿茶更受时人欢迎。不仅英国的状况如此，绿茶在其他国家的茶叶贸易中同样占据优势地位，以至于各国东印度公司曾就绿茶贸易展开竞争。1730年，英国东印度公司董事会对驻在广州的大班发布训令，令其垄断广州市场中的所有绿茶，"如果可能，阻止奥斯坦德人、法国人以及荷兰人取得任何绿茶"，其原因即在于"走私进入英伦的绿茶特别多"④。这从另一侧面反映出绿茶受到英国社会的极大欢迎，以至于成为欧陆输入英国市场的重要走私商品。

（四）红茶逐渐占据优势地位

如果仔细考察英国东印度公司进口的茶叶种类，尽管绿茶在上述时期

---

① ［澳］Nick Hall：《茶》，王恩冕等译，中国海关出版社2003年版，第271页。

② William Milburn, *Oriental Commerce*, Vol. 2, p. 533.

③ J. C. Drummond, Anne Wilbraham, *The English Man's Food：A History of Five Century of English Diet*, p. 203.

④ ［美］马士：《东印度公司对华贸易编年史》第一、二卷，中国海关史研究中心组译，第197页。

占有优势地位，但是也并非每个年份均是如此，而且随着时间推移，红茶贸易量显著上升，逐渐取代了绿茶原有的优势地位，成为中英茶叶贸易中最重要的茶类。比如在 1724 年，英国东印度公司的两艘商船"埃梅莉亚公主号"与"莱尔号"购茶情况为：工夫茶共计 500 担，武夷茶共计 2000 担，白毫茶共计 250 担，瓜片茶共计 250 担，松萝茶共计 1500 担。可以看出，前三者均属红茶，已经占到了购茶总量的 61%，后两者均为绿茶，所占比重为 39%，红茶占有一定优势，不过两者的数据相差并不悬殊。如果说以上数据为个别年份的特例，绿茶总体来看尚居于优势地位，那么，随着时间的推移，红茶贸易增长明显，绿茶在中英茶贸易中的优势地位岌岌可危以致最终丧失。东印度公司所进口的红茶增长明显，根据数据统计：1729 年进口武夷茶 839200 磅、工夫茶 35700 磅、白毫茶 26400 磅；1730 年进口武夷茶 691000 磅；1731 年进口武夷茶 429700 磅、工夫茶 191700 磅、白毫茶 800 磅；1732 年进口武夷茶 668100 磅、工夫茶 40600 磅；1733 年进口武夷茶 679000 磅、工夫茶 39700 磅、白毫茶 26000 磅；1734 年进口武夷茶 595500 磅、工夫茶 35900 磅、白毫茶 22600 磅；1735 年进口武夷茶 138000 磅、工夫茶 179700 磅、白毫茶 48000 磅；1736 年进口武夷茶 145700 磅、工夫茶 8000 磅、白毫茶 7500 磅；1737 年进口武夷茶 448600 磅、工夫茶 42000 磅、白毫茶 14100 磅；1738 年进口武夷茶 194900 磅、工夫茶 188700 磅；1739 年进口武夷茶 1461000 磅；1740 年进口武夷茶 552000 磅、工夫茶 16700 磅；1741 年进口武夷茶 633700 磅；1742 年进口武夷茶 932800 磅、工夫茶 23000 磅。可以看出，红茶的贸易量增长迅猛，而且这三种红茶在茶叶贸易中所占比重明显较高，尤其是 18 世纪 30 年代后期，在多数年份中其所占比例均超过了 50%。①

由此可见，至 18 世纪三四十年代，在英国进口的各类茶叶中红茶已经占据了优势地位，这一趋势在随后的贸易发展中更加明显。比如在 1778 年，东印度公司所签订的次年合约中购茶情况如下：自瑛秀处订购茶叶为武夷茶 3000 担、贡熙茶 200 箱、屯溪茶与松萝茶 2000 担；自潘启官处订购茶叶为武夷茶 3000 担、贡熙茶 200 箱、屯溪茶与松萝茶 2000 担；自周官处订购茶叶为武夷茶 1500 担、屯溪茶与松萝茶 1000 担；自文官处订购茶叶为武夷茶 3000 担、屯溪茶与松萝茶 2000 担；自球秀处订购茶叶为武夷茶 1500 担、屯溪茶与松萝茶 1000 担；自浩官处订购茶叶为贡熙茶 100 箱；自石琼官处

① Thomas Short, *Discourses on Tea, Sugar, Milk, Made-wines, Spirits, Punch, Tobacco, &c. With Plain and Useful Rules for Gouty People*, London, 1750, p. 29.

订购贡熙茶 100 箱。综合以上数据，共计订购武夷茶 12000 担，其余茶叶均为绿茶，总量为 8000 担以及 600 箱①，红茶在所购茶叶总量中的比重约为 55.05%。英国东印度公司也留有部分数据，比如其所统计的 1773 年 3 月至 1782 年 9 月间茶叶销售情况为：红茶类中武夷茶为 3075307 磅、工夫茶为 523272 磅、小种茶与白毫茶为 92752 磅；其他茶类为贡熙茶 218839 磅、新罗茶 1832474 磅。② 其中贡熙茶无疑为绿茶，新罗茶所属种类不详，红茶所占茶叶总量的比重至少为 64.28%，其优势颇为明显。

红茶占据绝对优势这一状况，同样体现于零售商留下的相关记录，在托马斯·芒斯填写的 1790 年至 1792 年的纳税表格中，每一项记录中红茶销售量均远超绿茶，其记述极为详细。比如 1790 年 5 月的销售情况为：5 月 1 日，红茶销售量为 7 磅，绿茶销售量为 3 磅；5 月 7 日，红茶销售量为 2 磅，绿茶销售量为 0 磅；5 月 21 日，红茶销售量为 1 磅，绿茶销售量为 0 磅；5 月 31 日，红茶销售量为 3 磅，绿茶销售量为 0 磅。再如 1791 年 5 月的销售情况为：5 月 7 日，红茶销售量为 4 磅，绿茶销售量为 0 磅；5 月 16 日，红茶销售量为 4 磅，绿茶销售量为 0 磅；5 月 24 日，红茶销售量为 10 磅，绿茶销售量为 4 磅；5 月 25 日，红茶销售量为 4 磅，绿茶销售量为 1 磅。③ 仅通过这两个月份中红茶与绿茶销售量的差异即可看出，红茶销量远远超过绿茶——后者甚至在一些日期中销售量为零，而且这并非特例，在该材料其他月份的销售记录中也是如此，说明购茶者很多时候仅限于消费红茶，绿茶在英国社会中已经逐渐变得无足轻重了。

延至 19 世纪，红茶占据优势的状况持续发展，时人已经观察到英国

---

① 尽管该年份的资料没有指出每箱茶叶的重量，但可以参照其他年份的数据作出一基本判断：1739 年时，"哈林顿号" 运输的茶叶为 2012 担，分别装在 765 箱，平均每箱重量为 2.6 担；1794 年时，东印度公司的武夷茶存货为 2500 箱，重量为 6408 担，平均每箱的重量为 2.56 担。这恰好印证了马士所言的 "每一品种茶叶的箱子容量大致上是一定的。武夷茶每大箱约 260 斤，中箱 125 至 130 斤。工夫茶、色种茶每箱 60 至 70 斤。贡熙茶每箱约 45 至 50 斤"，另外，马士在记录 1760 年英属东印度的贸易情况时也提到了每箱的净重，"武夷茶，270 斤（360 磅）；工夫茶，62.5 斤（84 磅）；色种，50 斤（67 磅）"，通过这些数据可以对每箱茶叶的重量有一粗略认识。参见［美］马士《东印度公司对华贸易编年史》第一、二卷，中国海关史研究中心组译，第 272 页、第 569 页、第 334 页；［美］马士《东印度公司对华贸易编年史》第四、五卷，中国海关史研究中心组译，第 501 页。

② ［英］斯当东：《英使谒见乾隆纪实》，叶笃义译，上海书店出版社 2005 年版，第 525 页。

③ Commissioners of Excise, *By the Act of the 10th and 11th of George the First*, London, 1792, pp. 1-8.

所进口茶叶种类的情况，"公司茶叶投资的主要部分为英国称为'工夫'的茶"[1]。茶叶销售反映出英国人的茶叶消费情况，由此可以看出，英国人的饮茶偏好已经转移，从主要饮用绿茶悄然转为以红茶为主。

（五）红茶取得优势的原因

红茶在中英（乃至中西）茶贸易中逐步取得优势，英国人的饮茶偏好逐渐转为红茶，两者之间互相关联，发生这一转变的原因是多方面的，笔者根据所搜集的相关资料加以分析，认为以下因素起到了重要作用。

首先是价格因素。商品价格对消费者的决策影响甚大，茶叶消费也是如此，红茶的价格优势逐渐凸显，不能不影响到英国人对茶类的选择。如前文所言，最初进入英国的茶类目前难以准确断定，笔者根据当时茶叶生产与茶叶贸易的整体状况加以推断，认为其中既有红茶也有绿茶，但其具体品种与价格难以考证。从有准确历史材料记载起，与绿茶相比，红茶的价格的确相对较高，在18世纪早期此状况尤为明显。如1721年，东印度公司的商船"埃梅莉亚公主号"与"莱尔号"购买茶叶的价格为：武夷茶每担27两白银，工夫茶每担为38两白银，白毫茶每担为38两白银，松萝茶每担为19两白银，瓜片茶每担为35两白银。[2] 前三者均属红茶类，其均价明显高于后面两种绿茶的均价。随着时间推移，红茶与绿茶的价格对比逐渐发生变化，两者日趋接近。比如在1729年，东印度公司订购茶叶的平均价格为红茶每担26两白银，绿茶每担24两白银。[3] 1730年，英国东印度公司自秀官处订茶的价格为武夷茶每担22两白银，松萝茶每担24两白银。[4] 该年度绿茶价格已经稍稍高于红茶。东印度公司自中国购茶价格的变化，在英国茶叶市场上很快即得以体现，肖特在1730年出版的小册子《茶论》中所列价格如下：属于红茶类的白毫每磅为15先令、工夫茶每磅14先令，普通武夷茶价格较低，每磅12先令；属于绿茶类的熙春茶每磅36先令、珠茶每磅18先令、普通绿茶每磅15先令，

① John Slade, *Notices on the British Trade to the Port of Canton: With Some Translations of Chinese Official Papers Relative to that Trade*, London: Smith Elder and Co. 65, Cornhill, 1830, p. 20.

② ［美］马士:《东印度公司对华贸易编年史》第一、二卷，中国海关史研究中心组译，第169页。

③ ［美］马士:《东印度公司对华贸易编年史》第一、二卷，中国海关史研究中心组译，第193页。

④ ［美］马士:《东印度公司对华贸易编年史》第一、二卷，中国海关史研究中心组译，第197页。

常规性绿茶（ordinary green tea）价格最低，每磅 13 先令，另外两种绿茶没有列出价格，但从其自高价至低价——列举的顺序来看，后面两种茶的价格应当低于 13 先令，属于最低端的行列。① 可以看出，此时英国茶叶市场中红茶与绿茶的价格已经基本持平，甚至红茶价格已略低于绿茶。

此后该趋势更为明显，价格优势不仅完全转至红茶一边，而且其差距日渐扩大。根据出版于 1813 年的《东方的商业》一书的相关记述，1731年至 1734 年英国茶叶市场中不同茶类的价格如表 3-1。

表 3-1　　　　　　　1731—1734 年英国茶叶市场价格　　　　单位：磅/先令

茶叶种类	1731 年	1732 年	1733 年	1734 年
优质武夷茶	12—14	10—12	9—11	10—12
普通武夷茶	9—10	9—10	7—8	9—10
工夫茶	12—16	10—14	10—14	10—14
白毫茶	16—18	13—14	9—14	14—16
优质绿茶	12—15	10—13	8—12	9—12
珠茶	13—14	11—12	10—16	9—12
熙春茶	30—35	30—35	24—28	25—30

资料来源：William Milburn, *Oriental Commerce*, Vol. 2, p. 537.

从表 3-1 可以看出，红茶中最为廉价的"普通武夷茶"其价格略低于绿茶中价格最低的"优质绿茶"，而红茶中价格最高的"白毫茶"则显著低于绿茶中价格最贵的"熙春茶"，不同档次的各种红茶、绿茶加以比较均显示：红茶的价格优势已经颇为明显。至 1751 年，由广州出口的茶叶价格为：武夷茶每担 15.50 两白银、白毫茶每担 24 两白银、工夫茶每担 21.57 两白银、色种每担 31.94 两白银，松萝每担 20.66 两白银，贡熙每担 41.13 两白银。② 武夷茶、白毫以及工夫茶等红茶的价格均明显低于松萝、贡熙茶等绿茶。而至 1775 年，红茶价格更是远远低于绿茶，英国东印度公司两艘商船该年度购茶的价格为：武夷茶每担 14 两白银、工夫茶每担 14 两白银、贡熙茶每担 58 两白银，还有若干可能质量略为逊色的贡熙茶每担 56 两白银。③ 伦敦市场上的售茶价格与英国东印度公司在广州的购茶价格呈同一规律，即红茶价格远逊绿茶，比如 1777 年的一份历

---

① Thomas Short, *A Dissertation upon Tea*, pp. 13-14.

② ［美］马士：《东印度公司对华贸易编年史》第一、二卷，中国海关史研究中心组译，第 293 页。

③ ［美］马士：《东印度公司对华贸易编年史》第一、二卷，中国海关史研究中心组译，第 325 页。

史资料记载了伦敦市主教门大街（Bishopgate Street）9 号店铺的茶叶售价：红茶中的武夷茶标价为每磅 4 先令，优质武夷茶为每磅 4 先令 6 便士，工夫茶为每磅 6 先令，优质工夫茶为每磅 7 先令；绿茶中的普通绿茶为每磅 6 先令，优质绿茶为每磅 7 先令，普通熙春茶每磅 10 先令，最优等的熙春茶价格高达每磅 16 先令。[①] 英国市场中红茶价格低于绿茶这一状况并非昙花一现，而是长期维持。再如，保存至今的 1790 年的另一历史资料显示，店址为伦敦市皮卡迪利大街 212 号的商家所售，红茶价格明显低于绿茶，其价格最为低廉的绿茶标价为"每磅 5 先令 6 便士至 6 先令"，价格最低的红茶则标为"武夷茶，每磅 4 先令 4 便士"，最为优质的绿茶极品熙春茶其标价为 14 先令到 16 先令，而红茶极品最优质的小种红茶其售价为 10 先令到 11 先令。[②] 无论廉价茶还是高档茶，绿茶的价格均明显更高。可以看出，该时期英国茶叶市场之中绿茶价格全面高于红茶，而且该商家所标的售价情况并非特例，另一商人亨利·哈里斯所售茶叶的价格同样如此，1792 年他所经营的位于牛津街 152 号的店铺，其商品价格如表 3-2。

表 3-2　　　　　　　1792 年牛津街 152 号店铺商品价目

红茶	价目		绿茶	价目		咖啡巧克力	价格	
	先令	便士		先令	便士		先令	便士
极品武夷茶	2	0	优质松萝茶	4	0	咖啡	2	8
优质工夫茶	3	6	次等松萝茶*	5	0	优质咖啡	3	0
精品工夫茶	4	0	熙春茶	5	6	精品咖啡	4	0
优质小种茶	5	0	优质熙春茶	6	0	土耳其咖啡	5—4	0
精品小种茶	6	0	精品熙春茶	7	0	优质巧克力	3	0
珍品小种茶	7	0	珍品熙春茶	8	0	—	—	—
极品小种茶	8	0	极品熙春茶	10	0	—	—	—
—	—	—	优质珠茶	11	0	—	—	—
—	—	—	极品珠茶	12	0	—	—	—

资料来源：Henry Harris, *Tea Warehouse*, London, 1792, p. 1.

*因为在中西茶贸易中，茶叶种类繁多，而且西方人对茶的命名与中国并不相同，笔者没有找到 Fine Bloom 的准确汉语翻译，其意思为优质 Bloom 茶，相关文献对 Bloom 茶的解释为"这是第二等质量的人们所命名为松萝茶的茶叶"，由此可知其含义为"仅次于优质松萝茶"，所以这里译为"次等松萝茶"。参见 East India House, *The Tea Purchaser's Guide*; *or*, *The lady and Gentleman's Tea Table and Useful Companion*, *in the Knowledge and Choice of Teas*, London, 1785, pp. 24-25.

---

① Anonymous, *Five Hundred and Fifty Guineas to be Gained by the Purchasers of Tea*, *Coffee*, *or Chocolate*, London, 1777, p. 1.

② Anonymous, *Tea*, *Coffee and Chocolate*, London, 1790, p. 1.

通过比较表 3-2 中不同档次茶叶的价格可以看出：各类红茶的价格毫无例外地全面低于绿茶。综而观之，无论在广州进口茶叶还是在英国市场销售茶叶，红茶与绿茶二者的价格对比已然明显变化，红茶对绿茶而言，拥有颇为明显的价格优势，这不能不影响到英国东印度公司的茶叶贸易以及饮茶者的消费选择。至于红茶取得价格优势的原因，在很大程度上与其产量急剧增长有关。随着红茶出口的发展，在贸易利润的驱动之下，红茶生产显著扩大与增长，茶区非常明显地增种茶树与发展红茶加工，以致武夷山区"迺自各国通商之初，番舶云集，商民偶沾其利，遂至争相慕效，漫山遍野，愈种愈多"①。武夷茶区茶叶生产的发展可见一斑。不仅如此，为了满足海外贸易所需，在巨额商业利润的刺激之下，与武夷茶区临近的其他地区亦将茶叶输送进来，"（武夷）山中之第九曲尽处有星村镇。为行家萃聚所也，外有本省邵武、江西广信等处所产之茶，黑色红汤，土名江西乌，皆售于星村各行，而行商则以之入于紫毫芽茶内售之，取之价廉而质重也"②。在这一历史背景之下，红茶价格逐步下降则不难理解。

其次，红茶与绿茶茶性不同，它更为适合英国社会的需要。绿茶为非发酵茶类，而红茶属于发酵茶，发酵为制茶发展史上的第三代新技术，在中国茶叶制作技术史上占有重要地位。茶叶制作技术的首次突破体现于唐宋时期的茶饼，唐代茶饼制作工序繁杂，需要"采之，蒸之，捣之，拍之，焙之，穿之，封之，茶之干矣"③。一般而言，在春季晴天之时，趁早晨太阳尚未出山、露水未干时候，从茶树采下叶片，采集好的茶叶置入甑釜中蒸透，然后用杵臼将蒸过的茶叶捣碎，再将其拍或压制作成型，最后将茶饼穿孔焙干，这样即可以封藏储存。为了能够制出茶饼，唐代有专门的制茶工具，主要为"杵臼"、"规"与"承"，《茶经》中对此均给以明确说明，"杵臼，一曰碓，惟恒用者佳"，"规，一曰模，一曰棬，以铁制之，或圆，或方，或花"，"承，一曰台，一曰砧，以石为之，不然，以槐桑木半埋地中，遣无所摇动"④。通过上述制法与工具的相关描述可

---

① （清）卞宝第：《体察鄂省加增茶课窒碍难行折》，李文治编《中国近代农业史资料》第一辑，生活·读书·新知三联书店 1957 年版，第 446 页。

② （清）刘靖：《片刻余闲集》，续修四库全书编撰委员会编《续修四库全书》第 1137 册，上海古籍出版社 2002 年版，第 32 页。

③ 吴觉农：《茶经述评》，中国农业出版社 1987 年版，第 69 页。

④ 吴觉农：《茶经述评》，中国农业出版社 1987 年版，第 50 页。

以看出，饼茶制作技术十分复杂，费时费力，而且在制作过程中要添加调味品，使其失去了茶叶本味。制茶技术的第二次发展为明代兴起的散炒绿茶。散茶在中国历史上长期存在，唐宋时期即有明确记述，陆羽在《茶经》中即讲道，"饮有觕茶、散茶、末茶、饼茶者，乃斫、乃熬、乃炀、乃舂，储于瓶缶之中"①。明确指出了散茶已经存在。只是这一时期以茶饼为主，散茶不居于主流。至明代，朱元璋体恤民力而罢造龙团，为散茶的兴盛提供了机遇，明代制茶由此转为炒青绿茶为主，其基本工序为：采茶、贮青、杀青、摊晾、揉捻与焙干。按照明代罗廪所留记述，制茶时"炒茶，铛宜热；焙，铛宜温。凡炒止可一握，候铛微炙手，置茶铛中札札有声，急手炒匀。出之箕上，薄摊用扇扇冷，略加揉挼。再略炒，入文火铛焙干，色如翡翠"②。这一制法不加入其他食品抑或调味品，较好地保持了茶叶的原形原味，其缺点为所制之茶苦涩味较重。制茶技术第三次新发展即发酵茶制作法的出现，其基本工序为：萎凋、揉捻、发酵、干燥。发酵茶与绿茶制作最大的不同就在于发酵，茶叶经过发酵从而消除了苦涩味道，香味更趋浓烈，不仅如此，而且改变了一般茶叶凉性的特性。按照中国传统医药学，普通茶类属于凉性，所以《本草纲目》中的记述为，"茶苦而寒，阴中之阴，沉也，降也"③，而武夷山地区晚近出现的正山小种红茶，正是通过发酵、烟熏烘焙等加工步骤，不仅使其转为温热性质而且赋予它极为独特的松烟香味，堪称独树一帜，时人对此已有认识，"茶之产不一，崇、建、延、泉，随地皆产，推武夷为最，他产性寒，此独性温也"④。

红茶的温热特性不但有助于英国人适应本国较为阴冷潮湿的天气，并且能够更好地契合于本土传统饮食习惯，符合当时的历史条件。与寒性的绿茶相比，红茶明显含有更多的"热量"，对于平均气温偏低的地区而言，饮用红茶显然更为合宜，可以说，它能够更好地与英国地理气候条件相匹配。众所周知，英国位于北纬50度至60度，在全球属于纬度较高地区，同时它由一系列岛屿组成，受到海洋——尤其是北大西洋暖流——的影响比较明显，所以其气候类型主要为温带海洋性气候。以英国首都伦敦为例，在最为寒冷的1月其最低温度平均为2.4℃，最高温度平均为

① 吴觉农：《茶经述评》，第166页。
② （明）罗廪：《茶解》，叶羽《茶书集成》，第208页。
③ （明）李时珍：《本草纲目》卷三十二《果·茗》，四库全书本。
④ 吴觉农编：《中国地方志茶叶资料选辑》，第324页。

7.2℃，在气温最高的月份即 7 月，最低温度平均为 13.7℃，最高温度平均为 22.3℃，就全年温度来看，英国的气温还是相对较低的。在这种气候条件下饮用红茶较为适宜，因为人们一般均认为，红茶可以暖胃并且能够提供更多的"热量"。另外，与绿茶相比红茶更耐冲泡，这一特点也可视为优势。红茶与绿茶的制作工艺明显不同，绿茶一般需要摘取最嫩的叶片，然后对茶青进行加工制作，而用于制作红茶的茶青相对较老，在制作过程中还要经过发酵工序，所以，二者在耐泡程度上存有较大差异。一般而言，绿茶可以冲泡三次，而红茶可以冲泡四五次，如果购买同样数量的茶，红茶则更为"耐泡"，所以饮用红茶更为经济合算，自然更受英国社会的普遍欢迎。红茶的独特味道也更适宜同英国人的饮食习惯相互协调，从而很好地结合起来。牛奶为英国社会传统饮食中非常重要的一部分，在茶被输入英国之后，二者实现结合可以说是大势所趋，这与类似地区的做法也颇为吻合①，而绿茶的香味较为雅致清淡，采用清饮之法尤为适宜，如果与牛奶混合饮用会掩盖其基本特点，红茶则不同，"红茶……往里面添加糖和牛奶，有助于使茶水更为可口"②，同时，此举也增加了茶水的营养价值。由此可见，红茶本身的特性使其可以更好地契合于英国社会长期形成的饮食结构，能够在传统饮食习惯中较好地找到嫁接点，从而为社会各界广泛接受。

二　茶与糖、牛奶的结合

红茶被融摄于英国本土饮食传统的过程并非一蹴而就，而是经历了较长时间的历史发展。

英国与荷兰在地理位置上比较接近，两者之间的文化交流也较为频繁，而荷兰人对东方奢侈品在欧洲的传播发挥了重要作用，荷兰人的东方情趣影响了欧洲各国，"这种品位是当欧洲的东方货物中心从里斯本转到阿姆斯特丹后由荷兰人散布的"③。英国人在荷兰人的影响下开始饮茶，并受到了荷兰饮茶方式的影响，不过并非全盘照搬，而是通过改造形成了

---

① 在拥有畜牧业、饮食结构中乳类产品占有相当比重的地区，茶与奶的结合颇为常见，典型者如中国的内蒙古、西藏以及世界上游牧畜牧传统影响较深的国家，均呈现这一特征。

② Tom Standage, *A History of the World in 6 Glasses*, p. 188.

③ Maxine Berg and Elizabeth Eger edited, *Luxury in the Eighteenth Century: Debates, Desires and Delectable Goods*, p. 232.

自身特色：饮茶时大量添加糖或牛奶，或者是同时添加二者。英国人对饮茶方式的改造是茶文化本土化的重要方面。

　　茶由荷兰传入英国后，作为新兴饮品，最初并没有形成规范的饮用方法。咖啡馆经营者售卖茶水时，往往将茶冲煮后放在小桶内保存，有客人需要时再倒出进行加热，并且也没有向里面添加牛奶或糖。① 私人饮茶方面也没有形成一定之规，甚至个别人士对饮茶全无所知。《闲话报》上曾报道过一则趣闻：有一位贵妇收到友人赠送的一包茶叶，就加入胡椒、食盐煮了一锅，用来招待一些性格怪异或心情郁闷的客人。② 诗人骚塞曾讲述过类似事例：一位朋友的曾祖母举行"茶话会"，用首次出现在本利思的一磅茶叶招待宾客，其做法为把茶叶置于炊壶煮熟，然后就着黄油和盐吃了下去，众人十分不解：茶到底有什么诱人风味？③ 可以说，茶传入英国之后，社会人士最初对饮茶的了解极为有限，遑论形成本土化的饮茶方式。

　　随着饮茶的日益传播，英国逐渐出现了向茶中添加糖的做法。茶初入英国时，并无饮茶时加糖的明确记述，"在红茶中加入砂糖的习惯，是从17世纪中叶就已经开始了"④，该做法逐渐传播，在茶具进口中也有所体现，英国东印度公司于1709年所进口的瓷器，除了五万只茶杯、五千把茶壶，还包括三千只盛糖的小碗（dish）。⑤ 但"何时起饮茶普遍加糖难以确定，可能是在18世纪的20或者30年代"。⑥ 之所以出现这种做法并流行开来，与英国在新大陆的不断扩张有关，它控制的殖民地远远超过荷兰与法国，在这里建立起大量的种植园，"英国人的触角延伸得最远，并且依照最快的速度建立起种植园系统，该系统中最重要的产品即蔗糖"⑦，殖民地生产的砂糖大量涌向英国，"1660年以后，英国所进口的蔗糖经常超过了殖民地其他产品的总和"⑧。砂糖数量的猛增导致价格明显下降，为了刺激砂糖消费，业者有意识地鼓励乃至奖励在饮茶时添加砂糖，促使

---

①　［英］艾瑞丝·麦克法兰、艾瑞·麦克法兰：《绿色黄金》，杨淑玲、沈桂凤译，第109—110页。

②　周宁：《鸦片帝国》，第10页。

③　［英］E. V. 卢卡斯：《卢卡斯散文选》，倪庆饣译，第76页。

④　［日］生活设计编辑部：《英式下午茶》，许瑞政译，第107页。

⑤　Claire Hopley, *The History of Tea*, p. 38.

⑥　John Burnett, *Liquid Pleasures：A Social History of Drinks in Modern Britain*, p. 55.

⑦　Sidney W. Mintz, *Sweetness and Power：The Place of Sugar in Modern History*, p. 38.

⑧　Sidney W. Mintz, *Sweetness and Power：The Place of Sugar in Modern History*, p. 44.

这一做法日渐形成惯例。如前文所述，荷兰人饮茶即出现了在茶中加糖的做法，以至于"茶叶医生"考内利斯·庞德古对此予以批评，"喝茶加糖是一种不可思议的荒唐"①。英国人饮茶加糖始自 17 世纪中叶，可能受到了荷兰人的影响，但毫无疑问的是，由于英国殖民地幅员辽阔，气候适宜，其蔗糖生产量增长迅猛，以至于"至 1675 年，平均载货 150 吨的四百艘英国船只将蔗糖运往英格兰，其中约一半用于转口贸易"②，英国能够获得充沛的蔗糖来源，在满足自身消费的同时还用于转口贸易，所以英国人得以满足自身对甜味的饕餮欲望，饮茶时日益习惯于大量添加蔗糖，这也成为英国饮茶的重要特点。③

与此同时，英国人饮茶时还逐渐养成了添加牛奶的习惯。相关研究显示，在英国传统饮食中，牛奶与乳制品向来为其中重要的一部分，自新石器时代始，英国人就开始饲养母牛并使用牛奶，这一习惯绵延传承，即便在中世纪时期亦是如此。根据相关研究可知，15 世纪晚期，生活于昂莱西（Anglescy）的一位佃农拥有奶牛 23 头、小牛 14 头，居住于约克郡斯特伦塞尔（Strensall）的托马斯·维卡斯则租种了两块土地，饲养的牲畜包括 799 只羊、198 头牛和 92 匹马。④ 18 世纪更是如此，"牛奶的消费极其普遍，即使一个雇工家庭，其收入的一部分也要用于购买牛奶"⑤，发表于 19 世纪初期的小说《爱玛》讲到马丁一家拥有"八头奶牛，两头是奥尔德尼斯种，一头韦尔奇小奶牛"⑥。可以说，牛奶是英国饮食中的重要部分。茶传入之后，英国人非常自然地将两者结合在一起，将该外来饮品与本土饮食习惯融合。1660 年，英国的一则售茶广告即宣称：在其多种有益作用之中，"（经过精心准备、连同奶和水一起饮用）茶能强健人体的内脏，预防肺部疾病，舒缓肠痛……"⑦ 说明在此时的英国，可能已经出现了将牛奶添加于茶水中的做法，当然也存有另外一种可能，即当时

---

① 周宁：《鸦片帝国》，第 10 页。

② Sidney W. Mintz, *Sweetness and Power: The Place of Sugar in Modern History*, p. 46.

③ 需要说明的是，英国人并非仅仅将糖添加到茶水中，同样的做法也用于其他饮品，比如佩皮斯在其 1664 年 3 月 30 日的日记中记述了早晨的饮食状况，他没有饮酒而是选择了饮用咖啡，"简单地煮好，里面添加了一点糖"，该一手资料即明显例证。参见佩皮斯日记全文在线，http://www.pepysdiary.com/diary/1664/03/。

④ 郭华：《中世纪晚期英国农民生活消费研究》，博士学位论文，天津师范大学，2008 年。

⑤ 侯建新：《英国工业化以前农民的"饮食革命"》，《光明日报》2012 年 7 月 5 日。

⑥ ［英］简·奥斯汀：《爱玛》，孙致礼译，人民文学出版社 2017 年版，第 24 页。

⑦ Tom Standage, *A History of the World in 6 Glasses*, p. 187.

已经有社会人士提倡这样的做法，认为此举对身体健康更为有益。但也有相关学者认为，17 世纪中叶至末叶这一历史时期，"人们仿照中国人的方式饮茶，将其作为一种温和的饮料，不添加牛奶"①，"中国一直饮用未添加牛奶的茶，在较长时期，他们的习惯被自然延续下来"②。英国人饮茶添加牛奶抑或并不添加牛奶这两种说法，均有论者予以提及，看起来互相抵牾、构成矛盾，但笔者认为这恰恰揭示了历史的复杂面相，说明该时期英国人在饮茶方式上尚未形成通行的一定之规，各种不同的做法同时并存，向茶水中添加牛奶这一做法可能已经存在了，但是并不普遍，并非得到英国社会普遍认可的饮茶方式。

　　由上文可见，至 17 世纪中后期，英国人已经开始在茶水中添加糖或者牛奶，甚至是同时添加两者。随着时间的推移，添加糖与牛奶的做法日益确定下来，到 18 世纪日渐普遍。1722 年，匿名作者在小册子中明确指出 "在茶中添加少量的牛奶或者奶油……可以更为有效地钝化与抑制胃中的酸液。……不要在咖啡中加牛奶，这样做有损于咖啡的功效"③。托马斯·肖特在出版于 1730 年的《茶论》中则对饮茶加糖的这一做法予以高度评价，他认为："加糖不仅可以掩盖茶水的苦涩味道，从而使这种汁液变得更为美味，同时对于清洁肺部也具有良好效果，它还能增进肾脏功能。"④ 1745 年，西蒙·梅森在小册子《关于茶的正面与负面功效的思考》中探讨了饮茶的益处以及消极影响，认为 "早晨的时候进餐时饮茶，处理茶的方法人们已经知晓，不需要再给以指导。有的人选择饮用绿茶，有的人选择饮用武夷茶，有的人喜欢添加奶油与糖，有的人只添加其中之一，有的人则一种都不添加——窃以为这一做法比较恰当"⑤，尽管西蒙·梅森并不赞同在茶中添加牛奶与糖的做法，但对其记述进行反向解读，多少说明这些做法当时已经较为流行。1750 年，一位自称 "剑桥绅士"（a Gentleman of Cambridge）的作者出版了小册子《论茶的内在特

---

① J. C. Drummond, Anne Wilbraham, *The English Man's Food: A History of Five Century of English Diet*, p. 117.

② Arnold Palmer, *Movable Feast: A Reconnaissance of the Origins and Consequences of Fluctuations in Meal Times, With Special Attention to the Introduction Of Luncheon and Afternoon Tea*, p. 103.

③ Anonymous, *Of the Use of Tobacco, Tea, Coffee, Chocolate, and Drams*, London, 1722, p. 10.

④ Thomas Short, *A Dissertation upon Tea*, p. 38.

⑤ Simon Mason, *The Good and Bad Effects of Tea Considered*, p. 27.

性》，对饮茶时添加糖的做法予以评价，认为"非常自然的饮茶方法是不加糖的，饮用绿茶尤其如此，加糖虽然使得茶水更为甘甜但会减弱功效，加入少许的糖则对功效无碍，反而能使茶水更为香醇"①。1787 年，高德弗里·麦卡尔曼在小册子《论茶的自然的、商业的与医药的特性》中也指出，"饮茶时通常可以添加糖与牛奶，依照我个人的看法，人们在添加这些物质时在用量上处置不当，少量的或者是 1/8 盎司的精炼糖足够使一杯茶水变甜，一茶匙的奶油或者是品质优良的牛奶就可以使一杯茶的收敛性（astringency）恰到好处，如果这两者中的任何一种添加较多的话，那么，就损坏了茶的自然风味"②。

通过文献分析可以看出，该历史时期英国人在饮茶时已经较为广泛地添加糖或者牛奶，甚至是二者一同添加，某些具体历史事例也可予以证实。1750 年，兰开郡的干酪代理商之子萨姆耳·梅塞（Samuel Mercer）正在诺三普顿学院学习，他在谈到自身的学校生活时即涉及了有关饮茶的内容，"……任何学生不得进入酒馆喝酒；第一次犯规受公开责难，再犯没收一先令。然而，他们许可与导师在导师的会客室中喝茶，不过他们得自备茶和糖"③，可以看出，在饮茶时添加糖已经非常普遍，校园里也是如此。18 世纪，执文坛牛耳者约翰逊博士嗜茶如命，他在饮茶时同样添加牛奶与糖，"他的茶壶能装下两升茶水，他习用浓茶，单宁酸的刺激作用因添加少量牛奶而得以缓和，另外还须添加小块的糖"④。综而观之，在 18 世纪，英国社会各界饮茶时放糖或者加入牛奶是自然而然的惯常之事，有人还习惯于既添加糖也添加牛奶，这成为英国饮茶的重要特色。

三　英国饮茶方式成因

由上文可以看出，英国所形成的饮茶方式与中国明显不同。在中国茶文化发展历程中，数次变革，饮茶大致经历了煮茶法、煎茶法、点茶法、瀹饮法的历史演变，其间也包含着从添加调味品的调饮至摒弃调味品的清饮之变迁，此举不仅体现了中国茶人的文化情怀，也符合中国茶文化的内

---

① A Gentleman of Cambridge, *An Treatise on the Inherent Qualities of the Tea-Herb*, London, 1750, p. 10.

② Godfrey McCalman, *A Natural, Commercial and Medicinal Treatise on Tea*, pp. 110-111.

③ ［英］C. 赫伯特：《英国社会史》下卷，贾士蘅译，第 8 页。

④ Anthony Burgess, *The Book of Tea*, p. 9.

在发展逻辑。根据现存文献，《广雅》中最早具体记述的饮茶方法为"荆、巴间采叶作饼，叶老者，饼成以米膏出之。欲煮茗饮，先炙令赤色，捣末置瓷器中，以汤浇，覆之，用葱、姜、橘子芼之。其饮醒酒，令人不眠"①。可以看出，此时饮茶需要加入葱、姜、橘子等，这一做法至唐代时依然存留，陆羽对此颇为不齿，"或用葱、姜、枣、橘皮、茱萸、薄荷之属煮之百沸，或扬令滑，或煮去沫，斯沟渠间弃水耳，而习俗不已"②。陆羽将添加调味品的茶汤鄙视为"沟渠间弃水"，对此习俗极不认同，他崇尚自然、厌恶人工雕饰，认为"天育万物，皆有至妙，人之所工，但猎浅易"③。所以，其《茶经》中记述或者说提倡的煮茶饮茶方法中，调味品添加已经大为减少，只是煮茶时"初沸，则水合量，调之以盐味，谓弃其啜余，无乃䬾䤅而钟其一味乎"？④换而言之，在水初沸之时，按水量的多少适当添加食盐用以调味，然后取出一些品尝，把尝剩下的水要倒掉，须避免盐量过多而导致茶汤太咸——如果这样就变成了喜爱盐水这一种味道了。言外之意，加盐过多会使茶汤仅为咸味，这一做法会喧宾夺主，掩盖了茶味，导致茶汤失其本真——此为陆羽所厌恶的做法，所以要加以避免。陆羽所提倡的茶文化中，包含了其对茶味本真的追求，但其提倡的饮茶方法中仍适量加盐，并未完全抛弃调味品，实则可视为从调饮至清饮的过渡，这一变化彻底完成尚需时日，陆羽虽天纵英才，但也无力完全摆脱历史的羁绊。

基于历史的惯性，至宋代在茶中添加调味品的做法依然存在，茶人对此做法曾给以批评。北宋名臣蔡襄亦为茶学家，撰有《茶录》一书，其中认为："茶有真香，而入贡者微以龙脑和膏，欲助其香。建安民间试茶，皆不入香，恐夺其真。若烹点之际，又杂珍果香草，其夺益甚，正当不用。"⑤蔡襄赞誉并推崇"真香"，认为添加香料或者调味品均不甚恰当，这与陆羽崇尚茶之"本真"颇有异曲同工之处。苏轼对添加调味品也不认同，他曾评述晚唐诗人薛能的诗作，"又作《鸟觜茶》诗云：'盐损添常戒，姜宜著更夸。'乃知唐人之于茶，盖有河朔脂麻气

① 吴觉农：《茶经述评》，第207—208页。
② 吴觉农：《茶经述评》，第166页。
③ 吴觉农：《茶经述评》，第166页。
④ 吴觉农：《茶经述评》，第141页。
⑤ （宋）蔡襄：《茶录》，叶羽《茶书集成》，黑龙江人民出版社2001年版，第24页。

也"①。所谓脂麻气指茶失其本味，混有杂香。稍晚，典籍中也有类似评述："唐人煎茶用姜，故薛能诗云：'盐损添常戒，姜宜着更夸。'据此，则又有用盐者矣。近世有用此二物者辄大笑之。然茶之中等者，用姜煎信佳，盐则不可。"② 延至阮阅所生活的时代③，煎茶添加盐与姜会招致"大笑之"，说明这种做法已经不再通行，或者说众人对此做法深感不以为然乃至嗤之以鼻。宋徽宗赵佶也提倡保持茶叶本真味道，他在谈到制茶方法时认为，"茶有真香，非龙麝可拟。要须蒸及熟而压之，及干而研，研细而造，则和美具足，入盏则馨香四达，秋爽洒然。或蒸气如桃仁夹杂，则其气酸烈而恶"④。赵佶对茶的真香极为看重，认为即便是龙麝都无法与之媲美。可以看出，宋代仍存有饮茶掺杂调味品的做法，但已经明显减少，而且这一做法已然招致激烈批评，逐渐不为一般人士认同。

延至元代，较为流行的茶叶大概为三种：茗茶、末茶、蜡茶，其中茗茶即散条形茶，末茶即茶叶采摘之后蒸过并捣碎而成，蜡茶即末茶中的精品。元代饮茶的主要方式可以分为两种：其一为煎茶，即将茶芽或茶末与水同煎，一般为水沸之后将茶叶投入其中再煎片刻；其二为点茶，即将沸水冲入茶末之中。与唐宋时期相比较，饮茶时添加佐料的做法已经较为少见，从调饮向清饮发展更进一步。不过，宫廷中仍有香茶，"系以白茶、龙脑、百药煎、麝香按一定比例同研细，用香粳米熬成粥，和成剂印作饼"⑤。此外，宫廷之中还有"枸杞茶"，将枸杞与茶混合使用。民间饮茶也存有不同做法，比如在江西南部当时仍存留着"擂茶"这一饮茶方式，将茶叶、芝麻、花生米加入少量食盐，在擂钵中碾为糊状，然后投入锅中加水煮沸即可饮用，既可以解渴又可以充饥。但是总体看来，添加佐料的做法在元代更趋少见，所以，陈高华先生极富洞察力地指出，"唐、宋时期，饮茶常加其他佐料，如盐、姜、香料等。元代这种情况已不多见"⑥。

①　（宋）苏轼：《东坡志林》第十二卷，《四库全书》本首。
②　（宋）阮阅编，周本淳校点：《诗话总龟》，人民文学出版社1987年版，第208页。阮阅与苏轼所引薛能诗句略有差异，原文如此。
③　阮阅为宋代诗词家，其具体生卒年代不详，目前能够知道，他于宋神宗元丰八年（1085年）考中进士，南宋建炎初（1127年）以中奉大夫作袁州知州，由此大致可知其生活年代。参见阮阅编，周本淳校点：《诗话总龟》，前言，第1页。
④　（宋）赵佶：《大观茶论》，叶羽《茶书集成》，第49页。
⑤　陈高华：《元代饮茶习俗》，《历史研究》1994年第1期。
⑥　陈高华：《元代饮茶习俗》，《历史研究》1994年第1期。

明代为中国茶文化发生重大变革的历史时期。明代茶文化与以前的历史时代相比变化颇大，这一点已为学界所认可，日本著名茶文化专家布目潮渢将明代嘉靖、万历时期称为"中国茶文化的复兴"①。明代瀹饮法日渐兴起，即以沸水直接冲泡茶叶，该做法无须炙茶、碾茶、罗茶，较为简便易行。该饮茶法的兴起既与明太祖朱元璋所实行的政策有关，也是明代茶人对茶文化进一步发展与创造的结果。明初，朱元璋因为茶饼制作工艺复杂，耗费人力物力，出于爱惜民力计，于洪武二十四年（1391年）下诏罢造龙团凤饼，此举推动了散茶的进一步流行，影响颇为深远。同时，明代茶人提倡保持茶的本性，茶饮方式从简，比如宁王朱权②评论以前时代制茶、饮茶时认为，"盖羽多尚奇古，制之为末，以膏为饼。至仁宗时，而立龙团、凤团、月团之名。杂以诸香，饰以金彩，不无夺其真味"③。可以看出，朱权认为饼茶制作会"夺其真味"，实不足取，所以他倡导饮用叶茶，保持茶叶的自然本性，饮茶方法从简，"然天地生物，各遂其性，若莫叶茶。烹而啜之，以遂其自然之性也。予故取烹茶之法，末茶之具，崇新改易，自成一家"④。在茶具使用上，朱权力主简洁、简朴，比如"茶碾，古以金银铜铁为之皆能生铇，今以青礋石最佳"，"茶架，今人多用木，雕镂藻饰，尚于华丽。予制以斑竹紫竹，最清"。再如茶匙，"古人以黄金为上，今人以银铜为之。竹者轻，予尝以椰壳为之，最佳。后得一瞽者，无双目，善能以竹为匙，凡数百枚。其大小则一，可以为奇特。取其异于凡匙，虽黄金亦不为贵也"。再如茶瓶，"古人多用铁，谓之罂罍。宋人恶其生铇，以黄金为上，以银次之。今予以瓷石为之"⑤。可以看出，朱权倡导简朴、简洁的饮茶做法，对传统的品茶方法与茶具均予以革新，努力推动简朴清新的饮茶方式。这一趋向在明代继续发展，而且随着散茶在明代中叶的逐渐推广，明人的饮茶器具除了煮水器具之外，仅仅需要茶壶与茶盏，用沸水直接冲泡茶叶即可，不再添加佐料。散茶瀹饮法最终成为明清两代饮茶的主流方式，而且其影响直至今日。

---

① ［日］布目潮渢撰：《中国茶文化的复兴——明代文人茶与日本煎茶道的起源》，王建译，《农业考古》1993年第2期。

② 朱权为明太祖朱元璋第十七子，对道教、文学、艺术与茶文化等均多有研究。

③ （明）朱权：《茶谱》，叶羽《茶书集成》，第77页。

④ （明）朱权：《茶谱》，叶羽《茶书集成》，第77页。

⑤ （明）朱权：《茶谱》，叶羽《茶书集成》，第79—80页。

可以看出，中国茶文化从添加调料的调饮至摒弃调味品的清饮之变化，包含中国茶文化的内在发展逻辑，保持茶叶本真的理念逐渐占据优势，同时饮茶须"俭以养德"的道德观念也发挥了相当作用。英国饮茶无疑受到中国茶文化的影响，但从前文传教士向西欧介绍的饮茶资讯可知，并未涉及饮茶加入糖与牛奶的做法，英国饮茶方式的形成虽然可能受到荷兰的影响，但这一做法最终定型并为英国社会普遍接受，实则植根于其本土的历史文化传统与当时特定的时代背景。

首先，英国饮茶方式的出现与本土历史文化传统有关。英国饮茶方式的重要特点即添加乳类，这一做法植根于本土的历史文化传统。盎格鲁—撒克逊人为英国人的先祖，他们渡海而来、进入不列颠的初期，较长时期仍然保有日耳曼人游牧、半游牧的生产与生活传统。这种传统不绝如缕，至中世纪时，"农业不是单以谷物种植，而是以土地耕作与牲畜饲养结合为基础的"①，畜牧业长期占有一定比重，而牲畜之中"首先值得注意的是公牛和奶牛，因为它们在许多方面与农民的日常生活息息相关。公牛对于各种农活自然是无价之宝，整个英格兰都普遍使用。……除了那些最贫贱的家庭，奶牛在农民生活中也起着十分重要的作用"②。该时期广泛采用的敞田制为畜牧饲养提供了条件，可以将休耕土地以及麦茬地作为牧场使用，耕地外的草地也可以提供饲草。在这一背景之下，英国饮食中畜类产品占有相当比重，"奶牛可以在大多数时候为人们提供牛奶。……如果他们愿意，可以把牛奶制成黄油和奶酪，或者到邻村去出售"③。牛奶与奶酪被中世纪的农民誉为"白肉"（white meat），尽管其消费量有所波动，但这一饮食传统得以持续延绵。比如 1256 年时诺福克塞吉福德庄园中收割雇工的饮食结构显示，每人每天消费奶酪达 6.67 盎司，消费牛奶达 2.87 品脱。④ 在被誉为英国文学史上现实主义的第一部典范即《坎特伯雷故事》中⑤，牛奶屡屡出现。比如介绍女修道院长时还谈及其饲养小

①　向荣：《敞田制与英国的传统农业》，《中国社会科学》2014 年第 1 期。

②　[英] 亨利·斯坦利·贝内特：《英国庄园生活：1150—1400 年农民生活状况研究》，龙秀清等译，上海人民出版社 2005 年版，第 70 页。

③　[英] 亨利·斯坦利·贝内特：《英国庄园生活：1150—1400 年农民生活状况研究》，龙秀清等译，上海人民出版社 2005 年版，第 71 页。

④　郭华：《中世纪晚期英国农民生活消费研究》，博士学位论文，天津师范大学，2008 年。

⑤　[英] 杰弗雷·乔叟：《坎特伯雷故事》，方重译，上海译文出版社 1983 年版。

狗，她"喂的是烩肉，牛乳和最佳美的面包"①。介绍自由农时，谈到他携带的绸囊"白得象清晨的牛奶一样"②。阿赛托去世后举行送葬仪式，送葬队伍"左边是希西厄斯王，手拿纯金器皿，内有蜜、乳（milk）、酒、血"③，火葬时人们"如何又投进盾、矛，或其他衣饰、满杯的酒、牛乳及血，喂那燃烧着的巨火"④。磨坊主讲到木匠的妻子，"拦腰一条围裙，白得和清晨的牛奶一样"⑤。在公鸡腔得克立和母鸡坡德洛特故事中，谈到一位经济状况不佳的中年寡妇，她拥有 3 头大母猪、3 头牛、1 只羊，"桌上的食物无非是黑白两色，牛奶和粗面包是不会缺乏的，还有烤腌肉以及不时一两个鸡蛋"⑥。尽管其中并非每一次均指具体的牛奶，有时候是用牛奶来形容颜色，但仍可以看出，牛奶在该时期社会生活中的影响不宜低估。

　　进入近代之后，英国社会仍然延续了这一饮食文化传统，所以当域外饮品传入英国之后，人们很自然地将传统饮食中的牛奶抑或乳类添加进去，而且这一做法并非限于饮茶，饮用咖啡也是如此。英国人最初从奥斯曼土耳其了解到饮用咖啡的习俗，约翰·比多尔夫 17 世纪初叶曾在阿勒颇（Aleppo）生活，他亲眼观察到土耳其人饮用咖啡的习俗，"他们最常见的饮品是咖啡，那是一种黑色的饮料，用一种很像豌豆的东西做成，那东西被称作咖哇，先放在磨上研磨，然后用水煮沸。他们趁热喝下去，觉得这种东西很适合用来消化他们的粗糙食物"⑦。可以看出，土耳其人饮用咖啡并没

---

① ［英］杰弗雷·乔叟：《坎特伯雷故事》，方重译，上海译文出版社 1983 年版，第 4 页。在《坎特伯雷故事》中译本中，多次出现"牛奶"、"牛乳"或者"乳"，其实在英文版中均为 milk，为准确起见，笔者参照了英文版本。

② ［英］杰弗雷·乔叟：《坎特伯雷故事》，方重译，上海译文出版社 1983 年版，第 9 页。

③ ［英］杰弗雷·乔叟：《坎特伯雷故事》，方重译，上海译文出版社 1983 年版，第 57 页。

④ ［英］杰弗雷·乔叟：《坎特伯雷故事》，方重译，上海译文出版社 1983 年版，第 58 页。

⑤ ［英］杰弗雷·乔叟：《坎特伯雷故事》，方重译，上海译文出版社 1983 年版，第 63 页。

⑥ ［英］杰弗雷·乔叟：《坎特伯雷故事》，方重译，上海译文出版社 1983 年版，第 327 页。

⑦ William Biddulph, "A Letter written from Aleppo in Syria Comagena", Theophilus Lavender, *The Trauels of Certaine English Men into Africa, Asia, Troy, Bythinia, Thracia, and to the Blacke Sea*, London, 1609, p. 65. 转引自 ［英］马克曼·艾利斯《咖啡馆的文化史》，孟丽译，第 5 页。

有添加牛奶。但是咖啡进入英国之后，人们在饮用时出现了添加牛奶的做法，比如出版于 1698 年的小册子《人人都是收税官，也是熟练的咖啡人》中，咖啡店主即指出，"如果煮牛奶咖啡，一品脱须添加一夸脱牛奶"①。而在 18 世纪仍存在这一做法，"牛奶咖啡（Milk coffee）……必须将牛奶与咖啡一起煮，否则两者无法融合"②。可以看出，英国人在饮用咖啡时，同样存在添加牛奶的做法，他们按照自身文化传统对咖啡这一外来饮品进行了本土化改造。甚至不止饮用咖啡时如此，饮用其他饮品时英国人也会添加牛奶。散文家兰姆在其随笔《扫烟囱的小孩礼赞》中曾提及，"有一种合成饮料，其主要成分据我所知乃是一种名叫黄樟的芳香木材，这种木头煮一煮，掺上牛奶和糖，做成饮料，据某些品赏者说，风味远在中国名茶之上"③。可以看出，英国人依照自身饮食传统将牛奶添入多种饮料中，饮茶自然也是如此。

其次，英国饮茶方式的出现与当时的时代背景有关。如果说英国人饮茶添加牛奶主要是受到饮食文化传统的影响，那么饮茶时加糖虽与茶性密不可分，但主要还是与时代背景有关。英国人饮茶时加糖的做法基于茶的特性，因为茶叶中含有单宁酸（即鞣酸），其化学特性使茶水略显苦涩，"很明显，绿茶与武夷茶同样呈苦味"④，而砂糖的甜味可以用来抑制苦涩味道，"在这个国家，糖被添加到茶水中使其更为可口"⑤。这从生理学的角度为茶水中加糖提供了支持。就长期历史发展来看，喜好甜味是人类普遍存在的一种嗜好，甚至对多数灵长目动物而言均是如此，季羡林先生在研究糖史时曾指出，"几乎所有的人（甚至一些动物）都喜欢吃甜东西，这是一个生理问题"⑥，英国人自然也不例外。但是在人类早期历史阶段，

---

① James Lightbody, *Every Man his own Gauger*, *Together with the Compleat Coffee-Man*, London, 1698, p. 62.

② Laurence Sterne, *The Life and Opinions of Tristram Shandy*, *Gentleman*, Munich, 2005, p. 467.

③ [英] 查尔斯·兰姆：《伊利亚随笔选》，刘炳善译，生活·读书·新知三联书店 1987 年版，第 210 页。

④ Philanthropus, *The lady & Gentleman's Tea-table and Useful Companion in the Knowledge and Choice of Teas*, p. 33.

⑤ E. Lankester, *On Food: Being Lectures Delivered at the South Kensington Museum*, London: Robert Hardwicke, 1873, p. 309.

⑥ 季羡林：《糖史》（一），季羡林《季羡林文集》第九卷，江西教育出版社 1998 年版，第 9 页。

甜味物品不易获得，欧洲人常常将蜂蜜作为甜味剂，毫无疑问，蜂蜜的产量极为有限，而甘蔗的广泛使用改变了这一历史。

根据已有研究，甘蔗的起源目前尚难以准确断定①，但毫无疑问的是，欧洲人了解砂糖经历了漫长的历史时期，"欧洲的基督教徒详细了解砂糖这种东西，并动手栽培甘蔗，始于 11 世纪末的十字军运动"②，砂糖味道甘美、颜色洁白，受到欧洲上层社会的极大欢迎，不过，该历史时期砂糖供应仍较为有限。延至 15 世纪，砂糖的历史发生重大转折，在葡萄牙人与西班牙人的不断努力之下，蔗糖生产中心由伊斯兰教徒控制的东地中海地区逐渐转至大西洋诸岛，而且哥伦布还将甘蔗引入新大陆，这为后来新大陆发展成为砂糖制造中心揭开了帷幕。英国人在砂糖生产制造方面开始时较为落后，最初只能通过地中海商人得到有限供给，难以得到满足，后来又从葡萄牙人手中购买，因为"这些年中，糖贸易的垄断权掌握在葡萄牙手中"③。但与此同时，英国人亦筹划对策，逐渐在殖民地扩大与发展甘蔗种植。17 世纪 40 年代，英国人开始在巴巴多斯岛发展制糖业——这里的第一株甘蔗即由英国殖民者种植，随后，将甘蔗种植逐渐延伸至牙买加，英国在其殖民地的制糖业不断扩展，砂糖供应终于明显得以改善，"英国在西印度群岛生产出大量的甘蔗，将其磨碎制出粗糖（muscovadoes）由英国船只运回，在英国工厂提纯为成品。依照这一方式，英国消费者获得了持续增长的砂糖供应，得到了扩大砂糖消费的机会"④。即便如此，砂糖供应的增长似乎仍难以满足消费需要，"英属西印

---

① 较为遗憾的是，季羡林先生在其巨著《糖史》中没有涉及甘蔗的起源问题，关于甘蔗的起源目前学界观点不一：周可涌认为公元前 3 世纪中国已有明确的甘蔗制糖记述，种蔗制糖起源于中国；西德尼·W. 明茨认为甘蔗人工种植最早出现于远古时期的新几内亚；川北稔认为甘蔗的原产地还不太清楚，据说为现在印度尼西亚，而过去曾认为是在印度的恒河流域。彭世奖对该问题的论述颇为中肯，认为甘蔗起源于何时何地，目前尚有争议，但从科学调查来看，中国、印度、印度尼西亚的爪哇、加里曼丹和南太平洋巴布亚等均存有丰富的野生甘蔗资源，但中国与印度为甘蔗人工种植和利用最早的国家。参见周可涌《中国蔗糖简史——兼论甘蔗起源》，《福建农学院学报》1984 年第 1 期；Sidney W. Mintz, *Sweetness and Power: The Place of Sugar in Modern History*, New York: Penguin Books, 1985；[日] 川北稔《砂糖的世界史》，郑渠译，百花文艺出版社 2007 年版；彭世奖《关于中国的甘蔗栽培与制糖业》，《自然科学史研究》1985 年第 4 卷第 3 期。

② [日] 川北稔：《砂糖的世界史》，郑渠译，第 16 页。

③ Ellen Deborah Ellis, *An Introduction to the History of Sugar as a Commodity*, Philadelphia: The John C. Winston Co., 1905, p. 61.

④ Ellen Deborah Ellis, *An Introduction to the History of Sugar as a Commodity*, p. 85.

度群岛的砂糖供应不断增长的同时，英国本土的需求相应增长，不过从18世纪中叶以来，这些岛屿从未生产出可以满足宗主国消费的足够数量"①。与生产增长的速度相比，砂糖消费增速显然更快。

如前文所述，之所以出现砂糖供应难以满足英国市场需求的局面，与英国人的砂糖消费迅猛增长有关。根据现有研究，砂糖出现于英国可能为12世纪，不过在较长时期，英国人的砂糖消费极为有限，这既与砂糖生产早期主要控制在伊斯兰教地区以及稍后控制在葡萄牙人、西班牙人手中有关，也与较长时期英国的整体消费水平不高有关。在较长一段时期，蔗糖的价格较为昂贵，其销售常根据体积与重量，远远超出了普通人的消费水平，只有富人才有能力购买享用，"一定程度上，砂糖被不加区分地添加于肉类、鱼类、蔬菜以及其他菜肴，这证明此时砂糖被视为香料"②。至中世纪晚期，英国农业生产取得明显进步，"三圃轮种制和浮动式农业的出现，农业与畜牧业进一步的结合，重犁、耕畜、水车、水力磨的普遍使用，所有这些都在一步一步改善着英国传统农业"③。在农业生产力提高的背景之下，英国人（包括农民在内）的饮食结构发生变化，其重要表现之一即蔗糖消费日益增长，"先是富人频繁消费，很快更多人乐于购买——他们宁愿为了获得砂糖而舍弃其他的重要食品"④。此时蔗糖作为香料的用途逐渐消逝，但仍是价格较贵的奢侈品，社会上层在宴会时经常通过展示糖雕的方式显示社会地位，厨师罗伯特·梅曾经大量用糖来设计极为复杂精致的糖雕，其中包括糖雕鹿、糖雕城堡、糖雕军舰、糖雕馅饼等奇巧设计，而且可以给人带来极为震撼的展示，糖雕鹿腹部的箭矢拔下来就流出"鲜血"——红葡萄酒，糖雕城堡上的炮兵可以向军舰开炮，糖雕馅饼的馅筒直匪夷所思，打开后展示在人们面前的竟然是栩栩如生的青蛙与鸟。社会上层在欣赏和食用糖雕时无形中彰显了其高贵的社会身份，其他社会阶层也努力模仿，可以说，砂糖作为奢侈品不仅具有消费功能，而且成为塑造社会身份、彰显社会地位的象征物。⑤ 在这一背景下，茶在英国逐渐传播，加糖不仅使饮茶更容易被接受——味道更为甜美，而且茶最初也被视为奢侈品，茶与糖的累加效果更有助于显示社会身份与地

---

① Sidney W. Mintz, *Sweetness and Power: The Place of Sugar in Modern History*, p. 39.

② Sidney W. Mintz, *Sweetness and Power: The Place of Sugar in Modern History*, p. 84.

③ 侯建新：《工业革命前英国农业生产与消费再评析》，《世界历史》2006年第4期。

④ Sidney W. Mintz, *Sweetness and Power: The Place of Sugar in Modern History*, p. 77.

⑤ Sidney W. Mintz, *Sweetness and Power: The Place of Sugar in Modern History*, pp. 93-94.

位，这实际上与中国社会一度流行在高档白酒中添加金箔的做法大致相类。不过，茶与糖最初进口量较小，这一组合能够较好地构建文化区隔，成为社会上层塑造社会身份的象征物，展示其相对于社会中下层的优越感，但是随着两者进口量的增长，其身份象征的特性渐次减弱，"旧时王谢堂前燕，飞入寻常百姓家"，砂糖逐渐成为日常消费品，"随着价格的持续下行，那些不得不被列为节日盛宴或类似场合的奢侈品，可以在平时日常家庭饮食中得以享用"①。糖已然渗透于英国社会各个阶层的日常生活之中，根据约翰逊博士的亲眼观察——他对英国社会的蔗糖嗜好了然于心，所以在谈及女性饮用加糖的茶水时指出，"没有哪个洗衣妇坐下享用晚餐时，可以离得开来自东印度的茶叶与来自西印度的糖"②。

可以看出，英国人饮用牛奶的传统源远流长，同时人类普遍存在的对蔗糖的嗜好在该历史时期的英国终于得以真正满足，饮茶也非常自然地与牛奶和蔗糖结合了起来，饮用添加了糖与牛奶的茶水成为英国的国民习惯，茶以文化融合的方式实现了在英国的本土化。

第二节　茶融入英国社会生活

伴随英国本土化饮茶方式的形成，饮茶日益融入英国社会，成为各界人士饮食中重要的一部分，改变了英国人的日常饮食，社会各界人士均在平时以及用餐时离不开饮茶，它已经成为普遍的社会习俗。可以说，饮茶与英国社会水乳交融，完全融入了英国人的社会生活。

从中古后期至18世纪初期，英国人尤其是社会中上层人士堪称酒肉之徒，肉类与啤酒在一日三餐中占有重要地位，而且其消费量呈日益增长的趋势。根据已有对英国中古后期饮食状况的研究，该时期，英国社会的各个阶层均消费了相当数量的肉类与啤酒③，至伊丽莎白女王时期，肉类在英国饮食中所占比重进一步增长，根据西蒙·梅森的观察，"在伊丽莎白女王统治时期，女士们习惯于以热的烤臀肉作为早餐，绅士们则以凉的野味肉馅饼作为早餐，多数人更愿意以咸肉……为早餐"④。至18世纪初

---

① Ellen Deborah Ellis, *An Introduction to the History of Sugar as a Commodity*, p. 87.

② E. Lankester, *On Food: Being Lectures Delivered at the South Kensington Museum*, p. 294.

③ 详见肖楠《中古后期英国主要阶层的饮食状况》，硕士学位论文，山东大学，2006年。

④ Simon Mason, *The Good and Bad Effects of Tea Considered*, pp. 27-28.

叶，英国饮食的这一特征并无根本变化，《伦敦的叫卖声——英国随笔》提供了极为详细的记述。

《伦敦的叫卖声——英国随笔》为约瑟夫·阿狄生（Joseph Addison）等人的作品集，阿狄生作为英国著名的散文家、诗人、剧作家与政治家，俯身大地，其作品对 18 世纪的社会生活给以极为细致的描述，比如在《〈旁观者报〉的宗旨》一文中谈到阅读该报时指出，"因此，我要特别与作息颇为规律的家庭分享个人的思考：每天早晨须拨出一个小时，共同享用茶、面包与黄油，同时为他们着想而诚挚地提出建议，订购这一准时送达的刊物，它可以被视为饮茶时不可或缺的良伴"①。这些语句均反映出，该时期饮茶在餐饮与社会生活中产生了一定影响，至少阿狄生是建议人们在早餐时饮茶的，同时推荐阅读他的《旁观者报》。阿狄生还在《某君日记》一文中详细记述了安德鲁爵士的日常生活，从中可以管窥该历史时期人们的饮食状况：

星期一

八时，起床。穿衣，步入起居室。

九时，仍在起居室。系膝带后，登厕。

十时，十一时，十二时，吸了三斗弗吉尼亚烟叶。读《新闻日报》及其增刊。北方出了事。尼斯贝先生就此发表意见。午后一时，责骂赖尔夫——他把我的烟斗不知放到何处去了。

二时，入座就餐。备忘：葡萄干甚多，羊油却没有。

三时至四时，午后小睡。

四时至六时，到田野散步。风向东南偏南。

六时至十时，在俱乐部。尼斯贝先生谈到议和的事。

十时，登榻酣睡。

星期二，节日。

八时，起床如常。

九时，洗手、脸并修面。穿上双层底皮鞋。

十时，十一时，十二时，安步行至伊斯灵顿。

一时，独酌清酒一壶。

二时到三时之间，归家，以小牛蹄及咸肉为餐。备忘：缺嫩卷

---

①　Claire Hopley, *The History of Tea*, p. 56.

心菜。

三时，小睡如常。

四时至六时，在咖啡店。读报。吃面包卷一碟。土耳其大宰相被处绞刑。

六时至十时，在俱乐部。尼斯贝先生谈论土耳其大君。

十时，入睡。梦见大宰相。睡眠若断若续。

星期三

八时起床。鞋扣舌皮断裂——在扣针处，非在扣面处也。

九时，付肉店账。备忘：前所赊羊腿应予扣除。

十时，十一时，在咖啡店。北方仍有乱子。一戴黑假发之生客向我打听股票行情如何。

十二时至一时，在田野散步。风向正南。

一时至二时，吸烟一斗又半。

二时，进餐如常。胃口尚佳。

三时，小睡因厨房中白蜡盘落地而惊醒。备忘：灶下婢有了相好，干活粗心。

四时至六时，在咖啡店。大宰相先受绞刑，然后斩首——斯麦那①主张如此。

傍晚六时，早到俱乐部半小时。尼斯贝先生的意见：大宰相受绞刑并非在本月6日。

夜晚十时，登榻入睡，一夜无话，直至次晨九时。

星期四

九时起床，足不出户，专等提摩太爵士直至下午二时——他却爽约，未将年金携来。

二时，入座就餐。胃口不佳。淡啤酒发酸。腌牛肉过咸。

三时，小睡不能成眠。

四时至五时，掌掴赖尔夫；赶走灶下婢；派人送信与提摩太爵士。备忘：今晚未去俱乐部，九时即登榻矣。

星期五

---

① 原注，疑为当时土耳其一要人。

上午默然独坐，专等提摩太爵士。他于十二时差一刻到来。

十二时，购新手杖头一枚，新鞋扣舌尖一块。饮苦艾啤酒一杯，以恢复食欲。

二时至三时，用膳后熟睡。

四时至六时，赴咖啡店：见尼斯贝先生；吸烟数斗。

尼斯贝先生认为掺酒之咖啡于脑子有害。

六时，在俱乐部筹备宴会，深夜始毕。

十二时，登榻入睡。梦见与大宰相以淡啤酒对饮。

星期六

十一时醒。到田野散步，风向东北。

十二时，突遇骤雨。

下午一时，归家，把身上揩干。

二时，尼斯贝先生与我共餐。第一道菜，髓骨；第二道菜，牛腮肉，另有布鲁克斯与黑里尔酒①一瓶。

三时，睡过了头。

六时，到俱乐部。几乎跌入阴沟。大宰相真死矣。②

以上为散文家约瑟夫·阿狄生所记述的安德鲁爵士一周的日常生活，四次提到其用餐情况，明确写明了安德鲁爵士所享用的具体食物，其中三次涉及肉类食品，分别为"小牛蹄及咸肉"、"腌牛肉"与"髓骨、牛腮肉"，肉类食品显然为安德鲁爵士所钟爱，在其餐桌上占有重要地位，文中共计五次写明了其饮用的具体饮品，分别为"清酒"、"淡啤酒"、"苦艾啤酒"、"淡啤酒"和"布鲁克斯与黑里尔酒"，全部为酒类，由此可见，至18世纪初期酒类仍占有重要地位。在该材料中，没有具体说明安德鲁爵士在咖啡店与俱乐部中所用饮品的情况，但加以推断，他似乎饮用了咖啡，因为在星期五时提到"尼斯贝先生认为掺酒之咖啡于脑子有害"，他们可能饮用或目睹别人饮用了掺酒咖啡。无论怎样，《某君日记》通篇都没有提及饮茶，结合《〈旁观者报〉的宗旨》一文的叙述，说明饮茶已经一定程度影响了英国人的社会生活，但同时表明，茶在当时的生活

①　原注，布鲁克斯与黑里尔均为酒名。

②　[英]约瑟夫·阿狄生等：《伦敦的叫卖声：英国随笔》，刘炳善译，生活·读书·新知三联书店1997年版，第32—35页。

中并非是一种主要饮品，或者说茶在英国人生活中的影响力尚较为有限，并未深度融入日常生活。

　　随着饮茶在英国社会的日渐普及，到 18 世纪中叶，英国的中产阶级已经普遍饮茶，部分社会下层人士也已经接触到茶，茶在英国餐饮中的重要性明显提升。1745 年，西蒙·梅森在小册子《关于茶的正面与负面功效的思考》中提到，"早晨进餐的时候饮茶，处理茶的方法已经知晓，这里不需要再给以指导。有的人选择绿茶，有的人选择武夷茶，有的人喜欢加入奶油与糖，有的人只加入其中一种，有的人则一种都不加入——我认为这样做比较恰当。早餐中极为重要的部分就是烤面包与黄油，或者是随你喜欢，面包涂黄油，或是涂黄油的热面包卷（hot roll），茶有助于将早餐中的食物'冲'下去"①。可以看出，至 18 世纪中期，饮茶已经成为英国人早餐中的重要部分。之所以产生上述历史变化，很大程度上因为该时期英国人日常用餐的重心发生了转移，晚餐的重要性得以提升，变得更为丰富而奢侈，于是造成这样的后果——"到了早晨，胃里仍充塞着未消化的晚餐剩余物"②。早晨仍胃中鼓胀，残存着昨夜晚餐的遗留物，所以再如同以前一般食用较难消化的早餐已不太适宜，早餐食用面包和黄油极为合宜，再饮茶促进消化，此举对减轻肠胃负担大有助益。

　　当然，此时英国人也并不仅仅在早餐时饮茶，而是逐渐养成了一日之中多次饮茶的习惯，饮茶完全融入了日常生活。1750 年，"剑桥绅士"即颇有心得地指出，"上午（越早越好）是饮茶的最佳时间，尤其适宜大量饮茶，如果在正餐（dinner）之后立即饮茶，其量宜少，如果是正餐之后两三个小时后饮茶，则随个人喜好了"③。由此可知，英国人在一日之中多次饮茶，茶已然成为日常生活的一部分。著名女作家简·奥斯汀（Jane Austen）以对生活细致入微的观察而著称，日常生活中她也是饮茶的拥趸，在给姐姐的信中曾诙谐地写道："你得到新茶时别忘了告诉我，我依然很想品用新茶——就像小猫见到老鼠那样。"④ 在其家庭生活中，茶是早餐之时全家的重要饮品，而在早上 9 点准备早餐是其负责的家务工作的一部分，与此相应，茶与糖的储存事宜均由她管理。饮茶自然离不开茶具，简·奥斯汀也留下了有关购买茶具的记述，"我非常高兴，星期一收

---

① Simon Mason, *The Good and Bad Effects of Tea Considered*, p. 27.

② Simon Mason, *The Good and Bad Effects of Tea Considered*, p. 28.

③ A Gentleman of Cambridge, *An Treatise on the Inherent Qualities of the Tea-Herb*, p. 14.

④ Kim Wilson, *Tea with Jane Austen*, p. 11.

到了所订购的货物，打开包装，检查了从威基伍德处购买的物品，结果完好无损，总的说来十分搭配，拥有这些，我想可以饮用一些叶片较大的茶叶——特别是像今年的优质茶"①。简·奥斯汀的生活体验影响了其创作风格，她的小说中时常出现与饮茶有关的情节。比如在《诺桑觉寺》中，女主人公凯瑟琳在早餐时看到桌上摆着一套精致餐具，亨利很高兴她赞同自己的鉴赏力，"就他本人而言，虽不是个行家，但他认为用斯坦福德郡黏土制作的茶具沏出的茶，与用德累斯顿或塞佛尔的茶具沏出的一样清香"②。凯瑟琳与艾伦太太聊天时谈到蒂尔尼先生，艾伦太太说道，"真叫人高兴，对吗？蒂尔尼先生跟咱们一块喝茶，我一直觉得他来了真好，他非常和气"③。其文学创作很大程度上即个人生活的投影，折射的是饮茶已经融入了英国日常生活的现实。

稍后，各界人士的社会生活更不离开饮茶，许多名人对此均有所记述。比如英国著名散文家查尔斯·兰姆，其多篇随笔均提到饮茶。在《三十五年前的基督慈幼学校》中，兰姆幽默地回忆了自己在母校的学习与生活经历，其中即谈到"他（此处指兰姆本人）享受一种叫人眼红的特权，我们大家都没有份儿的。内情如何，只有现在内殿法学院担任司库员的那位可敬先生才能说得清楚。譬如说，早上，他喝茶，吃热面包卷儿；我们呢，只能拿四分之一个贱价面包（或曰'面包干儿'）来塞塞肚皮，再喝一点儿啤酒——那是从涂抹过柏油的皮酒囊里又倒进了单柄小木桶的，酒味儿淡而又淡，却带上一点儿柏油加皮子的气味"④。可以看出，兰姆在该学校上学时，其早餐即喝茶、吃面包卷，其他同学喝啤酒、吃干面包，所以对他颇有几分嫉妒。在随笔《饭前的祷告》中，兰姆谈及一天傍晚，"我与属于卫理公会不同宗派的两位牧师一道喝茶，而且还得到了介绍他们二位互相结识的光荣。但是，第一杯茶尚未斟下，一位牧师先生先一本正经地向另一位发问道，他是不是要说点儿什么？看来，按照有些教派的规定，就连吃杯茶也是要短短说一段祷文的"⑤。可以看出，

---

① Kim Wilson, *Tea with Jane Austen*, p. 39.

② [英] 简·奥斯汀：《诺桑觉寺》，金绍禹译，上海译文出版社 2010 年版，第 192 页。

③ [英] 简·奥斯汀：《诺桑觉寺》，金绍禹译，上海译文出版社 2010 年版，第 262 页。

④ [英] 查尔斯·兰姆：《伊利亚随笔选》，刘炳善译，第 32 页。该篇随笔以"伊利亚"的笔名发表，文中的"我"即"伊利亚"，在前半部分中代表作者的同窗好友柯勒律治，模仿其口气对兰姆自己的往事进行回顾和评议，到文章中间，这个"我"又变为兰姆自己。

⑤ [英] 查尔斯·兰姆：《伊利亚随笔选》，刘炳善译，第 173 页。

兰姆傍晚时分招待两位牧师，所以一起饮茶，而其中一位牧师主张饮茶前进行祷告。兰姆在随笔《三十五年前的报界生涯》中谈到，自己夏天时需每天在五点或者五点半起床，冬季则稍稍晚一点，某一日，"酣睡被中途打断，又不能吃早饭，只蒙蒙眬眬记得曾经喝过一杯红茶提神——只为那可恶的娘姨老太婆已经敲门，不得不起来，她还仿佛幸灾乐祸似地宣告一句：'该起床了！'"① 可以看出，兰姆已经养成了早餐时饮茶的习惯，以至于在起床过晚没吃早饭的情况下，还是饮用了一杯红茶。在随笔《古瓷器》中，兰姆不仅描述了自己见到的图案奇特的瓷茶杯，而且记述了与堂姐一起饮茶的情形，"昨天晚茶时分，我和堂姐把最近买的一套精美的蓝色古瓷茶具第一次拿出来使用。我们一边品着熙春茶（这种茶，我们这些习惯守旧的人一直爱在下午饮用，并且不掺杂别的什么花样），我一边把瓷器上的优美杰作一一向她指点"② 。可以看出，兰姆与堂姐对陶瓷茶具非常喜爱，甚至还有一定的研究，他们颇为讲究地用精美瓷茶具饮用熙春茶，或许由于熙春茶属于优质绿茶的缘故，所以饮用时没有添加牛奶、糖等。

曾经长期担任大清海关总税务司的英国人赫德，其日常生活也离不开饮茶。赫德长期在华，留下了颇为珍贵的日记资料，内容十分丰富，其中涉及饮茶的篇章可谓举不胜举，在此仅以日记中第一年的部分记述为例，简略叙述饮茶在其生活中的影响。③ 赫德于 1854 年 7 月 25 日抵达香港，其日记的记述始于 1854 年 8 月 27 日，该篇日记中列出了他自己的时间规划，"6 点至 6 点半：阅读和祷告；6 点半至 8 点半：学习中文；8 点半至9 点半：早餐；9 点半至 10 点：准备停当去办公室；10 点至 4 点：在办公室，或书写或学习中文；4 点至 5 点：用膳；5 点至 7 点：阅读和散步；7 点至 8 点：喝茶；8 点至 10 点：学习中文和写日记；10 点至 10 点半：祈祷和阅读、卸妆；10 点半至 5 点半：睡觉"。10 月 21 日，赫德等人拜访道台大人，日记中写道："吃过几巡酒后，我们开始表示我们不能再喝了，茶就被送到桌上；稍饮了一点我们便起身，密妥士先生说：'告辞。'

---

① ［英］查尔斯·兰姆：《伊利亚随笔选》，刘炳善译，第 375 页。

② ［英］查尔斯·兰姆：《伊利亚随笔选》，刘炳善译，第 387 页。

③ ［英］赫德：《步入中国清廷仕途——赫德日记（1854—1863）》，傅增仁等译，中国海关出版社 2003 年版。赫德的日记始于 1854 年 8 月 27 日，中间有时会有所间断，但大致延续了下来，一直到他于 1908 年离开中国，下文涉及赫德日记的内容均引自本书，不再一一注明。

（用铅笔写的）。"10月26日，吃完晚饭稍作休整之后，"喝过茶后又学汉语两三小时，10点上床睡觉"。10月30日，中国官员进行礼节性回访，"他们都被请到密妥士先生的饭厅里就座；然后端上咖啡。他们好像喜欢咖啡。接着是茶，但是太烫了，几乎没法喝（我仅仅将杯子碰了一下双唇，眼泪就流出来了）"。11月1日，赫德前去赴约，"那天晚上过得很愉快：我们听了音乐，既有声乐，也有器乐。茶是上品，点心极好，果酱甜美"。11月20日，"今天早晨收到兰津先生约我去喝茶的邀请"。12月8日，"星期二我和高德太太一起喝茶，她的大女儿……在我向她说'晚安'时，她确实比较重地握了我的手"。"今天收到韦理哲先生约去喝茶的邀请；在那里发现陆赐先生和他的太太，倪维思夫妇和夸特曼先生也在。晚上过得很愉快。"12月31日，赫德回忆起在贝尔法斯特的生活，那时常常和所租住房子的主人一家交往，"我们常常被邀请去喝茶，而且过得很愉快"。

　　1855年1月24日，赫德因为几天没有写日记，所以记述了最近几日的生活，"上星期五我和麦嘉缔大夫在兰津先生家喝茶。……星期二晚上倪维思先生来访；还有高夫先生。以后去塞缪尔·马丁先生家喝茶"。2月3日，"昨晚和倪维思先生一起喝茶，他借给我《娄理华回忆录》"。2月11日，礼拜结束后，赫德回家看书，然后"喝了茶，写了这些，等等"。2月15日，"晚上去参加祈祷会——然后去倪维思先生家，在那里喝茶，过了一个极其愉快的夜晚"。2月20日，赫德在写给威廉·斯旺顿的信件中写道，"或许3周一次我出去喝茶，其余的时间你知道吗？看，我在吃早饭，在我面前的桌上是面包……不过没有黄油。我的仆人为我倒茶，在我吃饭时，他一直站在我的背后，一句话不说：因为我们都不懂对方的话——如果我想这样做，那我的早饭就被搅乱了——而后中饭也这样，晚上的茶也这样"。3月12日，赫德等人前去衙门，"姚太爷似乎决定带我去跟他'喝茶'"。3月15日，"和兰津先生一起喝茶"。3月22日，"星期一晚上在陆赐先生家喝茶并睡在那里。星期三再次与陆赐先生一起喝茶，年轻的女士们都在那里"。4月17日早晨，"在穿衣之前我看到仆人端来小小的褐色茶壶，正好里面盛下3杯左右的茶和里面有两个鸡蛋的小碗。早点已准备好，我就坐下来吃"。4月29日，"上星期一我和高夫先生喝茶，在那里遇见娄理华先生最小的弟弟鲁本和他的太太。……上星期五晚上我在韦理哲太太家喝茶，过了一个很愉快的晚上"。6月3日，"今天我到茶厂去了，看到人们在忙于制茶。……最好的茶叶叶子最小，香气非常好闻"。

通过以上日记材料可以看出，赫德抵达中国后，其日常时间表中即专门安排出喝茶时间，表明其饮茶习惯并非在中国养成，而是源自英伦，而且从他 1854 年 10 月 31 日所回忆的英国生活也可看出，英国人普遍饮茶。赫德所记述的饮茶大致可以分为三类，其一为个人日常饮茶，早餐时他一般吃面包、饮茶，有时候还会吃鸡蛋，每天还于 19 点至 20 点时饮茶；其二为与其他在华传教士日常交往中饮茶，这种情况下有时为提前接到邀请，所以按时前往，有时则较为随意；其三为与中国人交往尤其是官员交往时饮茶，该种情况属于礼节性应酬。此外，可能出于对茶文化的兴趣，所以他还曾去茶厂进行参观考察，了解了制茶的基本流程，增长了茶文化知识。综而观之，饮茶与赫德的生活不可分离，已经成为其日常生活的重要部分。

第三节　英国下午茶

伴随饮茶在英国的传播，英国本土化饮茶方式最终形成，饮茶融入了英国的社会生活，不仅改变了其饮食习惯，而且成为社会休闲之中的重要部分，综合性的休闲娱乐场所尤其是休闲茶园受到社会各阶层的青睐。饮茶已经与英国社会生活水乳交融，在这一坚实的历史基础之上，英国下午茶得以问世。

一　英国下午茶的形成

随着饮茶在英国社会的日益传播，英国人创造性地发展与变革了茶文化，将糖与牛奶（或者其中之一）加入其中，通过整合实现了饮茶方式的本土化，"我们说文化是整合的，指的是构成文化的诸要素或特质不是习俗的随意拼凑，而是在大多数情况下互相适应或和谐一致的"①，英国人通过将来自古老中国的饮茶习俗、人类对甜味的普遍嗜好以及自身饮食传统中对乳类的偏好融合起来，真正实现了饮茶方式在英国的本土化创新。这一历史实践能够最终被英国社会接受，很大程度上因为它植根于原有文化土壤，"人们对他们借用的东西是有所创造的，他们从多种可能性和来源当中进行挑选。通常，他们的选择限于那些与他们目前的文化相互

---

① ［美］C. 恩伯、M. 恩伯：《文化的变异》，杜彬彬译，辽宁人民出版社 1988 年版，第 47 页。

兼容的元素"①。随着饮茶方式在英国的本土化，饮茶与日常生活日益融合，这为下午茶的产生奠定了基础。

"光荣革命"之后，英国建立了较为稳定的政治制度，经济发展日益加速，尽管存有贫困问题，但总体看来物质生活的进步极为明显，糖、茶、肉类、奶类的消费显著增加。在这一背景之下，英国人的饮食发生了明显变化，因为晚餐日益丰盛，所以上层社会与中产阶级的早餐变得较为清淡，通常为饮茶、食用面包。与此同时，英国人的正餐时间发生变化，英国在较长时间内保持了中午用正餐的习惯，但18世纪随着生活变得日益丰富以及外出工作的需要，正餐时间不断推延，"世纪之初，正餐的时间在下午2时至4时的某个时间，但逐渐后延，改为近傍晚或傍晚时分"②，在18世纪初期的《某君日记》中，安德鲁爵士均为下午2时进餐。当然，也有资料显示，人们用正餐的时间不尽一致。比如，理查德·斯蒂尔原本在12点时进正餐，但随着午餐不断后延的趋势，他也跟随时代潮流，用餐时间不断推迟，以致在1710年12月14日记述道，"在我的记忆中，正餐悄悄由12时推至（下午）3时，无人知晓它会固定在什么时间点"③。1714年，一位至伦敦访问的外地人（可能为丹尼尔·笛福）记述了自己在此地时的生活规律：我们早晨九点起床，前去参加宫廷招待会，有的人在那里一直待到11点钟；12点时社会上流人士聚集到了咖啡馆与巧克力馆；我们一般在下午2点钟吃正餐。④ 至简·奥斯汀所生活的年代，她在1798年12月18日的信件中写道，"我们现在在下午3点30分吃正餐，我想，在你们开始用餐前我们就吃过了"⑤，表明此时正餐时间已经后延，而且其朋友的正餐时间更迟一些，她在1808年12月9日的信件中则写道，"我们现在直到5点才吃正餐"，正餐时间已然进一步延后。⑥ 正餐后延导致晚餐（supper）顺延且变得无关紧要，更使得早餐与正餐的间隔过长，从而为午餐的出现创造了契机，英国医师佩雷拉于1843年对此即给以关注，"因为工作（business）抑或其他缘由，正餐推

① ［美］威廉·A. 哈维兰：《文化人类学》，翟铁鹏、张钰译，上海社会科学院出版社2005年版，第461页。

② Jane Pettigrew, *A Social History of Tea*, p. 63.

③ Rev. Lionel Thomas Berguer, *The British Essayists*, Vol. V, London, 1823, p. 233.

④ Roy Moxham, *A Brief History of Tea: The Extraordinary Story of the World's Favourite Drink*, pp. 34-35.

⑤ Edward, Lord Brabourne edited, *Letters of Jane Austen*, Vol. 1, London, 1884, p. 179.

⑥ Edward, Lord Brabourne edited, *Letters of Jane Austen*, Vol. 2, p. 42.

迟已成常态，午餐由此而成为必要的一餐"①。

午餐的出现在辞典编撰中亦有所体现：在1775年出版的辞典中，"午餐"（lunch 与 luncheon）的词义尚为"一把手可以握住的食物"与"一大块任何可食之物"②，出版于1792年的辞典该词条第三个义项为："通常于两餐（meal）之间所用的食物"③，出版于1828年的辞典中该词的第二个义项明确解释为："早餐与正餐之间的一餐"④，尽管词典编撰与现实生活的变化相比可能略为滞后，但由此也可以大致管窥午餐的出现，可以说"它（午餐）是一个历史并不久远的'插入者'"⑤。午餐（luncheon）一般并不丰盛，就其词义而言，上述辞典中该词的一个重要义项为"一把手可以握住的食物"，这也多少反映了当时午餐的简便。

因为午餐较为简便而且与正餐之间的间隔较长，下午茶由此孕育而生，在英国社会中上层出现了在下午四五点钟饮茶、享用面包、蛋糕的做法，此举不仅能够通过饮茶振奋已形疲惫的精神，而且可以适当缓解饥饿，因为通常是在起居室的矮桌上进行，所以也称为"低茶"（Low Tea）。在社会下层劳动者中也出现变化，他们从矿场或工厂回家后，需要一边休息一边填饱饥肠，人们享用茶水同时食用面包、少量的蔬菜以及肉食，因为通常在较高的餐桌上进行，所以也称为"高茶"（High Tea）。"低茶"与"高茶"折射出不同社会阶层的饮食差异，"高茶"实质为丰盛的茶晚餐，其食物中包含冷肉、鱼、鸡蛋等，"'茶'成为一日中第三餐的同义词，时间在下午晚些时候或者晚上早些时候"⑥，主要存在于社会下层之中，按照科林·坎贝尔女士的看法，"高茶""很大程度上为乡村的惯习，城镇居民对此知之甚少"⑦。而"低茶"较为简便——因为其后在夜晚所进行的正餐极为丰盛，此举主要流行于社会中上层，该做法后

---

①　Jonathan Pereira, *A Treatise on Food and Diet：With Observations on the Dietetical Regimen*, New York，1843，p. 222.

②　该词条见 John Ash, *The New and Complete Dictionary of the English Language*, London，1775。

③　该词条见 James Barklay, *A Complete and Universal English dictionary*, London，1792。

④　该词条见 Samuel Johnson, *A Dictionary of the English Language*, London，1828。

⑤　Eliza Cheadle, *Manners of Modern Society：Being a Book of Etiquette*, p. 123.

⑥　Sally Mitchell, *Victorian Britain：An Encyclopedia*, New York & London：Garland Publishing, 1988，p. 306.

⑦　Lady Colin Campbell, *Etiquette of Good Society*, London, Paris and Melbourne：Cassell and Company Limited，1893，p. 154.

来发展为堪称英国文化标签的下午茶。①

二　下午茶的文化内涵

　　下午茶的产生，标志着饮茶在英国已臻精致与完备，昭示着饮茶方式本土化的最终完成，而且其中更蕴含着茶文化内核的置换：中国茶文化尽管历经风雨，几度变迁，但其精神核心较为稳定，可以用"和"加以概括，而英国茶文化的典型体现即下午茶，其内在核心可以归结为"礼"，两者的差异十分明显。

　　中国饮茶法随着历史沿革不断变迁，"汉魏六朝尚煮茶法，隋唐尚煎茶法，五代宋尚点茶法，元明清尚泡茶法"②。无论饮茶法如何不断演进，其实中国茶文化的内涵并无实质性改变，茶文化学者陈香白认为，"茶文化之内核是'茶道'，茶道之中心思想是'和'"③，另一位茶文化学者陈文华看法相类，认为"和是茶之魂，静是茶之性，雅是茶之韵。实际上它们既是中国茶艺的主要特点，也是中国茶道的本质特征"④。在北京奥运会开幕式表演这一举世瞩目的场域所展示的汉字即"和"与"茶"，此举不仅表现了对中国文化的核心"和"的认同，而且无意中昭示了"茶"与"和"的关联，茶文化作为中国文化的一部分，必然体现中国文化的核心价值。具体而言，中国茶道以"和"作为其核心与根本，窃认为这主要体现于茶之出、茶之用、茶之境三端。

　　就茶之出而言，茶的物性源自中国文化的浸染与塑造，茶圣陆羽曾指出，"茶者，南方之嘉木也"⑤，其中的关键信息"南方"指地理方位，"木"指其属类，"嘉"实为文化特性，体现于何处？欧阳修对其赞誉为

---

①　茶文化著述或者相关商业宣传通常将下午茶的肇始归因于第七世贝德福德公爵夫人安娜·玛利亚·罗素的独特创意。实际上，下午茶的产生有其内在历史逻辑，安娜之所以被视为下午茶创始者或许与部分研究者对历史资料的不当解读有关，的确有历史资料中存有这一看法，比如范妮·坎布尔（Fanny Kemble）作为著名演员与作家，曾记述其在贝尔沃瑞（Belvoir）的经历，她于1842年3月31日首次参与贝德福德公爵夫人安娜的下午茶，并且在谈及这一经历时，认为在英国文明的编年史上，规范性的下午茶不可能追溯得更早，该说法其实主要基于自身感受，并非对该问题进行深入了解后得出的结论，作为确切证据尚需谨慎。范妮·坎布尔的叙述参见 Fanny Kemble, *Records of Later Life*, Vol. 2, London, 1882, p. 187。

②　丁以寿：《中国饮茶法流变考》，《农业考古》2003年第2期。

③　陈香白、陈叔麟、陈再舜：《茶事通义》，大众文艺出版社2007年版，第3页。

④　陈文华：《长江流域茶文化》，湖北教育出版社2004年版，第293页。

⑤　（唐）陆羽著，沈冬梅校注：《茶经校注》，第1页。

"万木寒痴睡不醒，惟有此树先萌芽。乃知此为最灵物，宜其独得天地之英华"①。由此观之，茶的"嘉"在于其为"独得天地之英华"的"灵物"，该特性并非自生，而是中国文化所崇尚的自然山川赋予的结果，宋人叶清臣云，"吴楚山谷间，气清地灵，草木颖挺，多孕茶荈，为人采拾"②，可以看出，茶之"嘉"得于天地精华的和合孕育，而且需要阴阳和济共生，陆羽在《茶经》中即谈到须"阳崖阴林"③，而宋徽宗赵佶更进一步，"植产之地，崖必阳，圃必阴。盖石之性寒，其叶抑以瘠，其味疏以薄，必资阳和以发之。土之性敷，其叶疏以暴，其味强以肆，必资阴以节之。阴阳相济，则茶之滋长得其宜"④。在中国传统文化的视域中，茶为阴阳和济、天地精华和合孕育的结果，此语并非只是对茶树生长环境即自然条件的客观描述，更可视为中国文化对自然空间的文化形塑。

就茶之用而言，茶对于饮用者颇有助益，既能去痌醒脑更能涤烦消滞，唐人裴汶认为"其性精清，其味浩洁，其用涤烦，其功致效和"⑤，宋徽宗赵佶亦在《大观茶论》中给以赞誉，"茶之为物，擅欧闽之秀气，钟山川之灵禀。祛襟涤滞，致清导和"⑥。这都说明茶具有清心静气、和谐身心的功效。唐代诗人卢全更是略带夸张地展示了其发挥过程，其《七碗茶诗》千古流传，"一碗喉吻润，二碗破孤闷。三碗搜枯肠，惟有文字五千卷。四碗发轻汗，平生不平事，尽向毛孔散。五碗肌骨清，六碗通仙灵。七碗吃不得也，唯觉两腋习习清风生。"⑦ 茶不仅能够协调个人身心，而且在和谐人伦关系中也不可替代。在中国传统社会中，人们以茶敬客、以茶敦亲、以茶睦邻、以茶交友、以茶为媒，其在社会生活中的广泛影响不胜枚举，它在家庭生活中可以序长幼、彰伦理，在婚姻礼仪中既喻示着爱情的坚贞不渝又象征着子孙的枝繁叶茂，茶在社会交往中发挥着

---

① （宋）欧阳修：《尝新茶呈圣俞》，欧阳修著，李逸安点校《欧阳修全集》第七卷，中华书局 2001 年版，第 114 页。

② （宋）叶清臣：《述煮茶泉品》，叶羽主编《茶书集成》，黑龙江人民出版社 2001 年版，第 21 页。

③ （唐）陆羽著，沈冬梅校注：《茶经校注》，第 1 页。

④ （宋）赵佶：《大观茶论》，叶羽主编《茶书集成》，第 45 页。

⑤ （唐）裴汶：《茶述》，朱自振、沈冬梅等编著《中国古代茶书集成》，上海文化出版社 2010 年版，第 75 页。

⑥ （宋）赵佶：《大观茶论》，叶羽主编《茶书集成》，第 44 页。

⑦ 周圣弘、林君妍：《论卢全的〈饮茶歌〉对宋诗的影响》，《湖北师范学院学报》（哲学社会科学版）2012 年第 5 期。

传达敬意、递送友谊、和谐关系的作用。茶和谐关系的作用甚至延至民族友好情谊的缔造，唐代文成公主入藏即携带了大量茶叶，而各游牧民族用马匹与中原地区交换茶叶延续达千年之久，茶作为游牧民族消食解渴的生活必需品，加强了双方经济文化的沟通，对稳定边疆秩序、密切民族关系居功至伟。

就茶之境而言，中国茶文化最终追求的境界为"天人合一"。关注天人关系为中国文化的重要特点，"天人合一"作为思想概念最早为庄子所阐述，后经汉代思想家董仲舒的发展，逐渐演绎为"天人合一"的哲学体系。国学大师钱穆对此评价甚高，认为"天人合一"是"整个中国传统文化思想之归宿处"①。就中国茶文化而言，它所努力追求的最高境界即"天人合一"。比如陆羽在《茶经》中所载三足鼎形风炉，其中一足刻有铭文"坎上巽下离于中"，风炉还"设三格：其一格有翟焉，翟者，火禽也，画一卦曰离；其一格有彪焉，彪者，风兽也，画一卦曰巽；其一格有鱼焉，鱼者，水虫也，画一卦曰坎。巽主风，离主火，坎主水。风能兴火，火能熟水，故备其三卦焉"②。陆羽巧妙地吸纳了阴阳五行学说，将其融于风炉设计之中，反映出天与人在阴阳五行的框架内合而为一的思想，加上风炉其他二足的铭文，"体均五行去百疾"，"圣唐灭胡明年铸"，可以说，他将阴阳谐和、五行协调、天道人道相合的观念融于其中。③ 再如中国传统茶具中颇为常见的"三才杯"，盖为天、托为地、碗为人，同

---

① 钱穆先生在遗文中指出，天人合一观是"中国古代文化最古老最有贡献的一种主张"，是"整个中国传统文化思想之归宿处"。季羡林先生认为，"一个像钱宾四先生这样的国学大师，在漫长的生命中，对这个命题最后达到的认识，实在是值得我们非常重视的"。详见钱穆《中国文化对人类未来可有的贡献》，《中国文化》1991 年第 1 期；季羡林《"天人合一"新解》，《传统与现代化》1993 年第 1 期。

② （唐）陆羽著，沈冬梅校注：《茶经校注》，第 20—21 页。

③ 《茶经》中的风炉设计："风炉，以铜铁铸之，如古鼎形，厚三分，缘阔九分，令六分虚中，致其杇墁，凡三足。古文书二十一字。一足云：'坎上巽下离于中'；一足云：'体均五行去百疾'；一足云：'圣唐灭胡明年铸。'其三足之间，设三窗，底一窗，以为通飚漏烬之所，上并古文书六字：一窗之上书'伊公'二字，一窗之上书'羹陆'二字，一窗之上书'氏茶'二字，所谓'伊公羹，陆氏茶'也。置墆塝于其内，设三格：其一格有翟焉，翟者，火禽也，画一卦曰离；其一格有彪焉，彪者，风兽也，画一卦曰巽；其一格有鱼焉，鱼者，水虫也，画一卦曰坎。巽主风，离主火，坎主水，风能兴火，火能熟水，故备其三卦焉。其饰，以连葩、垂蔓、曲水、方文之类。其炉或锻铁为之，或运泥为之，其灰承，作三足铁柈抬之。"参见陆羽著，沈冬梅校注《茶经校注》，第 20—21 页。

样蕴藏着"天、地、人"三才合一即天人合一的意涵。在中国历代的茶诗茶文茶画之中，淡月、清风、松涛、竹韵、溪流、茶人融为一体。比如陆羽《茶经·九之略》即有"若松间石上可坐""若瞰泉临涧"等语句①，主张饮茶宜在清净优雅的自然环境之中，诗人灵一的《与元居士青山潭饮茶》亦云："野泉烟火白云间，坐饮香茶爱此山。岩下维舟不忍去，青溪流水暮潺潺。"再如诗人钱起的《与赵莒茶宴》云："竹下忘言对紫茶，全胜羽客醉流霞。尘心洗尽兴难尽，一树蝉声片影斜。"在这些作品里，"天地与我并生，而万物与我为一"②，天地宇宙、人与自然呈现出和谐统一的意蕴。

英国茶文化则与中国茶文化明显不同，随着饮茶在英国的传播与本土化，下午茶在19世纪日益成熟定型，成为英国茶文化的典型体现。下午茶并非基于实用目的，而是"一个社交而非进餐的场合"③，所以其内在核心体现于"礼"。下午茶参加者服装讲究，女士须身着宽松飘逸的茶袍，男士则身着端庄严肃的燕尾服；下午茶需要标准的成套配器，包括茶壶、滤匙与小碟、茶杯、茶叶罐、糖罐、奶盅、三层点心盘与茶匙、个人点心盘与茶漏、茶刀等，颇为繁复，按照科林·坎贝尔女士的看法，这些器具很多时候为下午茶专用，"茶杯与碟子比其他餐饮时所用的更为小巧，其风格更为高雅精致"④；下午茶的茶点颇为讲究，三层瓷盘中的最下层放置三明治、牛角面包等咸味稍重的点心，中间一层放置咸甜结合的英式松饼、培根卷等点心，最上层放置甜味较重的蛋糕、甜品等。下午茶整个过程均体现出良好的礼仪规范，邀请宾客参与下午茶的方式较为正式，一般以请柬（by card）的方式，"下午茶的日期与时间会写于拜帖之上"⑤，"如果被邀请者因故无法参与，应该通过邮政或者信使发送卡片感谢并致歉"⑥，下午茶进行中，一般由女主人亲自沏茶，女仆代劳则显得

---

① （唐）陆羽著，沈冬梅校注：《茶经校注》，第101页。

② （战国）庄子著，陈鼓应注译：《庄子今注今译》（上册），商务印书馆2007年版，第88页。

③ Sally Mitchell, *Daily Life in Victorian England*, New York: Greenwood Pub Group, 1996, p. 128.

④ Lady Colin Campbell, *Etiquette of Good Society*, p. 157.

⑤ Mrs. Helen Alice Mathews, *The Home Manual: Everybody's Guide in Social, Domestic, and Business Life*, London, 1889, p. 7.

⑥ Mrs. Helen Alice Mathews, *The Home Manual: Everybody's Guide in Social, Domestic, and Business Life*, p. 11.

缺少了礼仪风度，"因为下午茶完全为社交性聚会，所以如果可能的话，仆人被排斥在外"①。期间的谈话也有潜在规则，介绍了陌生的宾客并进行完较为普通的天气话题后，"有人会评论到（道），'那位女孩的头发好漂亮啊！''是的，现在的穿着样式太适合孩子了，非常别致'"。②宾客的话题由英国最为惯常谈论的天气渐次展开。下午茶所提供的饮品通常为茶，"下午茶时极少提供咖啡，茶是唯一饮品，提供咖啡为外国风尚，并非英国的做法"③，享用茶点也有一定之规，通常由下至上、由咸而甜逐层食用。整个下午茶过程中，宾主均动作优雅、彬彬有礼，"至于饮品本身，上层社会发挥作用使其成为礼仪的中心"④，礼仪围绕饮茶展开，英国下午茶为英国人进行社会交往、展示礼仪规范的重要场域，"礼"为其内在核心。由于该时期正是英国社会礼仪不断发展的重要时期，所以，下午茶成为展示礼仪的重要场域，"事实上，人们之所以要创造出各种各样的仪式，就是明白仪式具有特殊的表述能力"，而"食物在仪式中通常充当重要的角色，成为仪式程序不可或缺的一环"⑤，茶在其中即是如此。

除了作为社交场域的下午茶外，英国人在家庭中也享受下午茶。重视家庭是英国人重要的文化传统，尤其在维多利亚时期，英国人"坚持公共生活领域和私人生活领域的分离，推崇贤妻良母型的'家庭天使'，营造温和的家庭亲子关系"⑥，下午茶即温馨的家庭氛围的重要体现。著名女作家夏洛特·勃朗特在半自传体小说《维莱特》中给以细腻的描写，"置身于这地地道道的家庭的舒适氛围中是多么令人愉快呀！那琥珀色的灯光和朱红的火光是多么温暖呀！为了使这幅画面显得更完美，桌子上连茶点都摆好了——英国的茶点，那一套闪闪发亮的茶具，从古色古香的银制茶壶和用同样金属制作的大水壶，到由于紫色和镀金显得色彩暗淡的小瓷杯，都或曾相识地向我眨着眼睛。我认识那种用特制模子烘烤而成，形

① Lady Colin Campbell, *Etiquette of Good Society*, p. 158.
② Mrs. Helen Alice Mathews, *The Home Manual: Everybody's Guide in Social, Domestic, and Business Life*, p. 47.
③ A Member of the Aristocracy, *Manners and Rules of Good Society*, London and New York, 1888, p. 39.
④ Susan Cohen, *London's Afternoon Teas: A Guide to London's Most Stylish and Exquisite Tea Venues*, London: New Holland, 2012, p. 8.
⑤ 彭兆荣：《饮食人类学》，第 208、206 页。
⑥ 郭俊、梅雪芹：《维多利亚时代中期英国中产阶级中上层的家庭意识探究》，《世界历史》2003 年第 1 期。

状特别的香籽饼，在布雷顿家的茶点桌上它永远占有一席之地"①。下午茶所带来的居家温馨气氛跃然纸上，乔治·吉辛在其著名的《四季随笔》中对此给以总结，"英国人善过家庭生活的天才，在任何事情上都不如在午后饮茶这种大典（我们几乎可以这样称它）上，更为显著地表明出来。在简单的屋顶之下，饮茶的钟点有点神圣性在，因为它标明家庭的工作和焦虑的结束，休息的、社交的晚间开始。茶杯和茶托的响声便使心同快乐的休息协调"②。可以想象，在英国较为阴冷潮湿的气候条件之下，居家的下午茶温暖馨香，成为令英国人身心愉悦的依恋，乔治·吉辛即是如此，他对社交性的茶会并不热衷，"时髦客厅里的 5 点钟的茶会，我一点也不欢喜，它像有那样世人参加的其他一切事情一样，是无聊的，令人厌倦的"③，但他并不反感与朋友一起饮茶。在家中饮茶给乔治·吉辛带来极大乐趣，甚至于管家端来下午茶时，她在其眼中都变得容光焕发，一切都散发着温暖与快乐：

　　我欢喜在我的管家端茶盘进来的时候看她。她的态度是节日的样子，可是在她的微笑中有着一种严肃，仿佛她做了使她荣耀的事情一样。她为晚间换了装。这就是说，她的工作时间的干净合适的衣服，换成适于炉边闲暇的衣服了；她的两腮是发热的，因为她在做发香的烤面包。她的眼睛很快打量一下我的房子，但只得到看出一切头头是道的快乐，在一天这样的时候还有什么重要的事情要做，是想像不到的。她将小桌子搬到炉火的热可以达到的地方。使我可以不变动舒服的地位，自行照顾。若是她说话，只是令人愉快的一两个字，她若是有什么重要事要说，时间总是在饮茶之后，不是在以前。这是她凭本能便知道的。偶然她也许弯下腰，将我不在时，我照料过以后所落下的炉灰扫过去；这事她不声不响很快便做了。于是仍然微笑着，她退走了，我知道她去到温暖舒服、发香味的厨房中，享受自己的茶，自己的烤面包去了。④

---

①　[英] 夏洛特·勃朗特：《维莱特》，陈才宇译，河北教育出版社 1995 年版，第 215 页。

②　[英] 乔治·吉辛：《四季随笔》，李野译，上海人民出版社 2007 年版，第 209 页。

③　[英] 乔治·吉辛：《四季随笔》，李野译，上海人民出版社 2007 年版，第 209—210 页。

④　[英] 乔治·吉辛：《四季随笔》，李野译，上海人民出版社 2007 年版，第 210 页。

由作者生动的文笔不难想象，在这种温暖快乐的氛围中，享用下午茶是一种难以名状的温馨享受，这种愉悦的感觉充实着乔治·吉辛的身心，使其备感慰藉，他将这些感受亦付之于笔端：

> 我一天的光明时刻之一，便是下午散步后稍稍疲倦了回来，将靴子换了拖鞋，将户外的上衣换了舒服旧破的短衣，坐在深深的软扶手椅上，等待着茶盘。或者在喝茶的时候，我最为享乐安闲的感觉。在过去的时候，我只有将茶狼吞虎咽喝下去，想到我眼前的工作，使我匆忙，并常常使我苦恼；往往我完全觉不到我所饮的东西的芳香和味道。现在，随着茶壶出现，飘吹进我书房里面的那轻而深入的香味，是多么美妙呵。在第一杯中有着怎样的安慰，以后是怎样从容不迫的啜饮呵，在寒凉的雨中散步之后，它带来怎样的暖热呵！同时我看着我的书籍和图画，尝味着安然据有它们的幸福。①

对于居家的下午茶，时间上较为随意，礼仪规范上也没有了社交场所的繁文缛节，但它所塑造的温暖和谐的氛围却极具吸引力，英国人对此形成了一种很强的情感依恋，不仅生活于英国本土的人士如此，因为各种原因离乡背井的英国人更是如此，曾经长期在中国生活、掌管海关的赫德即借茶抒怀，寄托了对故土与家乡的怀念之情，他在日记中写道：

> 我现在度过的一天中最愉快的时刻，似乎是我喝茶的那一个小时。我一般从下午5点散步到6点，一边抽着雪茄，一边看着中国人。6点钟我回到屋内时，灯已点好，晚上的一切也都安排好了：我坐在安乐椅内，旁边是一个茶几。在这里我想起了家、朋友和熟人以及"祖国"。对所有中产阶级来说，这时是喝茶的时候。在整个"老爱尔兰"，这时是欢乐的时刻，工人阶级刚刚从一天的劳累中解脱出来，正往家里走——小宝贝们或"小鬼头"们正跑出来迎接他们；上流人士们正围着茶几坐下，每一侧都是幸福的脸孔。一个年幼的小孩正在往妈妈旁边的座位上爬，另一个则在爸爸旁边占一个位置……大家都很愉快，面色红润，准备喝茶。可是这里——这里，这里！一切都是孤单的，孤单！我的佣人端着一个小小的中国木盘进来，盘内

---

① ［英］乔治·吉辛：《四季随笔》，李野译，第209页。

是一个极小的茶壶、糖罐、奶油罐、茶杯和两片饼干。他把盘子放在茶几上，一句话也没说。他为什么要说呢？他得用中国话，那我不懂，而我得用英语，他同样也不懂。[1]

也有当代学者将对英国人下午居家饮茶的认识置于家庭生活的整体氛围之中，认为英国人在安排家庭生活上体现出了极高的天分，他们通过整体设置而营造出温暖和谐的氛围，"暖和的拖鞋、壁炉中'毕毕剥剥'的炭火、舒适惬意的靠椅、不忍释卷的图书、和睦相爱的伴侣、一壶滚热的武夷茶"，这些自然而独具匠心的设置塑造了温馨的氛围，这是"英国人用来消弭人生中的无常而进行的高雅的尝试"[2]，饮茶对英国人而言已经成为人生不可或缺的温暖与慰藉。这一论述，无疑是极具历史洞察力的精辟之见。

小　结

饮茶在英国不断传播的同时，也经文化重塑而日渐呈现本土化趋向。就饮茶种类而言，英国人逐渐完成了以绿茶为主转向以红茶为主的文化选择，这既受到红茶与绿茶的价格对比发生变化的影响，更与红茶的茶性契合英国的气候条件、传统饮食习惯的影响等相关。英国人颇具创造性地将中国红茶、西印度群岛蔗糖与饮食传统中的牛奶（乳类）真正结合了起来，在继承的基础上发展出了本国特色的饮茶方式。

英国特色饮茶方式的真正形成，促进了饮茶在日常饮食的融入，不仅如此，英国人还发展出了社会中上层的"低茶"（Low Tea）即"下午茶"（Afternoon Tea）与社会下层的"高茶"（High Tea），前者主要包括标准配器、英式饮茶方式、得体的服饰、规范的社会礼仪等，后者为饮茶并食用冷肉、鱼、鸡蛋等的"茶晚餐"，两者的区别反映了不同阶层的社会文化差异。

茶文化在英国的本土化不仅体现于外在形式的重塑，更体现于文化内

---

[1] ［英］赫德：《步入中国清廷仕途——赫德日记（1854—1863）》，傅增仁等译，中国海关出版社 2003 年版，第 87—88 页。

[2] Victor H. Mair, Erling Hoh, *The True History of Tea*, New York, London：Thames & Hudson, 2009, p.192.

核的更替。中国茶文化的核心为中华茶道，其文化内核为"和"，中国茶道以"和"作为其核心与根本，这主要体现于茶之出、茶之用、茶之境三端，而英国茶文化代表符号为下午茶，其文化内核为"礼"，英国人隐蔽而巧妙地用礼仪规训替代了中华茶道的哲学追求，同时注入其中舒适惬意的温馨情感，这既与该时期英国社会的文明化趋向有关，也是英国人家庭观念与文化性格的体现，其背后蕴藏着中英文化的显著差异。

第四章　茶对英国经济的影响

除去茶叶之外，公司在它的最后几年中，没有输出过其他任何东西。茶叶已经成为公司商业的存在理由。

——格林堡①

茶在这个国家被广泛地饮用，走私茶能够获得高额回报，而且它能够用小包非常方便地携带，这都使它成为走私者最为理想的走私货物。

——威廉·密尔本②

茶文化作为物质文化与精神文化的结合体，与其载体——茶——不可分离，而茶本身也具有重要的商业价值，所以与中英贸易的发展密切关联，在较长时期内成为英国东印度公司主导的中英贸易中的主要商品，而且还因其关联效应而刺激了陶瓷贸易的增长，进而推动了英国本土陶瓷制造业的发展。不仅如此，随着英国茶叶市场的扩大，茶叶销售成为国民经济的重要方面，同时茶叶市场也出现了掺假造假与茶叶走私问题，英国议会出台法令予以规范，其中 1784 年《减税法案》尤为重要，该法案不仅打击了欧陆茶叶贸易，还推动了英国茶叶贸易的迅猛增长。

第一节　英国东印度公司的茶贸易

英国人最早在何时开始饮茶，茶最早于何时作为一种商品输入英国？对于这些问题，目前学界尚没有形成比较一致的看法。1658 年，在英国

---

① ［英］格林堡：《鸦片战争前中英通商史》，康成译，商务印书馆 1961 年版，第 3—4 页。

② William Milburn, *Oriental Commerce*, Vol. 2, p. 540.

就出现了售茶广告，茶的输入无疑在此之前，而且当时极有可能是由荷兰人输入的。紧随荷兰人之后，英国人也来到东方进行贸易，已经进入英国的茶自然成为商人关注的商品，东印度公司开始从事茶贸易。

一　中英茶贸易的开端

15 世纪至 16 世纪上半叶，欧洲对东方的贸易相继主要控制在葡萄牙人、西班牙人、荷兰人手中，它们从所经营的香料和丝绸贸易中获利甚丰，这对英国商人产生了极大的诱惑与刺激，英国人也力图在对东方的贸易方面占有一席之地。英国的船只曾经于 1580 年与 1591 年先后两次到东方进行探索性远航，最终从带回的货物中获利甚丰，这极大地激发了英国商人发展东方贸易的热情。1600 年，英国商人组织了"伦敦商人东印度贸易公司"，这是伦敦商人在王室特许下而成立的一家贸易公司，自成立始，它就积极地致力于开拓对东方的贸易。1601 年，东印度公司第一次派遣船队远航到东方进行贸易，还在万丹建立了商馆，随后，东印度公司又于 1604 年与 1607 年两次派遣船队到万丹等地进行贸易，均大有收获。自 1608 年起，公司在东方进行的贸易开始正规化，基本上每年都进行一次航运，到 1615 年，它已经在从印度沿海到日本的广大地区建立了一系列商馆，英国正是以这种间接贸易的形式不断地开拓着对华贸易。①

但是，间接贸易还是存在着诸多不便之处，它远不能满足英国人发展对华贸易的愿望，所以，他们仍积极地寻找机会，希望能通过努力，打开对华直接贸易的大门。1635 年，英国东印度公司所派遣的"伦敦号"到达澳门，但受到葡萄牙澳门总督的阻扰，后者意在维护本国商业利益，所以这次航行未能取得实质进展。在英国东印度公司的船只致力于开展对华直接贸易的同时，英国其他商船也在积极努力，未曾预料的是，结果是由它们首先开启了英国的直接对华贸易。1637 年，得到英王查理一世授权的葛廷联合会②组织船队抵达澳门，随后进入广东内河并与中国军队发生冲突，尽管这次航行与贸易的过程并非十分顺利，但英国船只还是购得了相当数量的货物并顺利返航。不过，根据马士的记载可知，英国船只上"一盎司茶叶也没有"。③

---

① ［美］马士：《东印度公司对华贸易编年史》第一、二卷，中国海关史研究中心组译，第 5—13 页。

② 该公司成立于 1635 年，1649 年时并入东印度公司。

③ ［美］马士：《东印度公司对华贸易编年史》第一、二卷，中国海关史研究中心组译，第 31 页。

可以说，英国东印度公司在建立与中国的直接贸易方面并不顺利，风雨飘摇中的明朝政权以及后来初建的清朝均限制海外贸易，英国作为后来者又受到葡萄牙及荷兰的阻扰，这都为建立直接的中英贸易造成了极大障碍，而且从当时的商品构成上来看，中国的茶叶似乎并没有被列入其中。

历史资料准确记述了英国开始购茶的时间为 17 世纪六七十年代，不过其直接来源地为荷兰，"1666 年，阿林顿爵士与奥索利爵士从荷兰购买了少量的茶，其价格此时在英国为 60 先令一磅"！[①] 与此同时，英国东印度公司终于找到了发展中英贸易的突破口。1662 年，为了获得反清复明的基地，郑成功从荷兰人手中收复了台湾，为了打击遏制郑氏集团的力量，清政府对台湾采取封锁政策，郑氏集团则竭力发展对外贸易维持甚至发展自己的势力。在这样的情况下，"国姓爷郑成功的儿子郑经邀请班达姆的商馆来建立商业联系，伦敦的公司董事非常兴奋"[②]，他们认为，终于等到了发展中英直接贸易的良机。1670 年，英国东印度公司终于得以派遣船只抵达台湾，并且于第二年在台湾建立了商馆。随着郑氏政权控制范围的扩大，1676 年，东印度公司在厦门也建立商馆，公司对于该商馆寄予了厚望，期望能以厦门为切入点，大力发展与中国大陆的贸易，认为这才是发展中英贸易真正的桥头堡，所以在 1678 年，"厦门被作为英国东印度公司对华贸易的主要商馆，而台湾则从属于它"[③]，此举的用意颇为明显。这样，英国东印度公司借助郑氏政权发展了对华直接贸易，但是好景不长。郑氏政权与当时清政府的实力对比过于悬殊，两者对垒的形势维系时间很短，局势很快就发生了变化，到 1680 年时，郑氏政权日渐衰败，在福建驻守的军队已经独木难支，被迫退回台湾，英国东印度公司在厦门的商馆很快也被迫关闭。英国东印度公司并不甘心，而是顺势而变，请求清朝允许其在厦门进行贸易，这样，英国人得以在 1684 年再次抵达厦门，重新续接之前的直接贸易。

资料显示，中英茶贸易正是发端于上述过程之中。从现有资料来看，英国人最早从东方购入的茶来自日本，但这一状况持续的时间很短，他们很快就将注意力转到了中国。1615 年，英国东印度公司开始从日本少量购入茶叶，"每次定货，只由总司事发函至其代理，求取中国上等之 Chaw

① Robert Martin, *The Past and Present State of the Tea Trade of England*, London, 1832, p. 17.

② Anthony Farrington, *Trading Places: The East India Company and Asia 1600–1834*, p. 83.

③ 李金明：《厦门海外交通》，鹭江出版社 2002 年版，第 66 页。

（即闽人呼茶之音）一罐，而茶价异常昂贵，时有所谓'掷三银块，饮茶一盅'之谚"①。可见，当时从日本进口的茶叶数量微乎其微，而且没有获得持续性发展，这可能是因为茶在当时的英国影响极小、需求量极为有限所致。到 17 世纪下半叶，茶在英国的影响已经获得了显著增长，在这种情况下，"1668 年，东印度公司遂在英政府注册，特准其运茶入英境"②，1669 年，英国东印度公司即进口茶叶 143 磅 10 盎司③，这是它首次较大规模地进行茶叶贸易。从此之后，茶叶贸易基本上得到了延续与发展，而且它在贸易中的地位也日益提高，到 1684 年，东印度公司把购入中国茶叶作为进口商品中的重要项目，1685 年，公司董事就此写道："在这里，茶已经成为一种商品，我们有些场合要将其呈送给当政的、我们伟大的朋友。我请你们每年发送给我五至六罐最好的、最新鲜的茶叶，它可以让水带上颜色，水中溶解的淡绿色化合物被人们欣然接受。"④ 从数字资料来看，英国东印度公司所进行的茶叶贸易在波动中获得了缓慢的增长，为了能够更加清晰地说明问题，笔者将原文中的文字表述改为了表格形式（见表 4-1）⑤：

表 4-1　　　英国进口茶叶的数量及进口地点（1669—1689 年）

年份	进口量	进口地
1669	143 磅 10 盎司	—
1670	79 磅 6 盎司	—
1671	266 磅 10 盎司	班达姆
1672	—	—
1673—1674	55 磅 10 盎司	—
1675	—	—
1676	—	—
1677	—	—
1678	4717 磅*	甘贾姆、班达姆

---

① ［英］麦克伊文：《中国茶与英国贸易沿革史》，冯国福译，《东方杂志》第 10 卷第 3 期（1913 年 9 月）。

② ［英］麦克伊文：《中国茶与英国贸易沿革史》，冯国福译，《东方杂志》第 10 卷第 3 期（1913 年 9 月）。

③ William Milburn, *Oriental Commerce*, Vol. 2, p. 531.

④ Anthony Farrington, *Trading Places: The East India Company and Asia 1600-1834*, pp. 89-94.

⑤ William Milburn, *Oriental Commerce*, Vol. 2, pp. 531-532.

续表

年份	进口量	进口地
1679	197 磅	班达姆
1680	143 磅	苏拉特
1681	—	
1682	70 磅	印度
1683	—	
1684	—	
1685	12070 磅	马德拉斯、苏拉特
1686	5 磅	—
1687	4995 磅	苏拉特
1688	16666 磅	苏拉特
1689	25300 磅	中国厦门、马德拉斯

注：＊在刘鉴唐、张力主编的《中英关系系年要录》中，该年英国东印度公司的茶进口量为 4713 磅，两者在数据上略有出入，参见刘鉴唐、张力主编《中英关系系年要录》，四川省社会科学院出版社 1989 年版，第 188 页。

从表 4-1 可以看出：首先，英国东印度公司所进行的茶叶贸易获得了缓慢的增长，在从 1669 年到 1689 年，茶叶贸易在数量上已经有了一定的增长，尤其是在 17 世纪 80 年代后期，东印度公司所进行的茶叶贸易获得了前所未有的显著增长，这预示了中英茶贸易快速发展的良好势头；其次，英国东印度公司所进行的茶叶贸易出现了由间接贸易转向直接贸易的趋势，尽管资料的缺失给我们分析问题带来诸多不便，但从仅有的资料仍可以大致看出，在 1689 年前，英国人所购买的茶叶中没有直接来自中国市场的，但这一情况在 1689 年发生了变化，厦门在该年第一次出现在茶叶进口地点中，可见，英国东印度公司所进行的茶叶贸易呈现出由间接贸易状态缓慢地向直接贸易转变的趋势。马士的看法与密尔本有所不同，根据马士的记述，1687 年，英国东印度公司差遣"伦敦号"与"伍斯特号"到厦门进行贸易，在回航的时候，两船装载的货物中包括了一定数量的茶叶，"特优茶叶 150 担，半数罐装，半数壶装，全部用箱装，每壶盛茶叶 1—4 斤，运回英伦"[1]，如果这一资料完全可信，那么，厦门第一次出现在茶叶进口地点中的年份应该为 1687 年。无论如何均可以看出，英国东印度公司所进行的茶叶贸易呈现出从间接贸易到直接贸易变化的趋势。

---

① ［美］马士：《东印度公司对华贸易编年史》第一、二卷，中国海关史研究中心组译，第 62 页。

自 1689 年起，英国东印度公司开始相对固定地以厦门作为贸易地点，公司发展中英贸易的条件大为改善，但是茶并没有成为中英贸易中的重要商品，这可能与当时饮茶在英国并不普及、社会需求量还较为有限有关。1689 年，英国东印度公司的商船"公主号"在将货物运回伦敦后，董事会对于商品的滞销非常无奈，颇为不满地进行抱怨，他特别提到了茶叶："近来贸易不佳，一定要等些时候才能恢复畅旺，……茶叶除了上等品而用罐、桶或箱包装的外，也同样滞销。"[1] 社会需求量较为有限对于茶叶进口产生了明显影响，刚刚获得了显著增长的茶叶贸易受到了打击，英国东印度公司的茶叶进口数量随即出现了下降趋势。

表 4-2　　　　英国进口茶叶的数量及进口地点（1690—1699 年）　　　　单位：磅

年份	进口量	进口地
1690	41471	苏拉特[1]
1691	13750	不详
1692	18379	马德拉斯
1693	711	马德拉斯
1694	352	马德拉斯
1695	132	马德拉斯
1696	70	马德拉斯
1697	126 22290	荷兰[2] 印度
1698	21302	印度[3]
1699	20 13201	荷兰 印度

资料来源：Willam Milburn，*Oriental Commerce*，Vol. 2，pp. 532-533.

注：1. 刘鉴唐、张力主编的《中英关系系年要录》也有该年英国进口茶叶的状况，认为1690 年英国所进口的茶叶是由东印度公司直接从中国进口的，它的资料来源于 E. H. 普里查德所著《17、18 世纪中英关系史》（*Anglo-Chinese Relations During the Seventeenth and Eighteenth Centuries*，Urbana：The University of Illinois，1929）一书，而马士的《东印度公司对华贸易编年史》中没有该年份的贸易记录。

2. 根据马士的《东印度公司对华贸易编年史》中的记述，1697 年，东印度公司的"纳索号"和"特林鲍尔号"前往厦门进行贸易，回程所载物资中分别包括茶叶 600 桶与 500 桶，这与表中的货物进口地点不甚吻合。参见 ［美］马士《东印度公司对华贸易编年史》第一、二卷，第 85 页。

3. 马士的《东印度公司对华贸易编年史》中记述道：1698 年前往厦门进行贸易的"舰队号"回程时的投资中，包括茶叶 300 桶。参见 ［美］马士《东印度公司对华贸易编年史》第一、二卷，第 85 页。

---

① ［美］马士：《东印度公司对华贸易编年史》第一、二卷，中国海关史研究中心组译，第 64 页。

从表 4-2 中的数据可以看出，1690 年至 1696 年，英国东印度公司所进行的茶叶贸易日益萎缩，可以说，到 1696 年时已经降到了谷底。从当时的情况来看，茶叶进口数量日趋减少并非正常状况，到 17 世纪末期，饮茶在英国社会上层人士中逐渐普及，英国本身已经具备了一定规模的茶叶消费量，在国内积存的茶叶被消费掉之后，茶叶进口数量应该有所增长，果然，在经历了这个低谷后，英国的茶叶贸易又步入正常轨道，进口数量开始日益增长。

二　中英茶贸易的发展

在较长一段时期，英国东印度公司的对华贸易还处于逐渐摸索的阶段，它利用郑经所控制的台湾等地区积极发展对华贸易，这使得两者之间的贸易获得了显著发展，厦门在较短的一段时期内成了东印度公司的对华贸易中心，但这种情况并没能持续多长时间。到 17 世纪末 18 世纪初，英国东印度公司同中国所进行的贸易发生了两个显著的变化，其一为对华贸易中心转到了广州，其二为茶叶贸易变得日益重要。

（一）贸易中心由厦门转到广州

1676 年，英国东印度公司在厦门建立了商馆，从此之后，他们对在厦门所进行的贸易非常看重，所以将其作为贸易中心，相应地，设在台湾的商馆重要性显著下降。随着清政府打败郑氏集团，英国东印度公司得到了清朝的允许，重新来到厦门进行贸易，厦门在东印度公司所进行的贸易中仍然占有重要地位。但是，厦门的贸易条件并不能使英国人满意①，他们一直在努力寻找更为合宜的贸易地点，经过不懈探索，他们认为广州的贸易条件更好，以至于"已经视广州为今后对华贸易的战略基地"②，通过持续努力，英国东印度公司于 1699 年首次获得直接进入广州开展贸易的权利。此后，英国东印度公司在广州所进行的贸易发展较快，到 1704 年时，它的对华贸易中心就由厦门转到了广州，1715 年，它在广州设立了商馆，这意味着英国东印度公司以广州为中心所进行的中英贸易进入了稳定发展时期。

---

① 详见张燕清《英国东印度公司对华贸易中心从厦门转向广州的原因》，《学术月刊》1999 年第 8 期。

② 详见张燕清《英国东印度公司对华贸易中心从厦门转向广州的原因》，《学术月刊》1999 年第 8 期。

（二）茶叶贸易的发展

1. 商品结构的变化

英国东印度公司将贸易中心由厦门转至广州之后，商船从中国运回的商品结构也发生了明显变化，茶在其货物中所占的比重显著增加，从后来的发展来看，这一趋势随着时间的推移而日益明显。在此之前，英国人所购买的货物似乎较为均衡，并没有偏重于哪一种商品，比如 1687 年时离开厦门的"伦敦号"与"武斯特号"所载货物为：特优茶叶 150 担、樟脑 300 桶、生姜 3000 磅、胶稠（丝织品）1000 匹；1697 年时，东印度公司命令"纳索号"回程时所购买的货物如下：茶叶 600 桶，生丝 30 吨，丝织品 108000 匹，优质丝绒 600 匹；1698 年时，从厦门返航的"舰队号"所进行的投资如下：茶叶 300 桶，生丝 20 吨，丝织品 65000 匹，丝绒 1300 匹，麝香 3000 盎司。① 可以看出，到 17 世纪末，茶在东印度公司进行的贸易中所占比重极为有限。

但是，这种状况在进入 18 世纪后开始发生变化，茶、丝绸与瓷器等商品的重要性日益凸显，英国有研究者认为，"在广州的定期贸易一旦确立，东印度公司的贸易集中在三种商品上——茶、丝织品和价格较低的瓷器"②。他的这一看法尽管有过于乐观的嫌疑，但大致上符合当时的历史实际。

2. 茶叶进口数量显著增长

进入 18 世纪后，英国东印度公司对茶叶贸易更为看重，茶叶进口量相应地获得显著增长。1701 年，英国东印度公司给自己商船上的大班下达指令，对于茶叶包装和装载问题给出了特别的、较为严格的要求，这反映出"茶叶贸易开始受到重视，但只是开始而已"，③ 这个"开始"就是一个良好的开端，实则不可小觑，它昭示着在接下来的年代中，茶叶贸易将日益得到发展。1702 年时，英国市场对于茶的需求已经达到了一定数量，所以，东印度公司下达指令：除了要求购买 40 吨铜以及 24 吨咖啡之外，还要求运送一船茶叶，其中松萝茶占比三分之二，珠茶为六分之一，

———————

① ［美］马士：《东印度公司对华贸易编年史》第一、二卷，中国海关史研究中心组译，第 85 页。

② Anthony Farrington, *Trading Places: The East India Company and Asia 1600-1834*, p. 87.

③ ［美］马士：《东印度公司对华贸易编年史》第一、二卷，中国海关史研究中心组译，第 124 页。

武夷茶为六分之一。^① 英国对于茶的这种需求得到了持续，所以在 1703
年时，公司命令载重为 350 吨的"肯特号"进行的投资状况如下：22 吨
生丝……；茶叶 117 吨，其中包括松萝茶 75000 磅、大珠茶 10000 磅以及
武夷茶 20000 磅。^② 与前些年相比，茶叶贸易显然受到了更多的重视，资
料显示，从 1701 年到 1711 年，进入英国的茶叶数量大致如图 4-1。

图 4-1　1701—1711 年英国进口茶叶数量

资料来源：William Milburn, *Oriental Commerce*, Vol. 2, pp. 533-534. 图 4-1
为笔者根据文中数据编制，原文中的茶叶进口地并没有明确说明是中国，但考虑
到当时国际市场的茶叶基本上都来自中国，所以可以粗略地从中看出英国人购入
茶叶数量的大致趋势。由于马士所编著的《东印度公司对华贸易编年史》中缺少
1705—1711 年的详细数据，所以无法核对《东方的商业》中相关年份数据的准确
性，只能从中窥探大概趋向。

通过 1701—1711 年英国进口茶叶数量的折线图可以看出，在进入 18
世纪后，英国进口茶叶的数量虽然也有一定程度的波动，并非直线上升，
但大致上呈现出日益增长的发展趋势。

在随后的年份中，英国从中国进口的茶叶数量的增长更为明显。
1716 年，英国东印度公司从伦敦派遣三艘船到达广州进行贸易，它们
分别为"马尔巴勒号"、"苏珊娜号"与"长桁号"，后两者运输了相当
数量的茶，甚至于"长桁号"所购买的茶叶过多而无法装载，所以装

---

① 　William Milburn, *Oriental Commerce*, Vol. 2, p. 533.
② 　［美］马士：《东印度公司对华贸易编年史》第一、二卷，中国海关史研究中心组译，
　　第 134 页。

了一些到"苏珊娜号"之上,"苏珊娜号"本身则购买了茶叶1565担,其数量已经相当可观。英国东印度公司购置货物的这一变化受到了马士的关注,他在评论1717年的贸易状况时认为"茶叶已经代替丝成为贸易中的主要货品"[1]。

　　茶成为中英贸易中的主要货物之后,英国购入茶的数量仍在继续增长。1720年11月3日,"埃塞克斯号"从广州返回时载有的茶叶为2281箱(每箱不低于250磅)、110桶,另加202包,仅仅装箱的茶叶数量就不少于570250磅,与它同时来中国进行贸易的"森德兰号"所载的返程货物并不清楚,但仅从前一艘船上所载的茶叶数量即可以看出,茶叶贸易的发展堪称迅速。如果对此后茶叶进口数量进行观察,不难看出,在较长时期内,东印度公司的茶叶贸易大致呈持续增长趋势,比如1732—1742年,年均进口增至1200000磅,1756年的进口量则为4000000磅,至1766年,进一步增至6000000磅,此后仍是持续增长,至1776年,进口茶叶多达7260000磅,至1786年,进一步上升为8550000磅,而至1800年,该数据更是攀升至21909457磅。[2] 不难看出,东印度公司的茶叶贸易增长趋势十分明显。

　　因为年代较早,数据统计难免疏漏,上文中的茶叶贸易数据难言精确,只能帮助我们大致了解该时期英国东印度公司茶叶进口量的增长情况。为了谨慎起见,还可参照威廉·密尔本所著《东方的商业》中的统计数据,相信有助于更准确地予以了解(见表4-3)。

表4-3　　　　　　　1711—1810年东印度公司的茶叶销售数量　　　　　　单位:磅

年份	茶的销售量	茶的销售额	茶的出口量	留在国内市场数量
1711	156236	114631	14241	141995
1721	282861	158875	354146	149929
1731	971128	302579	154355	816773
1741	1379294	324232	347754	1031540
1751	2710819	656699	216265	2494554
1761	2862773	960017	243496	2619227

① ［美］马士:《东印度公司对华贸易编年史》第一、二卷,中国海关史研究中心组译,第155—156页。

② Robert Martin, ThePpast and Present State of theTea Trade of England, p. 19.

续表

年份	茶的销售量	茶的销售额	茶的出口量	留在国内市场数量
1771	6799010	1316568	1232217	5566793
1781	5023419	1007457	1444920	3578499
1791	17262258	2645069	2171477	15090781
1801	24315217	3570149	4292956	20022261
1810	24550923	4162904	3918813	20632110

资料来源：William Milburn, *Oriental Commerce*, Vol. 2, p. 534.

表4-3所列的英国东印度公司茶叶销售情况，大致体现了其从中国进口茶叶的数量，因为除了17世纪中期很短的时间段，欧洲各国曾运输日本茶之外，其他时期英国东印度公司运输的茶叶几乎全部直接或间接来自中国。从表4-3中可以看出，茶叶销售增长明显：1711年，英国的茶叶销售量为156236磅，留在国内市场141995磅，1801年的数据则分别高达24315217磅与20022261磅，分别增长了约154.6倍与约140倍，增长幅度令人瞠目！

与东印度公司的茶叶进口迅猛增长相伴的是：茶叶在公司所经营的各种商品中相对重要性日益凸显，取代了以往占据重要地位的丝绸、瓷器等传统商品，以至于在较长时间内，茶叶成为其进口商品中占有绝对优势的商品，严中平先生等对此有所统计（见表4-4）。

表4-4　　　　1760—1833年英国东印度公司进口中国茶叶价值

年　度	出口货物总值（两）	茶　叶	
		价值（两）	占总值的比例（%）
1760—1764	876846	806242	91.9
1765—1769	1601299	1179854	73.7
1770—1774	1415428	963287	68.1
1775—1779	1208312	666039	55.1
1780—1784	1632720	1130059	69.2
1785—1789	4437123	3659266	82.5
1790—1794	4025092	3575409	88.8
1795—1799	4277416	3868126	90.4
1817—1819	5139575	4464500	86.9
1820—1824	6364871	5704908	89.6

续表

年　度	出口货物总值（两）	茶　叶	
		价值（两）	占总值的比例（%）
1825—1829	6316339	5940541	94.1
1830—1833	5984727	5617127	93.9

资料来源：严中平等编：《中国近代经济史统计资料选辑》，科学出版社1955年版，第14页。根据该书表格12编制。

从表4-4可以看出，在1760—1833年多半个世纪的时段内，茶叶的价值在英国东印度公司所购各类货物中占有绝对优势地位，即使在占比较低的1775—1779年，其比重亦高达55.1%，超过了其他所有商品，而在18世纪最后十年中，其占比大致保持在90%左右，时人威廉·密尔本对此给以特别关注："在150年前（该书出版年份为1813年），茶作为一种交易商品还鲜为人知，现在却居于从亚洲进口的商品中最为显著的位置。在东印度公司所关心的各种商品之中，它不仅是影响最大的，而且是波动最小的。"[1] 这一现象并非电光朝露，延至19世纪初期，茶叶的价值所占比重不仅得以保持甚至还进一步上升，在东印度公司的茶叶贸易垄断权被取消之前的1825—1833年，茶叶的价值在各类商品总价值中占比已然高达94%。由此可见，从18世纪后期始，英国东印度公司的对华贸易很大程度上即茶叶贸易。

由于茶叶贸易迅猛发展，加上该项贸易利润丰厚，所以英国散商力图参与进来，国会经过激烈辩论，决定终止东印度公司的对华贸易垄断权，这导致东印度公司于1834年丧失了对华贸易特权。由于英国人消费茶叶已经形成习惯，东印度公司被取消对华贸易垄断权并未影响到茶叶贸易的发展，私人茶叶贸易也得以发展，所以英国茶叶进口仍呈增长趋势，据统计，1866年，中国出口英国的茶叶数量为126872000磅，1871年进一步增长至150295000磅，至1876年仍略有上升，其出口数量为152168977磅，由于受到印度出口茶叶日益增长的影响，至1881年，英国购买中国茶叶的数量陷入停滞，为152559000磅。[2] 与此同时，英国从印度进口茶叶的数量快速增长，1852年仅进口232000磅，1862年即增长到1765000磅，1872年进一步增长至16942000磅，1882年更增长至54080300磅，

---

[1]　William Milburn, *Oriental Commerce*, Vol. 2, p. 527.

[2]　姚贤镐编：《中国近代对外贸易史资料》第二册，中华书局1962年版，第1192页。

1892 年已经高达 111017000 磅。① 可以看出，英国从印度购茶呈快速增长趋势，印度茶已经成为中国茶的劲敌。

中国茶叶之所以逐渐失去英国市场，原因颇为复杂，既与中国茶叶生产技术未能实现现代化转变、伪劣茶叶日趋泛滥、清政府的政策造成的发展阻碍等内部因素有关，更是英国资本对国际茶叶市场的操纵、印度等地茶叶生产的发展以及国际茶叶市场结构变化的结果。② 无论如何，国际茶叶市场已然发生前所未有的变化，中国茶叶在国际上的垄断性地位已成明日黄花。

三　中英茶贸易的运载

（一）茶叶贸易的运输路线

自新航路开辟以来，欧洲人已经了解了通往东方的航线，他们驾驶船只绕过好望角来到东方，这条路线成为中西贸易最为主要的航线。但是，英国东印度公司是否正是通过这一线路进行茶叶贸易的呢？这还需要根据相关历史材料加以梳理。

尽管资料较为有限，但是我们仍可以根据《东印度公司对华贸易编年史》中零星的记述，大致看出东印度公司商船的航行线路。1739 年 3 月 11 日，"霍顿号"离开斯皮特黑德（Spithead），于 7 月 27 日到达黄埔，完成了一次快速航行，其航行路线为"我们从朴茨茅斯来此处，航行的水程表为 15689 海里，包括直线通过巽他海峡，邦加岛（Banca）到这条江，为期 138 天"③。而"奥古斯塔号"则是于 1739 年 3 月 1 日由唐斯起碇，在巴达维亚停留了十日，8 月 5 日抵达澳门。从上述记述可以看出，在从印度洋进入太平洋水域之时，两艘商船都是通过巽他海峡进入

---

①　林齐模：《近代中国茶叶国际贸易的衰减——以对英国出口为中心》，《历史研究》2003年第 6 期。

②　关于 19 世纪后期中国茶叶出口逐渐衰落这一问题，学界对此已经进行了深入探讨，参见陶德臣《简论华茶贸易衰落的原因》，《镇江师专学报》（社会科学版）1994 年第 1 期；陶德臣《伪劣茶与近代中国茶业的历史命运》，《中国农史》1997 年第 3 期；陶德臣《印度茶业的崛起及对中国茶业的影响与打击——19 世纪末至 20 世纪上半叶》，《中国农史》2007 年第 1 期；林齐模《近代中国茶叶国际贸易的衰减——以对英国出口为中心》，《历史研究》2003 年第 6 期；仲伟民《茶叶与鸦片：十九世纪经济全球化中的中国》，生活·读书·新知三联书店 2010 年版。

③　[美]马士：《东印度公司对华贸易编年史》第一、二卷，中国海关史研究中心组译，第 264 页。

的，而"奥古斯塔号"还顺便在巴达维亚进行了补充与休整。而略早于它们出发的"哈林顿号"有所不同，因为它运至中国的为从"孟买和代利杰里（Tellicherri）运来的货物"①，说明其先行抵达印度，继而穿越马六甲海峡并由此进入太平洋水域，最后到达中国进行贸易。

上述路线的详情，可通过 1787 年 12 月由英国启航访华的卡思卡特使团所经路线加以补充，从中可以了解较为详细的路线图。出于维系与促进中英贸易的目的，1787 年，英国派遣卡思卡特使团来华，尽管由于卡思卡特中途去世，从而该使团最终没能到达中国，但该使团所行路线也正是东印度公司商船的航线，有助于我们予以详细了解。1787 年 12 月 21 日，卡思卡特一行从斯皮特黑德启航，由于受到风暴的影响，船队中的船只受到损伤，直到 1788 年 1 月 2 日，他们才接近马德拉群岛（Maderia），次日在丰沙尔港（Funchal Road）下锚还对船只进行了修理，1 月 6 日，船队重新开始航行，1 月 14 日驶至佛得角群岛（Cape Verde Islands）附近，然后穿越赤道，于 3 月 11 日抵达开普敦，经过休整与补充，使团自 4 月 8 日重新开始前进并于 5 月 27 日抵达巽他海峡，次日停泊在安吉尔港（Angier Road），使团于 6 月 6 日再次上路，于 6 月 9 日抵达邦加海峡（Straits of Banka）并在此停泊，由于卡思卡特于次日去世，所以使团终止出使任务被迫返航。②

从上述内容可以看出，17、18 世纪英国对华贸易的商船的航行路线大致为：由英伦启航向南行进，绕过好望角，然后根据贸易活动的实际需要，进入太平洋后或直接穿越巽他海峡驶向中国，或先到达印度，继而穿越马六甲海峡而行至中国。这条路线是英国——甚至可以说所有西欧国家——同中国进行贸易最为重要的线路。

19 世纪，英国的茶叶运输路线发生重大变化，其最主要的原因即苏伊士运河的开通。18 世纪末，拿破仑·波拿巴占领埃及时曾经计划通过运河将地中海与红海连接起来，但最终未能实施。在法兰西第二帝国于 1852 年建立后，法国人认为打通苏伊士运河意义重大，所以积极予以谋划，1858 年 12 月 15 日，苏伊士运河公司得以成立，开凿运河的工作开始真正付诸实施，在克服了技术、经费等难题，大量劳动力付出生命代价

---

① ［美］马士：《东印度公司对华贸易编年史》第一、二卷，中国海关史研究中心组译，第 264 页。

② Earl H. Pritchard, *Crucial Years of Early Anglo-Chinese Relations 1750-1800*, Selected by Patrick Tuck, *Britain & the China trade 1635-1842*, Vol. Ⅵ, London and New York: Routledge, 2000, pp. 260-262.

的背景下，运河最终于 1869 年 11 月 17 日通航。苏伊士运河的位置极其关键，扼亚、非、欧三洲的交通要冲，由此大大缩短了欧洲、北美至印度洋与太平洋沿岸的航程，自然也改变了传统的茶叶运输路线，英国船只不再需要绕过好望角，而是直接通过苏伊士运河向东，同时由于相关科学技术的进步，轮船日益代替帆船①，这些因素都促成了茶叶运输的巨变。

（二）茶叶的包装问题

茶叶是一种具有特别属性的商品，在运输的过程中需要防潮、避光与避气，从而使得茶叶的品质得到良好保护。英国从中国购入的茶叶需要经过长途运输，历经颠簸，耗时较长，如何保证茶叶的品质，顺利将茶叶运输到英国，这是关乎英国东印度公司的商业利润乃至该项贸易能否持续的重要问题。

在运输过程中保持茶叶的良好品质，合宜的包装必不可少。在中英茶贸易的初始阶段，由于茶叶贸易的数量较少，所以茶叶的包装不甚规范。1689 年，英国东印度公司的董事部在谈到茶叶贸易时曾抱怨，"茶叶除上等品而用罐、桶或箱包装的外，也同样滞销"②。由此可见，当时上等茶叶的包装采用的是罐、桶或箱等形式，普通茶叶的包装应当更为粗劣一些，这种不够规范甚至略显随意的包装效果不佳，公司对此不甚满意，以致在 1701 年的指示中极为明确地提出，"不要用小罐装茶，它无法保持茶的品质"③，并对茶叶包装下达了非常具体的指令：

　　茶在包装上应多加注意，要保持其香味与功效，在包装之时无论如何认真均不为过。包装时须特别注意将其封闭在白铜器皿之中，然后用树叶加以包裹，放置于干燥木桶内，要密闭压实，使其能够与外界的各种气味隔绝开来——因为茶叶易于吸收其他气味导致失去价值。需要注意确保用于制作木桶的木料不含任何气味，无论是令人愉快的气味还是招人厌恶的气味，均会破坏茶叶的品质……所以不要将这类货物运至船上——至少不能接近茶叶。基于同样的缘由，在使用

---

① 在苏伊士运河开通之前，中西茶叶运输发生的变化主要体现于飞剪船运输的兴起，美国于 1845 年设计建造了飞剪船，英国也积极投入飞剪船建造之中，飞剪船运茶进入飞速发展阶段。

② ［美］马士：《东印度公司对华贸易编年史》第一、二卷，中国海关史研究中心组译，第 64 页。

③ William Milburn, *Oriental Commerce*, Vol. 2, p. 533.

前须注意除去白铜器皿上的焊接油味。①

由此可见，英国东印度公司对茶叶包装问题颇为重视，他们所下达的指示也非常具体，根据材料来看，他们要求将茶首先放置在用白铜做成的器皿中，放置的时候要做到紧密压实，然后白铜器皿外面要包裹上干燥的树叶，还要将器皿置于干燥的木桶之中。不难想见，树叶实际为填充物，它放置于器皿与木桶之间使器皿不至于在木桶中滑动，同时能通过该缓冲层防止白铜器皿损坏，影响其中所装茶叶的质量。

于是，东印度公司开始以桶装的方式加以包装，尽管上面提出的要求非常具体明确，在效果上有所改善，但似乎仍然不甚理想。1713 年，"忠诚极乐号"与"达茅斯号"购买的茶叶没有采用装桶方式，而是采取了用木箱的包装方式，"它是第一次用箱装载而不像往常的用桶"②。用木箱的包装方式具体如下：首先须准备好木箱，里面通常还衬上很薄的铅片并铺上干蔬菜叶，工人赤脚将茶叶踩入其中，最后将木箱封好。③ 这种包装方式逐渐成为主流，比如 1720 年 11 月 3 日自广州启碇的"埃塞克斯号"，所载茶叶共计 2281 箱、110 桶和 202 包，箱装茶叶就数量而言明显居于优势地位，再如 1739—1740 年来华贸易的"哈林顿号"，它离开广州时所载茶叶共计 2012 担，全部茶叶分装了 765 箱，没有采用任何其他方式。④

为什么仅十年有余，英国东印度公司就再次调整了茶叶的包装方式？笔者未能搜集到可直接给出答案的相关资料。从茶叶贸易的发展历程以及近现代海洋运输业的发展史来看，笔者认为主要原因有二：其一，将茶装在木桶中的包装方式较为麻烦。首先将茶装入白铜器皿，然后在外面裹以干燥树叶，最后将其置入木桶之中，在程序上较为烦琐，不及后面装入木箱这种方式简便；其二，木桶这一包装方式给运输带来诸多不便。由于木桶呈圆柱体状，无论怎样排列，相互之间必定留下较多空隙，不能很好地利用有限的船舱空间，如果考虑到后文所提及的用西米来填充瓷器中间的

---

① William Milburn, *Oriental Commerce*, Vol. 2, p. 533.

② ［美］马士：《东印度公司对华贸易编年史》第一、二卷，中国海关史研究中心组译，第 146 页。

③ 参见［英］斯当东《英使谒见乾隆纪实》，叶笃义译，第 467 页。

④ ［美］马士：《东印度公司对华贸易编年史》第一、二卷，中国海关史研究中心组译，第 158 页、第 272 页。

空隙，那么同样可以用西米来填充木桶中间的空隙，但是，如果考虑到两者在商业价值上的差异，这一做法并不可取。而且在装满了一层之后，在木桶上面叠加木桶似乎也不如木箱叠加木箱稳固，在颠簸的海洋上进行远途航行，这应该也是一个值得考虑的问题。

按照笔者浅见，采用木箱装茶这种方式拥有显见优势：用木板制作木箱远比箍桶简单，装货物亦较为方便，而且能够更好地利用空间，同时其叠加装载的稳定性也非常突出，现代海洋运输使用方形的集装箱而不是圆形，其实也多少可以从中窥知木箱装茶的优势。

（三）茶叶的装载问题

在注意改进与完善包装的同时，如何装载茶叶也是英国东印度公司非常关心的问题，因为这也会直接影响到茶叶的质量。

在18世纪之前，由于英国东印度公司所进行的茶叶贸易数量不多，所以，对如何装载问题未多加考虑。到17世纪末18世纪初，随着茶叶贸易的发展，东印度公司购茶数量迅速增长，公司不能不认真对待这一问题，因此，特意对茶叶如何装载给出了具体指示：1701年，东印度公司在给大班的指令中明确指出，"指甲花、麝香以及其他具有强烈气味的货物都会造成这种不良影响，因此，不要将这些货物运上船，至少不能接近茶"[1]，公司已经注意到茶叶装载需要搭配合宜的货物，须保证不影响到茶叶气味，这一指令后来成为惯例，比如1760年进行贸易时，"各船指挥都接到例行的警告，不准'船上装载樟脑或麝香，以免影响茶叶香味'"[2]，这一规则为茶叶质量提供了保障。同时，公司还注意到保证茶叶质量的其他事项，明确要求"将茶放在船中温度最低的部位；对于存在船舱中的货物，在天气良好的时候一有机会就要打开舱口，使其能够通气"[3]。

按照指令，大班进行了很好的贯彻与执行，随着中英贸易的进一步发展，大班们已经能够非常合理地进行货物搭配，至此，东印度公司的对华贸易已经形成了稳定的商品运载组合。在18世纪，东印度公司在中国购买货物的种类发生了一个重要的变化，茶叶在18世纪20年代末取代了丝，成为最重要的商品，除此之外，东印度公司还搭配着购入瓷器与西

---

① William Milburn, *Oriental Commerce*, Vol. 2, p. 533.

② ［美］马士：《东印度公司对华贸易编年史》第四、五卷，中国海关史研究中心组译，第501页。

③ William Milburn, *Oriental Commerce*, Vol. 2, p. 533.

米，三者在装载上成为最为合理的搭配组合：瓷器质量较重，同时又不怕潮湿，所以，大班将其作为压舱物，放在船舱的最底层，这样，不但有助于船只航行时保持稳定，同时也能为箱装茶叶防潮；茶叶质量较轻，同时需要防潮，所以放在上面，这样，既能保证船只的重心较为靠下，同时也能保证茶叶的质量；西米则用来填充瓷器中间的间隔，"尽量把瓷器的空处填满"①，这样能够避免瓷器互相碰撞，防止由于颠簸而造成瓷器破损。

至于茶叶本身，如何进行装载也有一定之规。由于不同种类的茶叶价格不同，东印度公司的船只在运输的时候也充分考虑了这一问题，通常是将价格较低的茶叶放在下面，而价格相对较高的茶叶放置在上一层。比如1771年，东印度公司商船的装载方式为"瓷器放在底层，其次为武夷茶，然后放上松萝茶和上等茶叶"②。再如1797—1798年，运货船只遭受台风，导致海水淹坏很多货物，茶叶的损失情况为：237箱武夷茶、356箱工夫、24箱色种、23箱贡熙、4箱贡熙骨、41箱屯溪。③可以看出，受损害最多的为武夷茶与工夫茶，后面所列几种茶叶损失明显较少。出现这一现象的原因可能与各类茶叶的数量有关，但更与装载方式有关，武夷茶被置于压舱物之上，而工夫茶则是放置在武夷茶之上，在各种茶叶中，二者在船舱中排置得最为靠下，其他价格较高的茶叶均位于更靠上的层面上。英国东印度公司沿用摸索出的装载方式尽可能保证优质茶的品质，尽量减少损失，从而较好地保护了自身的商业利益。

可以看出，经过一段时期的探索，英国东印度公司已经找到了较好的运茶方式，用箱装茶叶能够更好地保证茶叶品质，而且便于运输与装载，而以茶叶为中心形成的茶叶、瓷器与西米的稳定组合，能够尽可能避免无谓损失，从而最大限度保证公司的商业利益。

但至18世纪末期，英国本土陶瓷业的发展导致瓷器贸易已然衰落，所以东印度公司不得已进行调整，只能随机拼凑压舱物，改用铁块、贝壳、硝石等物品进行应对。进入19世纪尤其是飞剪船时代，情形进一步变化，由于船体瘦长、载货吨位有限、速度较快，船只改为几乎完全运

---

① [美]马士：《东印度公司对华贸易编年史》第一、二卷，中国海关史研究中心组译，第164页。

② [美]马士：《东印度公司对华贸易编年史》第四、五卷，中国海关史研究中心组译，第581页。由于该年度还购入了丝，运载时将丝装在了最上面。

③ [美]马士：《东印度公司对华贸易编年史》第一、二卷，中国海关史研究中心组译，第609页。

茶，茶叶装载相应发生了巨大变化，此举大大增加了茶叶运输量，中国对英国的茶叶出口也进入了最后的辉煌阶段。

四 茶叶在英国的销售

茶自 17 世纪上半叶进入英国后，开始在社会中逐渐传播，最初多作为稀罕物馈赠他人，比如英国东印度公司的丹尼尔·谢尔顿曾写信委托友人购买茶叶，意在赠送给叔父进行研究。与此同时，茶叶已经逐渐进入销售渠道。

茶叶销售最初主要通过咖啡馆与药店进行。前文已然述及，咖啡馆逐渐将茶纳入其中，比如托马斯·加威为自己的咖啡馆宣传茶水生意，"苏丹妃子头"咖啡馆也刊登广告予以宣传。当时咖啡馆中销售的主要是茶水，资料显示，茶叶零售也由此发端。稍晚，埃尔弗德所进行的广告宣传显示，"在他的交易巷咖啡馆里可以买到零售的茶，价格是每磅 6—60 先令，那时咖啡的价格范围是每磅 1 先令 8 便士到 6 先令"①。可以看出，此时咖啡馆已经成为销售茶叶的重要渠道。与此同时，由于茶叶具有一定的治疗作用，所以也在药店中销售，比如塞缪尔·皮佩斯在 1667 年 6 月 28 日的日记中记述道，他下班回家之后，"颇为惊异地发现妻子在泡茶，医生佩林（Mr Pelling）先生告诉她，茶可以用于治疗伤风感冒（流鼻涕眼泪）"②，所以才如此实践。但茶作为药用毕竟消费量极为有限，茶的主要销售渠道仍然为咖啡馆，英国东印度公司的茶叶拍卖活动也经常在咖啡馆进行，所以，在咖啡馆购买茶叶较为便利；有些商人通过经纪人购买茶叶，其中相当部分留作自用，另一部分则卖给有此需求的顾客，供其携带回家享用。

川宁公司的发展历史也可以作为茶叶销售渠道变迁的重要例证。川宁公司的创始人托马斯·川宁最初是东印度公司中一位商人的雇员，较多地接触到了东方风尚，后来于 1706 年创办了汤姆咖啡馆，成为咖啡店店主，同时他兼营零售，销售咖啡、巧克力、食糖、酒类饮品以及茶叶。托马斯·川宁的茶叶销售发展较好，所以至 1711 年时，安妮女王任命他为皇家茶叶特供商，而且此后历任君主都会重新授予川宁家族这一荣誉称号。随着该店因茶叶销售而声誉日隆，托马斯·川宁购买了临近汤姆咖啡馆的房子，将其改造为金狮茶店，其茶叶销售进一步增长，

① ［英］马克曼·艾利斯：《咖啡馆的文化史》，孟丽译，第 139 页。

② 佩皮斯日记全文在线网址，http：//www.pepysdiary.com/。

不仅供货给伦敦的很多咖啡馆与药店，而且销售到了南安普顿等地。
1741 年，托马斯·川宁去世，其子丹尼尔·川宁继承了他的事业。在
丹尼尔·川宁于 1762 年去世后，他的妻子玛丽·川宁继续经营，后来
于 1783 年传给了儿子理查德·川宁，随着中英茶叶贸易的增长与茶叶
消费在英国社会的不断普及，川宁家族所经营的茶叶生意更加兴旺，由
此奠定了川宁公司的发展根基。

　　川宁的历史沿革折射了英国茶叶销售的发展过程，茶叶销售由主要在
咖啡馆进行逐渐转为在食品杂货店进行，茶叶销售渠道更为丰富，很多社
会人士投身其中谋取营生。比如在 18 世纪上半叶，女商人玛丽·图克
（Mary Tuke）即通过经营茶叶而知名，作为一名孤儿，她在 30 岁时开始
在约克郡从商，经过努力经营，最终创立了自己的茶叶公司，成为事业有
成的知名女性。① 至 18 世纪下半叶，英国的茶叶销售更为普遍，人们可
在街上较方便地购买茶叶。1794 年 10 月，《绅士杂志》上有文章指出，
"在查理二世统治时期，茶只在托马斯·加威处有售，当今英国至少有
30000 家茶叶经销商"②，1801 年的数据显示，此时英国共计有茶叶经销
商 62065 个，按照当时的人口统计，"也就是说，在英国每 174 人中就有
一个茶叶经销商"③，至 1836 年 3 月，英国大概有茶叶经销商十万个。
1839 年的数据较为翔实，"英格兰的茶叶经销商数量为 82794 个，苏格兰
为 13611 个，爱尔兰为 12774 个，共计 109179 个"④。显然，茶叶经销商
的数量在不断增长，人们购茶也越发便利，至 19 世纪后半期已是随处可
得，"现在他们几乎无处不售茶"，甚至在当时留下的文献中，一位侍女
去蔬菜水果商布谢尔先生那里购买土豆与木柴时，店主"问她是否需要
一些'优质茶叶'"⑤。茶叶销售在英国社会随处可见，其在社会经济中
的地位可见一斑。

　　茶叶成为英国社会经济中的重要部分，而且从事茶叶经营并不有失身

①　Denys Forrest, *Tea for the British*: *Social and Economic History of a Famous Trade*, p. 49.

②　The Licensed Victuallers' Tea Association, *A History of the Sale and Use of Tea in England*, p. 14.

③　Roy Moxham, *A Brief History of Tea*: *The Extraordinary Story of the World's Favourite Drink*, p. 41.

④　The Licensed Victuallers' Tea Association, *A History of the Sale and Use of Tea in England*, p. 14.

⑤　Alexander T. Teetgen, *A Mistress and her Servant. Dialogues on Trade in Tea and Sugar*, *etc*, London, 1870, p. 3.

份，反被视为颇为体面的谋生方式。比如在盖斯凯尔夫人的小说《克兰福镇》中，克兰福镇是英国 19 世纪初叶的一个偏僻、闭塞、守旧、落后的乡村小镇，即便如此，这里也有约翰逊先生的铺子销售东印度公司的茶叶。后来玛蒂小姐生计陷入困顿，别人劝说她从事茶叶买卖，经过一番思想斗争后，她采纳了这一可行建议。玛蒂经过准备成了茶叶专卖店店主，店里摆设大致如下："茶叶装在锃亮的绿罐子里，糖果则放在玻璃瓶中，一张方桌充作柜台。……墙壁粉刷一新，气味很是好闻，一块上写'玛蒂尔德·詹金斯，特许经营茶叶'的牌子藏在新门的门楣后面。两只大茶叶箱放在边上，箱子上是些奇怪的字儿，茶叶罐里的茶叶就是从那里取出来的。"① 因为玛蒂做生意颇为诚信，很快就受到了人们的普遍欢迎，小镇的很多人均乐于购买，"生活优裕的生意人和有钱的农家主妇最欣赏高价的上好茶叶，一般上流人家喜欢买的工夫茶、色种茶之类，她们却不屑一顾，她们买的仅限于优质珠茶和白毫红茶"②。玛蒂常给购买糖果的儿童多添一个，糖果生意自然是无法赚钱的，幸好一年下来"在茶叶上赚了二十多镑"③。盖斯凯尔夫人通过生动的描述，形象地展示了茶叶专卖店的运营情况。

　　立顿红茶的创立者托马斯·立顿（Thomas Lipton）也是茶界的杰出代表。托马斯·立顿于 1850 年出生于苏格兰的格拉斯哥，其父母以经营小杂货店为生，他从小耳濡目染，学会了商业经营的基本技巧，后来又到商店、蒸汽船上工作，还曾经到美国闯荡与历练，这些经历增长了其见识。托马斯·立顿后来接手了父亲的杂货店，将其发展为连锁店，为了扩大经营，锡兰红茶进入了其考查范围，认为可以将这一售价相对昂贵的饮品引入普通人的生活中。他于 1890 年前往锡兰寻找优质茶叶，最终在茶叶销售领域获得极大成功。1898 年，托马斯·立顿本人被维多利亚女王授予爵位。至 1900 年，"他在英国各地拥有 100 家商店，每星期的销售量高达 100 万包"④。

---

① ［英］盖斯凯尔夫人：《克兰福镇》，刘凯芳、吴宣豪译，上海译文出版社 1984 年版，第 197—198 页。此处所说的"奇怪的字"应为汉字，因为茶叶箱上经常用汉语写明茶叶名称。

② ［英］盖斯凯尔夫人：《克兰福镇》，刘凯芳、吴宣豪译，上海译文出版社 1984 年版，第 198 页。

③ ［英］盖斯凯尔夫人：《克兰福镇》，刘凯芳、吴宣豪译，上海译文出版社 1984 年版，第 203 页。

④ John Burnett, *Liquid Pleasures*: *A Social History of Drinks in Modern Britain*, p. 62.

托马斯·立顿能够获得成功，首先离不开当时茶叶进口量不断增长的历史背景。18 世纪末期，饮茶在英国社会已经普及开来，茶店遍布全国各地，数量众多。进入 19 世纪，英国社会的茶叶消费仍呈增长趋势，鸦片战争的爆发也未能阻止这一趋势，因为战争真正进行的时间有限，所以在 19 世纪 40 年代至 50 年代，中国茶叶的出口并没有受到明显影响，而且随着造船技术的改进，茶贸易进入了快速帆船时代，1869 年苏伊士运河的开通，大大缩短了运输里程，加之蒸汽轮船的商业运用的实现，运输方面的改善可谓非常显著。与此同时，该时期印度茶叶种植已经获得进展，印度红茶开始销往英国，锡兰茶叶开始崛起。该时期，茶叶贸易继续获得迅猛增长，比如 1835 年，英国进口茶叶已达 36574004 磅，而经历了鸦片战争时期短暂的下降之后，1845 年时已经增至 51056979 磅，1855 年进一步增至 83117706 磅，1865 年更是增至 116000000 磅，苏伊士运河开通的当年，英国进口茶叶量为 145000000 磅。[1] 托马斯·立顿的成功离不开这一宏观历史背景。

托马斯·立顿的成功还与其杰出的商业才能不可分离。托马斯·立顿对锡兰红茶有所了解后，他拜访了锡兰茶叶种植的开创者詹姆斯·泰勒，后来又在当地购买了茶园，意在保证自己的茶叶供应。而且托马斯·立顿的茶叶销售方法极其新颖，他拼配红茶并采取袋装售卖的方式，将茶叶分成一磅、四分之一磅、七分之一磅等形式按等级定价，并且在最显著的位置用大大的粗体字号标出，改变了过去称重进行买卖的做法，包装既可以保护茶叶同时可以写明茶叶品质，购买者一目了然，能够安心购买。不仅如此，托马斯·立顿极具宣传意识，"毫无疑问，托马斯·立顿爵士是广告史上最伟大的人物之一，他的名字总是与帆船和茶联系在一起"[2]。1890 年，当立顿公司首次将两万箱产自锡兰的茶叶运至格拉斯哥时，立顿别出心裁加以宣传，他把茶叶装在 50 辆马车上招摇过市，动用苏格兰传统管乐队吹吹打打加以迎送，吸引了满城的人前来观看，公司买卖的茶叶立即成为社会焦点。他还针对茶叶市场中良莠不齐的现状，打出了自己的广告语：从茶园直接进入茶壶的好茶（Direct from tea garden to the tea pot）。该广告语特别强调了立顿茶供应的便利快捷，是极具新鲜品质的好茶，而且配以广告图画予以直观展示，比如 1893 年制作的一幅广告图画，

---

[1]　The Licensed Victuallers' Tea Association, *A History of the Sale and Use of Tea in England*, Appendix.

[2]　Gervas Huxley, *Talking of Tea*, p. 52.

绘制着锡兰少女用英式茶杯饮茶的形象，锡兰姑娘优美的姿态给人以无限美好的想象，赋予立顿茶美好新鲜的意义，吸引了消费者的注意力。再如1894年的一张立顿宣传海报，形象地展示了立顿茶园的美好情景：衣着华丽的土著乘坐在大象或者骏马之上，打出巨幅的立顿茶广告，大象的身上还背负着几箱立顿茶，画面的远处则为广阔无际的立顿茶种植园，身穿传统服饰的土著妇女正在整齐成列的茶树间劳作，旁边矗立着屋顶上粉刷着"立顿茶叶加工厂"字样的房屋，青烟正从烟囱中袅袅升起，各种元素构成了一幅生机勃勃的茶叶加工景象。这幅宣传海报全面展示了立顿茶的采摘、生产与运输的各个环节，独具匠心地将其浓缩在一幅画面上，给顾客以立顿公司正在将茶送至自己手中的美妙感觉，能够很好地激发起消费者的购买欲望。

　　托马斯·立顿的成功还得益于特殊的历史机遇。立顿连锁店初次涉足茶贸易大约是在1890年。托马斯·立顿敏锐地感觉到了其中的商机，所以绕过中间商直接乘船前往锡兰（斯里兰卡）。因为早在1852年时，苏格兰人詹姆斯·泰勒就来到此地，在咖啡种植庄园工作，"在英国民众的印象中，锡兰这一名称主要与咖啡和香料联系在一起"[1]，咖啡种植业此时已经成为锡兰的重要产业，詹姆斯·泰勒在工作期间逐渐对茶树种植产生了兴趣，在一个19英亩的住宅区内进行了商业性质的种植试验，后来把加工好的茶叶运往英国，结果广受好评，不过这并不可能改变锡兰已经形成的产业格局。未曾预料的是，锡兰的咖啡种植随即遭遇严重危机，在1869年，"咖啡树遭遇了'敌人'，它比锡兰以前所知道与遭遇的冗长名单上的任何恶魔，都更能阻碍当地产业的繁荣"[2]，这种"恶魔"即严重的病虫害，当时人们认为是由咖啡锈菌（Hemileia Vastatrix）引起的，咖啡树大量死亡，锡兰的咖啡种植业遭遇重创。在这一背景下，锡兰的咖啡业失去了往日的繁荣，前景一片黯淡。在托马斯·立顿开始经营茶叶时，锡兰还处于咖啡种植衰落所造成的阴影之中，茶树种植尚处于逐渐发展的时期，当他前往锡兰进行考察时，认为可以将锡兰的优质红茶变为大众消费品，极具魄力地购买了5500英亩土地发展茶园，一举为自己的红茶王国奠定了基础，在保证货源供应的情况下，托马斯·立顿的直接销售策略得以大获成功，正是回避了以往茶叶销售中的中间环节，不仅使得茶叶的

---

①　Planters' Association of Ceylon, *Ceylon Tea*, London, 1886, p. 6.

②　M. J. Ferguson, *The Planting Directory for India and Ceylon with a List of Tea and other Plantations in India and Ceylon*, Colombo, 1878, p. 11.

价格更低，而且将利润控制在自己手中。

今日立顿公司的宣传中，认为托马斯·立顿从三个方面改变了英国的茶叶历史，即商业天赋使其能够白手起家，漂亮的交易（购买土地）使其大获其利，低价销售使茶（锡兰茶）成为一般消费品，堪称精当、准确地概括了托马斯·立顿在茶叶贸易方面所取得的巨大成就与革新。[①]

第二节　饮茶对陶瓷业的拉动

"茶滋于水，水借乎器"[②]，茶具为世界茶文化中极具价值的重要部分。英国人在养成饮茶习惯的同时，大量从中国购置茶壶、茶杯等器具，陶瓷器贸易也相应地得到了迅速发展，甚至刺激了英国陶瓷业的真正起步，因为"茶具制造是人们主要的关心对象"[③]，在这一背景之下，陶瓷业得以成为英国工业革命的重要方面。

在英国人开始饮茶之前，荷兰人就将购买茶叶与茶具联系在了一起。早在1637年，荷兰东印度公司的斯文汀勋爵即写信给巴达维亚总督，不仅请他帮助购茶，而且还要采购饮茶所需的瓷杯、瓷壶。"饮茶王后"凯瑟琳的饮茶嗜好也影响了英国人对茶的好奇心，她本人喜好在小巧的杯中——按照时人的说法"其大小与顶针相若"——啜茶，社会上层人士遂模仿饮茶，而这自然与茶具购买密不可分。

不仅如此，茶叶与瓷器本身的一些特性也使得瓷器贸易与茶叶贸易密切关联。茶是一种特殊商品，对储藏有一些特殊要求，影响最大的环境条件即温度、水分、氧气、光线以及气味等因素，另外，茶叶本身为质量较轻的商品。瓷器的特点非常鲜明，主要为无味、不怕潮湿、耐冷耐热，属于密度相对较大的商品，质量较重。这两种商品的不同特性使其珠联璧合，瓷器不会给茶叶质量造成不良影响，同时，它耐潮湿，质量也较重，这和质量较轻的茶叶搭配起来运输非常合理——瓷器可以作为茶叶运输船理想的压舱物。

---

① 立顿公司网站，http://www.liptontea.com/article/detail/960780/3-ways-lipton-changed-tea-history。

② （明）许次纾：《茶疏》，朱自振、沈冬梅等编著《中国古代茶书集成》，上海文化出版社2010年版，第261页。

③ Gervas Huxley, *Talking of Tea*, p. 11.

在茶贸易的推动下，陶器贸易迅速发展。饮茶与陶瓷贸易密切关联，"新饮品需要新器具，最初，中国茶壶与茶杯被置于箱中，与茶一起输入"①。按照统计，18 世纪前后，平均每年至少有 500 万件瓷器从中国出口到欧洲，在全盛时期的 1684 年到 1791 年，估计有 215000000 件的中国瓷器出口到欧洲。② 具体到英国而言，1720 年之后的半个世纪，销往英国的中国瓷器为 2500 万—3000 万件。③ 这样，英国人就可以用中国瓷器喝茶，享受心仪的中国风情。茶贸易与瓷器贸易密切关联，不仅提高了英国人的生活质量，与此同时，它也刺激了英国本土的生产制造，缘于地理环境的差异，英国本土始终未能真正发展起茶树种植业，而陶瓷业则取得了成功，可以说，"从亚洲进口的货物对于英国制造业的影响很难估计，但显而易见的国内外对于棉布与硬胎瓷的需求——这些货物的进口规模已经显示了这一点——无疑有力地刺激了英国机器纺织业与陶瓷生产的兴起"④。

陶器是全人类智慧的结晶，世界上多个地区都相继发明了制陶术，而瓷器则是中国先人的独特创造。早在夏商时期，中国就出现了原始瓷的生产，至东汉，工匠们已经成功地制作出了成熟瓷，瓷器是中国对世界文明的独特贡献。在中外交流过程中，瓷器扮演了重要角色，在 11 世纪之前，瓷器的传播范围还限于西亚北非一带⑤，欧洲人最初接触到瓷器是通过十字军东征，这些武士在近东地区见到了来自中国的瓷器。但是，瓷器成批地进入欧洲人的社会生活还是在新航路开辟之后，先是葡萄牙人发展中西贸易，将中国制造的瓷器运回欧洲销售，紧随其后的荷兰人更进一步，在荷兰东印度公司成立之后的一个半世纪中，荷兰人在中西瓷器贸易中居于最重要的地位。

随着中欧瓷器贸易的发展，瓷器日益影响到欧洲人的社会生活，英国也不例外。欧洲人对来自遥远中国的瓷器非常喜爱，他们觉得金属器具冰冷而笨重，瓷器却轻盈而文雅，并且容易清洗干净，所以有能力支付者争

---

① Gervas Huxley, *Talking of Tea*, p. 11.

② ［英］艾瑞丝·麦克法兰、艾瑞·麦克法兰：《绿色黄金》，杨淑玲、沈桂凤译，第141—142 页。

③ 严建强：《十八世纪中国文化在西欧的传播及其反应》，中国美术学院出版社 2002 年版，第 53 页。

④ H. V. Bowen, Margarette Lincoln and Nigel Rigby edited, *The Worlds of the East India Company*, Woodbridge：The Boydell Press, 2002, p. 228.

⑤ ［英］迪维斯：《欧洲瓷器史》，熊寥译，浙江美术学院出版社 1991 年版，第 7 页。

相购买。比如，内尔·温格夫人即对瓷器颇为钟爱，"每当东印度公司的货船一到，就立即前往码头，在货栈中间钻来钻去，希望优先找到一些合意的瓷器"①。随着饮茶在英国社会的日渐传播，陶瓷的需求量进一步迅速增长，但是，他们并不愿意一直扮演购买瓷器者的角色，而是不断加以尝试，致力于发展本土的瓷器制造业。至18世纪初期，欧洲人终于在探索瓷器制造方面获得了突破，到1710年，赛克先选帝侯仿造中国瓷器获得成功，至18世纪中期，欧洲各国开始烧制瓷器。

相对而言，英国人在瓷器制造方面处于较为落后的状态。在17世纪后期，英国人也开始致力于瓷器制造，但在解决技术问题上并不顺利，英国在瓷器制造方面取得较大的进展是在欧洲大陆成功制造出瓷器之后。18世纪中期，托马斯·弗赖调制出一种骨灰瓷，在他创办的"博屋厂"进行生产。化学家W.科夸斯在圣奥斯特尔发现了高岭土矿，他于1768年获得专利，随后开始制作硬质瓷。英国陶瓷业逐渐进步，但是，真正使其步入领先潮流的是后来享有"英国陶瓷之父"美誉的乔治亚·威基伍德②。

乔治亚·威基伍德（Josiah Wedgwood）出身于陶工家庭，他所生活的年代为饮茶在英国社会各阶层渐趋普及的时期，与此同时，工业革命日渐启动进而不断发展，这为维基伍德发展陶器制造业提供了前所未有的历史机遇。经过不懈努力，威基伍德不仅制出了为人称道的乳白瓷器（Cream Ware），而且又试制成功了更胜一筹的碧玉瓷器（Jasper Ware）。乳白瓷器呈乳白色，圣洁而迷人，深得夏洛特王后（Queen Charlotte）的钟情，所以也被誉为"王后的陶瓷"（Queen's Ware），王室的认可使其陶瓷制品获得了极大的社会声誉，欧陆王室贵族也争相购买，俄国的沙皇叶卡捷琳娜二世就专门订购了952件这种瓷器。威基伍德后来又试制出了碧玉瓷器，这一产品也获得了极大成功，后来成为经久不衰的名品。

但是，威基伍德的成就并不限于陶器研制，在当时市场秩序并不规范的情况之下，"威基伍德的每一项新发明……均很快被他人仿制；每一个新的想法……都被他人急切地攫取；每一个新的设计……均被他人迅速模

---

① 刘鉴唐、张力主编：《中英关系系年要录》，四川省社会科学院出版社1989年版，第199页。

② 本章涉及乔治亚·威基伍德的内容曾提炼成文《试论乔治亚·威基伍德与英国陶瓷业的发展》，得到了第一届山东省英国史学术研讨会（2019年5月，山东临沂）与会专家的指正，谨致谢意。

仿。而且无一例外的是，仿制品均更为便宜"①，他仅仅靠瓷器研制以及图案设计等方面的革新难以取得巨大成功，所以，"在他用心制造陶器的过程中，艺术家的严谨往往与商人的计算混在一起"②，为了提高产品的竞争力，获得更多的商业利润，威基伍德在瓷器生产制造方面进行了大幅度的革新，从而成为英国工业革命中勇立潮头的工业家。

首先，威基伍德大幅革新生产技术，将陶瓷器的制造与当时发展出的新技术结合起来。威基伍德是一位极其擅长把握时代脉搏的人士，他是协会性组织"月光社"的成员，该组织可谓群英荟萃，达尔文、瓦特、博尔顿等著名科学家、工程师和实业家均参与其中，这些引领时代潮流的人士经常聚集起来进行交流与研讨，威基伍德从中大为受益，在了解当时科学技术发展的基础上，巧妙地与自己的专长进行结合，为生产价格较为低廉而质量又非常可靠的陶瓷器奠定了基础：第一，威基伍德将蒸汽动力引入自己的生产过程中，代替人力，从而提高了生产效率，节约了工资支出；第二，采用了石膏成型法，取代了传统的辘轳整形，这不仅简化了陶器制造的技术，而且大大减少了对于熟练技术工的依赖，有利于节约开支；第三，陶瓷器的图案制作很多时候采取了印刷方式，取代了以往的画匠或者艺术家手工绘制的方式，使图案更为标准划一，产品的质量更有保证，同时也使图案的制作过程更为快捷方便；第四，采用特殊的温度计来测试炉温，抛弃了原来通过火炉内的颜色来判断温度的方式，不仅使缺乏经验的人能够完成测定温度的工作，而且对于炉温的掌握更为精确可靠，产品的质量自然更有保证。综而观之，威基伍德在陶瓷器生产技术方面进行了大幅革新，这些措施使得陶瓷器的生产更为简单方便，产品质量更为可靠而且整齐划一。

其次，威基伍德实现了自己工厂内生产组织的科学化，使得生产过程更为合理有序，这有利于大幅提高工作效率。工业革命时期是现代化大工业日益建立与发展的时代，一般而言，进入这些工厂的工人缺乏现代生产的经验，而工厂主对于如何进行生产组织也处于摸索阶段，威基伍德在自己的工厂内进行了有益的尝试：第一，他协调整个生产流程，充分发挥工

---

① N. McKebdrick, "Josiah Wedgwood, An Eighteenth‑Century Entrepreneur in Salesmanship and Marketing Techniques", *The Economic History Review*, New Series, Vol. 12, No. 3, 1960.

② ［法］保尔·芒图:《十八世纪产业革命》, 杨人楩、陈希秦、吴绪译, 商务印书馆 1983 年版, 第 314 页。

厂的生产效率。自 18 世纪中期以来，工业家日益重视生产的专门化问题，威基伍德也不例外。他将陶瓷器的制造分成五个步骤，每一个步骤在一个大的厂房（house）中完成，而各个生产环节的完成地点又组成一个环状，这样，原料在进入生产流程环行一周后就变为成品，整个生产过程的各个环节合理有序，节约劳动，能够高效率地进行生产。具体到每一个生产步骤，其中又有非常精细的分工，比如在给陶瓷器上彩这个环节上，画匠、磨工、印刷工、负责洗擦的工人等分工负责。工人在生产过程中各司其职，一般都有比较固定的岗位，比如在陶瓷器制造的某一个生产环节上共有 278 人，"只有五人没有固定岗位，这五人被单列出来作为非固定人员（odd men），他们在生产中处于最为边缘的位置，哪里迫切需要的时候就在哪里工作"①，这样精细的分工将复杂的生产过程分解开来，每个人只需要完成一项相对较为简单的工作，简便易行，不仅有利于提高生产效率，而且能够使产品保持在同一水平上，保证其良好品质。第二，威基伍德还制定了一套规范的劳动纪律，这有利于提高工人的劳动效率。为了培养工人的劳动纪律观念，消除小生产者所具有的在生产过程中的随意性、不确定性，威基伍德制定了详细的"陶工操作指南"与"规范与守则"，其中包括"不允许劳动者携带酒类进入生产地点，不许攀爬大门，禁止在墙上涂抹淫秽的以及其他的话语，不允许进行游戏，严禁殴打与辱骂监督者"② 等内容，要求劳动者遵守劳动纪律，按照规范进行生产。威基伍德所制定的规章制度并没有仅仅停留在纸面上，为了使这些规则切实得以遵守，他在每个大房子内都设有专门的监督者，整个厂内还有五到十名管理人员。另外非常重要的一点是，威基伍德在培养工人按时工作方面付出了许多努力，他用钟来发出信号，安排工人的作息，按照他所制定的规则，"早晨 5 时 45 分或者是天亮得足以使工人们能看清东西之前的一刻钟响钟开工，8 时 30 分吃早饭，（工人）在 9 点被召回去工作。中午的时候吃中午饭，12 时 30 分继续工作，一直干到响最后一次钟即伸手不见五指时才停工"③。为了掌握工人的出勤情况，他还设计出了原始的"门禁管

---

①　Neil McKendrick, "Josiah Wedgwood and Factory Discipline", *The Historical Journal*, Vol. 4, No. 1, 1961.

②　Nancy F. Koehn, *Brand New, How Entrepreneurs Earned Consumers' Trust from Wedgwood to Dell*, Boston: Harvard Business School Press, 2001, pp. 37-38.

③　Nancy F. Koehn, *Brand New, How Entrepreneurs Earned Consumers' Trust from Wedgwood to Dell*, p. 36.

理系统"，这均有利于加强对工人的管理，保证劳动时间，使得他们遵守工厂中的劳动纪律，有利于提高工人劳动效率，保证产品的良好品质。

再次，威基伍德充分发挥自己的商业才能，保证了产品在市场中的美誉度。作为一名工业家，仅仅关注陶瓷器的生产是不够的，要想在与对手的竞争中脱颖而出，拥有畅通的销售渠道极为关键，乔治亚·威基伍德在该方面的表现堪称出色。为了打开产品销路，威基伍德殚精竭虑，不断努力，意在赢取社会上层人士对自己产品的认可。1765 年，他通过夏洛特王后的女裁缝师德博拉·切特温德（Deborah Chetwynd）小姐获得了王室的订单，结果他所制造的乳白瓷器得到了王后的喜爱，从而被获准称为"王后的陶瓷"，王室对于他的产品青睐有加，极大地提高了其陶瓷器的社会美誉度，欧洲各国的社会上层人士纷纷订购：1774 年，俄国沙皇叶卡捷琳娜二世一次就订购了 952 件。为了争取更多的用户，威基伍德还采用了"惯性销售法"，将产品运送到有可能购买自己产品的消费者手中，请他们作出选择，或者按照已经确定好的价格将这些产品买下，或者不需要支付任何费用退还给生产者，这一策略获得了极大成功，"这是一个成功的赌博，因为被选定的客户中的大部分人士购买了威基伍德的商品"①。为了尽可能多地获得商业利润，威基伍德想方设法，力图降低无谓的耗损，尽可能地采取水运的方式来运输产品，因为这种方式不仅花费较少，更能节省开支，而且水运比较平稳，能够避免陆地上运输因为路况较差而导致的剧烈颠簸，可以减少陶瓷产品的破损，从而能够最大限度谋取商业利益。可以看出，威基伍德的确具有非凡的商业才能，这一点在当时与后世均得到了人们的认可，实际上，正是他的商业才能在最大程度上保证了威基伍德瓷器获得成功。

可以说，威基伍德对于英国陶瓷制造业的发展贡献良多，英国著名政治家格莱斯顿回顾早期工业革命时期的历史时认为，"威基伍德是最伟大的人物之一，对于任何时代、任何国家而言均是如此，……他投身于了将艺术与工业结合起来这一重要的工作之中"②。威基伍德之所以能够取得如此巨大的成就，能够为自己赢得如此巨大的声誉，大不列颠百科全书中的评论指出了其原因，威基伍德"因为在陶瓷制造中使用科学的方法而

---

① Nancy F. Koehn, *Brand New*, *How Entrepreneurs Earned Consumers' Trust from Wedgwood to Dell*, p. 33.

② Nancy F. Koehn, *Brand New*, *How Entrepreneurs Earned Consumers' Trust from Wedgwood to Dell*, p. 13.

卓尔不群，他更因对原料的深入探讨，对劳动力的合理安排，以及对商业组织的远见卓识而闻名遐迩"①，应当说，这一评价是极为中肯的。

正是饮茶在英国的逐渐普及，极大地刺激了英国人的陶瓷需求，而从中国进口陶瓷则激发了英国人的探索热情，很多人士热切地投身于陶瓷器的研制之中，"制造类同于中国茶壶与茶杯的产品这一欲求，必须被视为斯塔福德郡瓷器工业崛起的首要决定因素"②。威基伍德将个人的天赋与时代的呼唤联系起来，创造了巨大的工业奇迹与商业成功。正是在威基伍德等杰出人物的推动下，英国陶瓷业迅速发展，到18世纪末期，斯塔福德郡——尤其是其北部的斯托克——已经成为闻名欧洲的陶瓷业制造中心，通过议会批准所修建的两条公路以及工业革命时期开凿的运河体系所提供的运输便利，这里所生产的大批量陶瓷产品得以方便而安全地销售到英国各地，甚至欧洲其他国家。在这一背景下，英国已经没有从中国进口陶瓷器的刚性需求，这在当时的民谣中得以反映：

> 为什么把钱往海外抛掷，
> 去讨好变化无常的商贾？
> 再也不要到中国去买 China，
> 这里有的是英国瓷器。③

至此，中英瓷器贸易已然失去了存在基础，遭到前所未有的沉重打击。18世纪初，英国东印度公司对瓷器贸易较为重视，1712年瓷器投资占到了购买货物总值的20%，"从1717年起，瓷器贸易成为在广东进行投资的常规部分"。④ 在随后较长的历史时期内，瓷器贸易得以延续与发展，比如1754年，英国船只自广州运走瓷器多达866箱："埃塞克斯号"与"伊尔切斯特号"装载242箱，"翁斯洛号"与"斯塔福德号"装载200箱，"真布里顿号"装载102箱，"奥古斯塔号"与"公主号"装载了100箱，"特里顿号"与"宴臣勋爵号"装载了222箱。在英国市场

---

① Encyclopaedia Britannica, *The New Encyclopaedia Britannica* Vol. 12, Chicago: Encyclopedia Britannica Inc., 2007, p. 552.

② Gervas Huxley, *Talking of Tea*, p. 11.

③ ［新西兰］路易·艾黎：《瓷国游历记》，轻工业出版社1985年版，第36页。

④ K. N. Chaudhuri, *The Trading World of Asia and the English East India Company*, 1660—1760, Cambridge: Cambridge University Press, 1978, p. 407.

上，中国瓷器颇受各界人士欢迎，至 1774 年，仅伦敦一地就至少有经销和承接委托定制中国瓷器的专门商店达 52 家。① 但随着英国陶瓷制造业的逐渐壮大，在 18 世纪后期，中英陶瓷贸易日益呈现出衰落之势，越接近世纪之末这一趋势越发明显，陶瓷贸易已然无关紧要，这导致英国东印度公司最终做出决定：从 1792 年起停止从中国购买瓷器。在这样的背景下，中英陶瓷贸易完全衰落。从此之后，英国东印度公司商船所需要的压舱物也只能东拼西凑，改用铁块、贝壳、硝石等物品（商品），甚至有时还被迫选择糖。②

　　中国瓷器已然失去了英国市场，从马戛尔尼访华使团所带礼物中也可看出。马戛尔尼访华时携带了大量礼物，其中即包括英国瓷器。当乾隆皇帝的三个孙子参观时，对此颇为惊奇，他们特意询问马戛尔尼有关英国瓷器的优劣问题，后者如是回复："此种特拜歇尧之瓷器，系鄙国有名之品，苟非名品，敝国钦使绝不敢带来赠诸贵国皇帝。但敝国商船每来广东必购大宗瓷器以归，销售于人。贵国瓷器为敝国人士所欢迎，其价值之高，自可想见，究之各有其妙，不能强判伯仲也。"③ 马戛尔尼的言语实为外交辞令，含糊其辞地避开了关键问题。副使斯当东爵士也曾评论中国瓷器制造业的发展情况，因为并非外交场合，所以直言不讳，认为"制造陶瓷最主要的一件事情是鉴定炉内火候，……中国没有测量温度的工具，只凭人的经验办事，因此从发展前途上看，中国的陶瓷事业是不稳固的。假如中国能使用威季伍德（即威基伍德）先生的温度计，这对它的陶瓷事业会有很大帮助"④。可以看出，此时英国人更为认可本国的制瓷技术，对本国瓷器的质量非常自信。

第三节　茶叶市场中的假冒问题

　　英国东印度公司的茶叶进口与饮茶在社会各个阶层的普及互相推动，

---

① 陈伟、王捷：《东方美学对西方的影响》，学林出版社 1999 年版，第 89 页。

② ［美］马士：《东印度公司对华贸易编年史》第一、二卷，中国海关史研究中心组译，第 672—673 页。

③ ［英］马戛尔尼：《1793 乾隆英使觐见记》，刘半农译，天津人民出版社 2006 年，第 66—68 页。

④ ［英］斯当东：《英使谒见乾隆纪实》，叶笃义译，第 452 页。

茶在英国所产生的经济社会影响日渐增长，当时英国茶叶市场规模较大而管理却较为混乱，茶叶销售中假冒伪劣问题较为严重。这不仅扰乱了正常的市场秩序，而且可能造成食品安全问题，日益引起各界人士的不满，所以议会不断通过法案予以治理，但最终未能取得预期效果。

在17世纪后半期，茶在很大程度上是一种奢侈品，价格较为昂贵，进入18世纪后，随着茶在英国的中产阶级以及普通劳动者中的普及，它日益成为英国社会生活中不可或缺的商品，茶叶销售也相应地成为经济生活中非常重要的一部分，从业者可以从中获得相当的利润。与此同时，一些不法人士为了获得更多的经济利益，采取了制造或者销售假冒伪劣茶叶的做法，从而造成了市面上伪劣产品横行的混乱局面。

从当时留下的各种历史资料来看，从业者在茶中掺假的情况极为严重，主要表现如下：首先，人们用于在茶中掺假的物品五花八门。汤姆·斯坦奇（Tom Standage）在对此进行研究之后指出，当时在茶中掺假的活动广为流行，"（制造假冒伪劣产品者）将灰、柳树叶子、木屑、花瓣以及更加令人惊疑的物品（根据一些记述，甚至是羊粪）用化学颜料进行染色和伪装，同茶混在一起"[1]。他在这里指出了自己所了解的掺假物，事实上，用于掺假的物品远不限于此。从当时的文件来看，当时一些造假者的掺假手段花样繁多，足以令人瞠目结舌，在1731年通过的一项法令的导言中写道："他们（行为不端者）经常染制、伪造，或者是加工大量的野李叶、甘草叶、饮用过的茶叶，或者是其他树叶、灌木叶以及植物的叶片，模仿着做成'茶叶'，用棕儿茶（terra japonica）、糖、糖蜜、黏土、洋苏木的心材以及其他原料进行掺假或者染色，同真正的茶叶一样进行售卖。"[2] 可见，当时用于掺假的物品多种多样，达到了令常人匪夷所思的程度，为了达到以假乱真的目的，掺假者还用各种可以获得的染色材料进行染色伪造，丝毫不关心此举可能产生的严重危害。

其次，掺假造假已经贯穿于茶叶运输与销售的各个环节。从当时的情况来看，茶的来源基本上可以分为两大渠道，其一为来自东印度公司进口的茶叶，其二为欧陆各国通过英国的走私者输入的茶叶。根据笔者收集的材料来看，英国东印度公司从中国购茶时即多少遭遇假冒伪劣问题，"中国人将其他灌木的叶子与茶叶掺混在一起，他们的欺骗伎俩堪称高超"，

---

[1]　Tom Standage, *A History of the World in 6 Glasses*, New York: Walker&Company, 2005, p. 188.

[2]　William Milburn, *Oriental Commerce*, Vol. Ⅱ, p. 537.

"他们用绿色硫酸盐将劣质武夷茶染色冒充为绿茶，甚至用日本土（Japan earth）浸泡绿茶，使其颜色变为武夷茶的颜色"①。尽管东印度公司采取了若干质量检查措施，但实际上难以完全避免购入假冒伪劣茶，至于东印度公司进行长途运输以及在伦敦茶叶市场销售茶叶的这些环节上是否掺假，目前并无相关材料。但是，茶在到达消费者手中之前一般需要经过普通商人之手，而该环节极易出现掺假现象，他们惯用的较为简单的掺假手段为将冲泡过的茶叶晒干，再混入待售茶叶中一起出售。相比而言，在通过走私渠道进入市场的茶叶中，掺假现象更为严重：欧陆各国的东印度公司"在销售给走私者前在茶中掺假"，随后，"走私者自己在茶中掺假"②，他们经由英国沿海的一些小峡湾偷偷将茶运上岸，在这一过程中常常掺入香料和树叶，然后卖给茶叶从业者，而到了茶叶从业者手中之后，他们也会进行掺假活动。可见，掺假活动几乎贯穿了茶叶运输与销售的各个环节，该问题的严重性可见一斑。

再次，掺假活动屡禁不止，而且还呈现出愈演愈烈之势。掺假活动开端于何时目前尚不得而知，英国国会在 1725 年 6 月 24 日的时候就已经开始进行治理，实行了第一个针对在茶中进行掺假活动的法令，但效果似乎并不明显，因为到 1731 年 9 月 24 日时，国会就实行了第二个针对在茶中掺假的法令，该法令的实行反映出第一个法令并没有取得明显成效，其中甚至非常明确地提到："在前一个法令中，掺假者大多使用棕儿茶来进行掺假，这几乎是当时唯一的一种掺假物品"③，而第二个法令中的内容则表明，当时用于掺假的物品已经今非昔比，远远超越了前者的范围，"这时候掺假者除了使用棕儿茶来进行掺假之外，还使用糖、蜜糖、泥土以及杨苏木等原料用于掺假"④。可见，在第一个法令颁布之后，掺假活动不但没有得到遏制，反而越发不可收拾。从资料来看，1731 年的法令还是得到了执行，1736 年 11 月的伦敦杂志刊登了一则相关新闻：一位在米诺里斯（Minories）的知名犹太商人因为出售染色茶（dyed tea）而遭到审判，他以每磅 9 先令 9 便士的价格出售假冒伪劣茶叶，共计销售了 173 磅，这些伪造的茶叶还被美其名曰"英国茶"，检察人员在执法时，在仓

---

① East India House, *The Tea Purchaser's Guide*；*or*，*The lady and Gentleman's Tea Table and Useful Companion*, *in the Knowledge and Choice of Teas*, pp. 34-35.

② Anonymous, *Advice to the Unwary*, London, 1780, p. 3.

③ Anonymous, *Advice to the Unwary*, London, 1780, p. 18.

④ Anonymous, *Advice to the Unwary*, London, 1780, p. 18.

库中发现并没收了 1020 磅尚未出售的假冒茶，还让该商人供出了货物来源，最终处罚为每销售一磅"染色"茶被处以 10 镑的罚款，总罚款金额高达 1750 英镑。① 但就整体而言，该法令所取得的成效似乎也并不明显，这在 1777 年 6 月 24 日生效的另一新法令中得以反映，在该新法令颁布之前，掺假活动已经变得更为肆无忌惮，当时"茶叶掺假已经遍及了茶叶运输与销售的各个环节，掺假者的手段更为多样，野李叶、岑树叶、接骨木叶以及其他各种树木、灌木以及植物的叶子大量地被模仿着茶叶的样子而染色与加工"②。可见，在茶中进行掺假总体呈现愈演愈烈之势，先后出台的各个法令并没有能够遏制形势的恶化，这在假茶的数量上亦得到印证，"在 18 世纪最后四分之一的时间中，……下院委员会发现每年由野李叶、甘草、岑树叶加工而成的所谓的'茶叶'达 4000000 磅"③，问题的严重性由此可见一斑！

进入 19 世纪，茶叶市场中的假冒伪劣问题并无明显改善。在 17、18世纪，茶叶市场中假冒伪劣问题颇为严重，进入 19 世纪仍是如此，1818年，在伦敦出版了标题颇为惊悚的小册子《毒茶》，揭开了该时期假冒伪劣茶叶问题的冰山一角，该小册子的副标题堪称冗长，简要概括了其主要内容："有关爱德华·帕尔默的审判，杂货商，红狮大街，怀特魁堡尔，他被判决处以 840 镑罚金，因为拥有一定数量的野李叶与白刺叶，伪造成茶，用洋苏木染色，在铜片上晾干，用荷兰红与铜绿等致命毒药上色！！！附有因相同罪行对其他 12 位杂货商与茶商的判决，他们为：G. B. 贝利斯·格雷客栈街；吉尔伯特与鲍威尔·奇斯韦尔街；约翰·霍纳·联合街；约翰·奥克尼·沙德韦尔高街；W. 克拉克·东史密斯菲尔德；詹姆斯·格雷·主教门大街；J. 普伦蒂斯·红狮大街，斯皮塔佛德；W. 道林·国王大街，塔山；劳森·霍姆斯·雷克利夫高街；W. 哈布库·威尔斯街，怀特魁堡尔；托马斯·埃拉·霍尔本；约翰·皮特·普莱迪·布莱德大街。"④

尽管议会一再出台相关法令，但假冒伪劣茶叶问题并无多大改善。不

---

① Roy Moxham, *A Brief History of Tea*: *The Extraordinary Story of the World's Favourite Drink*, pp. 26-27.

② Anonymous, *Advice to the Unwary*, p. 18.

③ C. H. Denyer, "The Consumption of Tea and Other Staple Drinks", *The Economic Journal*, Vol. 3, No. 9, March 1893.

④ Anonymous, *Poisonous Tea*, London: John Fairburn, 1818.

能不指出的是，英国茶叶市场中假冒伪劣严重也与中国的茶叶供应存有一定关联。17、18 世纪时期，英国东印度公司从中国购买的茶叶质量较高，就笔者收集的资料来看，该时期未见严重的假冒伪劣问题，英国茶叶市场中的假冒伪劣茶叶主要为国内不法商贩制作。但进入 19 世纪，随着茶叶贸易的进一步增长，中国有不法茶农与商贩互相勾结，掺假造假、假冒伪劣现象日益泛滥。就茶叶生产制作而言，"各施巧制之法，致使淡茶愈劣，已失昔日之名矣"①。不法商贩在茶叶收购时唯利是图，"只关心着尽快地把茶叶送往市场。为了从外商身上赚得利润，更有效的办法是把茶叶及时送到市场，而不是注意茶叶的质量"②。茶叶装箱之时也极尽蒙骗之能事，"装箱之时，其残败之叶不能捡去，致与茶叶同有污染之味，并茶末太多，又有他项之叶掺杂在内"③，而且包装也不精细，"包装……缺点都是一致的，如果铅的价格昂贵，便勉强使用厚纸；如果木材缺乏，箱板便非常薄。以致装 112 磅的木箱仅仅略胜过纸盒子，因此木箱外皮一旦破开，铅罐会破裂"④。可以想象，这种质量不佳的箱子极易破损，对茶叶品质造成严重损害。

尽管笔者所收集的中文原始资料中对假冒伪劣茶叶问题多有披露，但对茶叶染色问题似乎很少提及，而英文原始资料则对该问题多有关注，至 19 世纪中期，他们对这一问题的认识已经极为深入。

英国植物学家罗伯特·福钧在 19 世纪中叶访问中国，刺探茶树种植与茶叶制作情报时，他目睹了当时外销茶制作中的染色现象，发现徽州的绿茶产区在制茶过程中有一专门的工序——染色，其操作程序大致为：将颜料普鲁士蓝（Prussian Blue）放置于钵型的盆中，碾成细末状，同时将石膏置放于炭火上炙烤使其变软，捣碎后碾成细粉；将制成的两种细粉按照石膏与普鲁士蓝 4∶3 的比例混合，形成淡蓝色混合物备用；在烘烤茶叶的最后阶段，把制成的混合物添加到茶叶上，制茶工两手迅速翻炒，以便颜色能够均匀分布。⑤ 按照罗伯特·福钧的看法，之所以制茶时将这些绿茶染色，很大程度上是因为

---

① 彭泽益：《中国近代手工业史资料》第二卷，中华书局 1962 年版，第 110 页。
② 姚贤镐：《中国近代对外贸易史资料》第二卷，第 1209 页。
③ 彭泽益：《中国近代手工业史资料》第二卷，第 289 页。
④ 姚贤镐：《中国近代对外贸易史资料》第二卷，第 1206 页。
⑤ Robert Fortune, *Two Visits to the Tea Countries of China and the British Tea Plantations in the Himalaya*, Vol. ii, London, 1853, pp. 69-70.

"欧洲与美国人口味独特，偏好'颜色鲜艳的'（coloured）绿茶"①，制茶者为的是投其所好。至于染色物造成的危害，罗伯特·福钧还给以如此估计，"在英国与美国，每消费100磅染色绿茶，消费者实际饮入了超过半磅的普鲁士蓝与石膏"。他还意味深长地写道，"而且，我要告诉染色茶的消费者，中国人食用猫肉、狗肉与鼠肉——正是他们，会惊异地举起双手同情这些可怜的上帝子民"！②或许出于关心茶叶质量问题的考量，罗伯特·福钧将染色物寄回了英国，交给了1851年在伦敦举行的万国博览会，其中一小部分交给了药剂师（抑或化学家）沃灵顿，后来，沃灵顿在化学协会的会议上宣读了自己的研究，分析了这些染色物的化学成分。

此后，相关书籍屡屡提及茶叶掺假造假问题。比如在1865年出版的小册子《论茶》中，作者也对中国茶叶贸易中的掺假造假问题给以关注，特别提到了茶叶染色所用的化学材料，"从工人对它的称呼以及其外观来看，立即可知，此物为普鲁士蓝与石膏"③，而且还对此给以进一步说明，"普鲁士蓝是氢氰酸与铁的化合物，毫无疑问为毒药"④。再如1875年出版的另一小册子也指出，"如果是绿茶，会融化并掺入大量普鲁士蓝与石膏，红茶则被混合添加粉末状的黑色的铅"⑤。茶叶掺假造假问题成为当时相关书籍中老生常谈的问题。

该时期，茶叶制作中的假冒伪劣问题并无改善，除了相关小册子外，掺假造假问题也屡屡见于报端，引发了多方关注。比如《教会新报》1873年即刊文《严禁伪茶》，痛陈这一恶劣现象，"泰西商贾买办中国茶叶，实为通商之大宗且交共已久，莫不知之，近来每被中国专售茶叶者于好茶之中掺杂，回笼茶叶又名还魂茶，即中国用过曾经出去原汁复行晒作之茶，犹有细嫩树叶皆混在内，西商受此累者不少"⑥。媒体的呼吁未能发挥实际作用，类似事件并非孤例。比如，《万国公报》曾刊文《查察伪茶》转述英国报纸内容，"据英新报云，有一地名邓看克，有二店专售伪

---

①　Robert Fortune, *Two Visits to the Tea Countries of China and the British Tea Plantations in the Himalaya*, Vol. ⅱ, London, 1853, p. 69.

②　Robert Fortune, *Two Visits to the Tea Countries of China and the British Tea Plantations in the Himalaya*, Vol. ⅱ, London, 1853, p. 71.

③　George Fish Jeffries, *A Treatise on Tea*, Introduction, p. 2.

④　George Fish Jeffries, *A Treatise on Tea*, Introduction, p. 3.

⑤　Thomas De Witt Talmage, *Around the Tea-Table*, London: R. D. Dickinson, 1875, p. 3.

⑥　《严禁伪茶》，《教会新报》1873年第267期，第7页。

茶，工部局知之，当令巡捕取茶，令化学师考验，化学师云，此伪茶用他树叶刻镂与茶叶相同后，用绿色加染，视之逼真，唯绿色易落耳，询其何来，则从法京某大茶行原箱整购者，复令巡捕赴法行购有茶样，验之实系伪，询之彼行则购之进口行，进口行则购之英设广东之茶行，而英行皆购之本土人者"①。在这样的情况之下，英国购买的茶叶从开始即存有质量隐忧，加上抵达英国后各个销售环节进行掺假造假，可以想象，英国市场中茶叶质量不容乐观。

　　英国茶叶市场中的假冒伪劣问题颇为严重，除了与货源供应这一具体因素有关之外，更重要的原因还是当时的历史环境。18、19世纪，就该时期英国市场的整体状况而言，假冒伪劣问题并非茶叶买卖独有，而是英国市场当中的常态，因为此时市场管理并不规范，各类商品中均存在一定程度甚至颇为严重的假冒伪劣问题，时人对此多有关注。比如1757年，一位匿名的作者发表了小册子《发现毒物：或骇人的事实：和令人担忧的英国城市》，其中关注到了茶叶市场中的假冒伪劣问题，谈及有人用绿矾进行茶叶染色这一现象，不过作者的重点关注对象并非茶叶，他主要揭露了面包制作中的掺假问题，还涉及了在酒水中掺假造假、制造啤酒时使用酸与其他有害身体健康的原料等多种问题。② 延至19世纪，英国市场中的假冒伪劣问题并无改善，依然十分严重，比如与饮茶密切相关的牛奶，"在整个19世纪，牛奶业因掺假行为而声名狼藉"③。掺假手段包括掺水、染色、添加各类防腐剂等，1881年的调查资料显示，"伦敦市场上的牛奶掺水比例甚至高达60%—70%，平均被提取1/3的乳脂后再掺入大约20%的水"④，其他城市大致相类。⑤ 可以看出，当时英国市场上掺假、伪造、使用劣质原料、染色、以次充好等问题比比皆是，茶叶作为日常消费品中的一种，它无法逃脱当时市场大环境的影响。

　　为了解决茶叶市场中的假冒伪劣问题，相关各方采取了一些措施。为

---

① 《查察伪茶》，《万国公报》1889年第6卷，第58—59页。

② J. C. Drummond, Anne Wilbraham, *The English Man's Food: A History of Five Century of English Diet*, p. 187.

③ Oddy, "Food, Drink and Nutrition", F. M. L. Thompson, ed., *The Cambridge Social History of Britain 1750-1950*, Vol. 2, Cambridge: Cambridge University Press, 1990.

④ 刘金源、骆庆：《19世纪伦敦市场上的牛奶掺假问题》，《世界历史》2014年第1期。

⑤ 参见魏秀春《1875—1914年英国牛奶安全监管的历史考察》，《历史教学》2010年第24期。

了遏制假冒伪劣茶叶泛滥的问题,英国东印度公司从货源检验入手,从1790年起委派专人进行质检,茶叶专家阿瑟开始在广州帮助大班鉴定比较茶叶与样品,"根据他的报告,有几种退回,一种减价10两,有好几种减一、二或三两"[①]。同时,英国还先后制定了一系列法令,分别于1724年、1730年与1764年颁布法规进行遏制,但效果不佳。进入19世纪之后,随着茶叶贸易突飞猛进与茶叶价格的降低,假冒伪劣茶叶获利空间已经大为减少,而且英国于1875年通过了《食品与药品销售法》(Sales of Food and Drugs Act 1875)并坚决执行,情况明显好转,"至19世纪90年代,每年数百份样品中仅有一两份掺假茶被查出"[②]。茶叶市场中的假冒伪劣问题至此基本解决。

第四节 1784年《减税法案》

英国东印度公司的茶叶进口与饮茶在社会各个阶层的普及互相推动,茶叶消费日渐增长,但当时英国茶叶市场中除了掺假造假之外,还存有严重的走私问题,这不仅扰乱了正常的市场秩序,而且可能造成食品安全隐患,日益引起各界人士的不满,所以议会不断通过法案予以治理。与此同时,茶叶走私也严重损害了英国东印度公司的商业利益,更重要的是,给英国政府造成了严重的财政损失,这不能不引起社会各界的关注。

一 茶叶走私的泛滥

随着饮茶在英国的日渐传播,英国茶叶市场的规模不断扩大,各色人士力图投身其中获取经济利益,茶叶走私为其中最为严重的问题,危害甚大。很大程度上可以说,茶叶走私是欧陆各国东印度公司与英国走私者互相勾结的产物,它不仅严重影响了茶叶市场的正常秩序,同时,给英国政府造成了巨额财政损失。

18世纪为茶在英国的真正传播普及期,随着其影响日渐扩大,英国人的茶叶消费量急剧攀升,而饮茶在欧陆各国虽然流行一时但始终未能真

---

① [美]马士:《东印度公司对华贸易编年史》第一、二卷,中国海关史研究中心组译,第498页。

② John Burnett, *Liquid Pleasures: A Social History of Drinks in Modern Britain*, p. 61.

正普及，"在欧洲大陆，茶的应用没有如同在英国一样取得迅速发展"①，尽管饮茶在荷兰比较普及，但在欧洲大陆这仅仅是一个特例，"实际上，茶在欧洲大陆从来没有被较为广泛地饮用过"②。但是，欧陆各国的东印度公司出于争夺商业利益的目的，同样努力发展茶叶贸易。比如在1719年至1725年，英国年均进口量为6891担，其他各国年均进口量之和为5854担，英国尚占有一定优势，但形势逐渐发生变化，比如1741—1748年，英国茶叶年均进口量为14863担，而其他各国的年均进口量之和跃升为46844担，已经远远超过英国，甚至荷兰一国的年均进口量即达到15133担，已经超过英国，即便丹麦的年均进口量也已经达到13248担，与英国大致相当。可以看出，随着英国茶叶消费市场的不断扩大，其进口茶叶的数量不断增长，超过了欧陆任何单一国家的进口量，但与欧陆各国茶叶进口量之和相比，英国明显处于劣势。再如1770—1777年，英国年均茶叶进口量为52262担，其他国家进口量最多者为荷兰，其年均茶叶进口量为34818担，两者相比，英国的茶叶进口量远远超过荷兰，但不能不关注的是，荷兰与其他欧陆各国的年均进口量之和为101187担，这几乎达到了英国年均茶叶进口量的两倍。③

欧陆各国如同英国一样，积极发展茶叶贸易，各国的茶叶进口总量相当可观，但饮茶在欧陆各国并不普及，其本土的茶叶消费量较为有限，超出需求之外的大量茶叶流向何处？很明显，相当部分通过各种渠道进入了英国市场。根据时人沃伦奇（Valentyn）的观察，1721年茶叶贸易以及茶叶流向的整体状况大体为："1721年时，英格兰、荷兰、法国以及奥坦德东印度公司进口茶叶共计4100000磅，这一年，英国东印度公司在伦敦拍卖的茶叶数量为282861磅，留在欧洲大陆市场上的数量为3817139磅，实际上这一部分当中的绝大部分通过各种渠道进入了英国市场。"④ 另据研究，"法国、荷兰、丹麦以及瑞典船只从广东运走的茶，绝大部分以相当于伦敦市场一半的价格销售在了洛里昂、阿姆斯特丹、哥本哈根以及哥德堡市场，（然后）这些茶就流向了英国"⑤。由此可见，最初留在欧陆市

---

① Great Tower Street Tea Company, *Tea*, *its Natural*, *Social and Commercial History*, p. 18.

② William Milburn, *Oriental Commerce*, Vol. II, p. 529.

③ Anonymous, *Advice to the Unwary*, p. 5. 根据行文需要，笔者对原始数据进行了计算处理。

④ William Milburn, *Oriental Commerce*, Vol. II, p. 536.

⑤ C. H. Philips, *The East India Company：1600-1858*, Vol. II, London and New York：Routledge, 1998, p. 89.

场的茶叶大多最终辗转进入了英国市场，只是它所通过的渠道并非合法贸易，而是非法走私。

在 18 世纪中叶以前，茶叶走私的方式还相对较为简单，组织性也较差，我们通过走私商人加里埃尔·汤姆金斯在 1733 年所进行的描述，可以大致了解茶叶走私的基本过程。这位走私商人一般租船去往荷兰的泽兰，从那里购买所需要的茶叶，运载好货物之后，船只驶向英国的肯特和埃塞克斯郡沿海地区，在这里秘密登陆并卸下茶叶。此后，在 10 至 20 人所组成的小股武装团队的护送下，将茶叶运至伦敦附近，存放在事先租好的房屋中保存，从这里再用马匹运送茶叶进城，每匹马大约负重 100—200 磅。最后，或者是通过中间商或者是直接把茶叶分送到包销商手中，通过他们进入消费市场。①

茶叶走私并非走私者的单独行为，它甚至日益成为社会各界广泛参与的"事业"，形形色色的人士以各种方式投身其中：普通劳动者积极参与并发挥自己的作用，茶叶走私需要长途贩运，所以需要人手从事运输以及安全防卫工作，普通劳工多承担了这些任务，以至于很多人借此脱离了普通的农业生产，谢菲尔德勋爵（Lord Sheffied）之所以曾抱怨其庄园严重缺少农工，原因即在于苏塞克斯（Sussex）一带的精壮劳工很多投身茶叶走私了，这是沿海一带很多地方遇到的共同问题，"在近海的许多地方，他们（农场主）无法找到干活的劳力，因为许多人被雇佣，将走私货物从国家的一个地方搬运到另一个地方"②，之所以出现这一状况，很大程度上源于从事走私收入可观，与从事农业生产相比更是如此，"他们作为运送者与保护者无需冒多大风险每周即可挣到 1 个几尼，所以，无法期望他们为了得到 8 个先令而在土地上劳作"③；茶叶消费者间接地参与其中并乐享其成，比如著名的蒙太古夫人（Mrs. Montagu）喜好饮茶，她曾专门写信给她的亲戚，请她们代为购买两磅上好的走私茶。社会各界人士的广泛"参与"使整个社会出现这一有趣现象，尽管走私按照法律规定为非法行径，但"当时的人不视走私为严重的罪恶。他们以为走私者是浪漫的冒险者，走私者所提供的有用服务，是所有明智的人都享受利用

---

① 吴建雍：《清前期中西茶叶贸易》，《清史研究》1998 年第 3 期。

② Anonymous, *Advice to the Unwary*, p. 3.

③ Agnes Repplier, *To Think of Tea*, Boston and New York：Houghton Mifflin Company, 1932, p. 41.

的"①。所以，社会舆论对茶叶走私持宽容态度，走私者甚至在一定程度上得到了社会同情乃至鼓励。比如 1747 年时，英国的 60 名茶叶走私者全副武装，胆大妄为地抢劫了海关仓库，抢回了被扣押的走私茶叶，这一消息在社会上传开时，人们并没有感到恐惧或者震惊，他们得知并谈论这个事件的时候竟然是喜形于色。著名哲学家、经济学家亚当·斯密对该时期的情形予以略带幽默的评述，认为"尽管购买走私物品是鼓励损害税收法律的行为，但在许多国家，对假装购买走私物品心存顾忌都被视为卖弄伪善，不但不能博得称誉，却使得别人怀疑其老奸巨猾"，"公众对走私行为如此宽容，走私者便常常受到鼓励，而继续其自视清白的交易。如果税收法律的刑罚要落在他头上，他往往想使用武力保护其自认为正当的财产"②。

在这一历史背景之下，茶叶走私活动日益发展，尤其是在 18 世纪后期甚至出现了组织化、规模化的倾向。至 18 世纪 70 年代，茶叶走私活动已经明显变化：由个人性质的非法活动发展成为组织性很强的武装走私，而且走私者已经建立了稳定的销售网络和接近惯例的销售方式。根据 1780 年的历史材料，此时走私者驾驶的快速帆船载重量较大，乘坐着全副武装的人士护航，在购买走私货物的时候，他们或者支付现金，或者以货易货——用英国禁止出口的羊毛加以支付。③ 可以看出，走私者的组织性已经大为增强。而且，茶叶走私者在一些地方建立起了接近惯例的销售方式，比如在诺福克地区，"夜深时分如果有人轻敲窗或门，则通常是宣布本地走私者的到来"④，走私者的销售方式在当地已经为人熟知，至于其具体的交易过程，伍德福德牧师（Rev. James Woodforde）因为饮用走私茶，还在 1777 年 3 月 29 日的日记中具体叙述了交易过程："走私者安朱斯（Andrews）今夜 11 点钟左右带给我一袋熙春茶，重 6 磅。他在我们正要上床睡觉的时候，在客厅的窗下吹口哨，把我们吓了一跳。我给了他一些杜松子酒，并付给他茶叶钱，每磅10 先令 6 便士。"⑤

茶叶走私所造成的危害不言而喻。小而言之，茶叶走私严重损害了合

---

① ［英］C. 赫伯特：《英国社会史》下卷，贾士蘅译，第 483 页。

② ［英］亚当·斯密：《国富论》，唐日松等译，华夏出版社 2004 年版，第 645 页。

③ Anonymous, *Advice to the Unwary*, p. 3.

④ ［英］C. 赫伯特：《英国社会史》下卷，贾士蘅译，第 483 页。

⑤ Gervas Huxley, *Talking of Tea*, p. 13.

法经营者的经济利益，使茶商遭受了严重的损失，以至于他们曾经于1736 年即联合起来向国会请愿，认为当时英国消费者饮用的茶叶中，大约有一半是通过走私渠道而非法入境的，也有茶商发出这样的抱怨，"在距离海岸 30 公里之内的区域，几乎无法做任何生意"①。大而言之，茶叶走私给整个英国茶叶市场造成了严重的后果，不仅影响到英国东印度公司的商业利益，而且给政府造成巨额财政损失，"据估计，国库因为走私活动受到的损失每年不低于 200 万镑"。② 问题之所以如此严重，这是因为走私茶在英国整个茶叶市场中所占的份额极为惊人，比如，著名茶商理查德·川宁在 1785 年时认为："走私者已然成为让人恐惧的对手，依照最保守的估计，他们占有一半的市场，有人甚至认为走私者占有三分之二的市场"③，在稍晚的 1813 年，威廉·密尔本也予以估测："英国所消费的茶叶中仅有不到三分之一是通过合法渠道进口的"④，当代研究者的估计更为具体，认为在 1784 年之前数年中，年均茶叶走私多达 7500000 磅，保守估计为 4000000 磅至 6000000 磅之间。⑤ 无论茶叶走私所占比例以及具体数字到底如何，论者对于情况极为严重这一点毫无异议，可以说"尽管自 1709 年东印度公司成立起，它就被合法地授予了从中国进口茶叶的特权，但是，在 1784 年之前，它不得不与走私者共享国内市场。……在这些年份当中，公司的购买与销售政策实际上是处在走私者的行为的影响之下"⑥。

在英国饱受茶叶走私之害的同时，欧陆各国却大获其利。如前文所述，18 世纪后半期饮茶在英国下层社会逐渐传播，是饮茶在英国真正实现普及的重要历史时期，茶叶消费量的增长自然不难想见，但东印度公司的茶叶贸易未能同步发展，甚至在一段时间内，其销售数量还呈现下降趋

① Roy Moxham, *A Brief History of Tea*: *The Extraordinary Story of the World's Favourite Drink*, pp. 24-25.

② William Milburn, *Oriental Commerce*, Vol. Ⅱ, p. 540.

③ Richard Twining, *Observations on the Tea and Window Act*: *And on the Tea Trade*, London, 1785, p. 4.

④ William Milburn, *Oriental Commerce*, Vol. Ⅱ, p. 540.

⑤ Hoh-cheung and Lorna H. Mui, "Smuggling and the British Tea Trade before 1784", *The American Historical Review*, Vol. 74, No. 1.

⑥ Hoh-cheung Mui and Lorna H. Mui, *The Management of Monopoly*: *A Study of The English East India Company's Conduct of Its Tea Trade*, 1784-1833, Vancouver: University of British Columbia Press, 1984, p. 12.

势，比如，在 1769 年其茶叶销售总量为 9384522 磅，1772 年则降至 6934134 磅，至 1775 年进一步降为 6150333 磅，1778 年则已经降至 4690520 磅，英国东印度公司的状况极为反常，其茶叶销售量竟明显呈下降趋势。① 而与此形成对比的是，同一时期欧陆各国作为走私茶的货源供应地，其茶叶贸易则明显呈增长趋势，1769—1777 年，荷兰、法国、丹麦与瑞典四国的茶叶进口总量分别为 5504733 磅、5247009 磅、5687899 磅、7182444 磅、10296416 磅、10630811 磅、12907088 磅、13576830 磅、16138155 磅②，在八年时间中，各国茶叶贸易的总量增长了接近两倍，增长幅度十分可观。

在同一历史时期，英国与欧陆各国的茶叶贸易呈现此消彼长的趋势，二者的发展态势完全相反，让人感觉不可思议，其实从中发挥决定性作用的因素即茶叶走私，实际上正是茶叶走私极大地促进了欧陆的茶叶进口，阻碍了英国东印度公司茶叶贸易的发展。

二　茶叶走私的原因

就当时英国市场环境整体而言，各式各样的走私活动广泛存在。著名作家笛福曾对该时期的走私加以描述，谈到沿着肯特和埃塞克斯海岸，由法国和荷兰来的水果酒和白兰地酒，以及胡椒、茶、咖啡、印花布和烟草大批地在这一带上岸，当地的人借着这种生意而成为巨富。③ 杜松子酒在一段时期也是重要的走私货品，"在荷兰的斯奇丹（Scheidam）有 125 个麦芽蒸馏装置，它们每年生产 3857500 加仑杜松子酒，其中的大部分被走私到了英格兰"④，在法国与瑞典，也有相当规模的蒸馏工场，它们生产的杜松子酒很多是专门提供给英国走私者的。可以说，该历史时期走私活动是较为普遍的，而且就客观条件而言，南英格兰海岸地区拥有许多小峡湾，海岸线较为曲折复杂，有利于走私船只的秘密航行与藏匿，不利于政府查缉，这也为走私者提供了有利的地理条件。但是，由于茶叶日益成为英国的一种全民饮料，其走私活动更为猖獗，其背后是否存在更为深层的其他原因？

仔细探究起来，茶叶走私活动之所以如此猖獗，主要原因还是英国对

---

①　Anonymous, *Advice to the Unwary*, p. 4.

②　Anonymous, *Advice to the Unwary*, p. 5.

③　［英］C. 赫伯特：《英国社会史》上卷，贾士蘅译，第 408 页。

④　Anonymous, *Advice to the Unwary*, p. 2.

茶叶征税过高。茶进入英国不久，很快就成为征税对象。在 1660 年通过的法令规定，"制造并销售每加仑咖啡征税 4 便士，制造并销售每加仑巧克力……茶征税 8 便士"①，对茶征税由此成为常例，而且征税额不断增长，到 1670 年，茶税征收已经增至每加仑 2 先令。尽管征税额不断增加，但征税方法依然如旧，"征税官员在销售前进行测量，每天来测量的次数一次或者是两次"②，这种方法一直使用到 1689 年。1690 年，按照威廉与玛丽国王时期的法令，特定商品加征关税（additional duty）20%，从印度与中国进口的所有制成品除了靛青与生丝之外均属此列，茶自然被列入其中。此后，在 1692 年与 1696 年，茶税两次加征，前一次按照价格加征5%，后一次则根据茶叶来源的不同而分别加征：从生长地输入的每磅增税 1 便士，由荷兰进口者每磅增税 2 先令 6 便士，如果这些茶用于出口，则出口时退返关税的三分之二。进入 18 世纪，英国延续了对茶征收重税的政策，这一时期，茶税虽然略有波动，但总体仍保持在较高的水平：1711—1712 年，茶叶的税负比为 36%，1713—1721 年为 82%，1722—1723 年为 200%，1724—1733 年为 84%，1734—1744 年为 128%，1745—1747 年为 69%，1748—1759 年为 75%，1760—1767 年为 90%，1768—1772 年为 64%，1773—1777 年为 106%，1778—1779 年为 100%，1780—1781 年为 106%，1782 年为 105%，1783 年为 114%，1784 年为 119%。③

正是由于英国对茶叶征收高额关税，推高了国内的茶叶价格，合法茶与走私茶之间的价格差距非常明显，比如 1779 年时，合法武夷茶每磅47—51 便士，走私货为 24—33 便士；合法工夫茶每磅 56—96 便士，走私货为 40—54 便士；合法小种茶每磅 72—144 便士，走私货为 42—66 便士；合法的普通绿茶或松萝茶每磅 60—120 便士，走私货为 42—66 便士；合法熙春茶每磅 126—240 便士，走私货为 66—108 便士。④ 走私茶的价格仅约为合法茶的一半，从价格最低的武夷茶到价格最高的熙春茶都是如此，两者价格相差悬殊，走私茶对合法茶的威胁不难想见：正是因为英国市场的茶叶价格与欧洲大陆相比差价过大，才为走私活动提供了值得冒险

①　William Milburn, *Oriental Commerce*, Vol. Ⅱ, p. 529.

②　C. H. Denyer, "The Consumption of Tea and Other Staple Drinks", *The Economic Journal*, Vol. 3, No. 9, March 1893.

③　William Milburn, *Oriental Commerce*, Vol. Ⅱ, p. 542.

④　Hoh-cheung, Lorna H. Mui, "Smuggling and the British Tea Trade before 1784", *The American Historical Review*, Vol. 74, No. 1.

的利润空间，根治茶叶走私问题，或许降低关税才是最佳的解决办法。

其实关于茶叶走私的原因，18 世纪前期已有论者指出了解决之道。早在 1736 年，有识之士即深刻认识了茶叶走私问题："对茶叶所征之税超出了其本身价值，实际而言，这是茶叶走私这一罪恶日益泛滥的根本原因。……根治这种恶劣行径最有效的方式即合理征税。"① 19 世纪也有论者给以精辟论述，以略带幽默的口吻谈道，"同一商品（指茶）在汉堡为 6 便士 1 磅而英格兰为 8 先令，恐怕人性并没有强大到可以抵制如此诱惑——在避开收税官监视的情况下将大量商品从便宜之地转运至售价昂贵的市场"②。20 世纪中期，有学者重申，"因为过高的关税，茶叶走私达到如此规模，英国饮用茶叶中至少三分之一——可能高达三分之二——为走私品"③。由此可见，茶税过高是茶叶走私的根本动力，降低茶税才是解决走私问题的釜底抽薪策略。

三　《减税法案》的出台

延至 18 世纪后期，茶叶走私越发严重。1761 年，时人约翰·高尔特记述道，"庞大的走私贸易腐蚀了整个西海岸……茶叶运送就像谷糠，白兰地就像井水……无论在海面上还是陆地上，国王的人和走私者们进行着斗争"④。茶叶走私的泛滥，致使英国东印度公司不堪其害，所以决心认真面对，襄助茶商会（Tea Dealers' Association）对此进行调查研究。1780 年，茶商会发布了小册子《给易于受骗者的忠告》，对茶叶走私问题进行了较为深入的分析，"法国每年进口 500 万或者是 600 万磅茶，其中的绝大部分被走私到了英国"，"英国的走私者还从荷兰、哥德堡以及哥本哈根大量购入茶叶"，正是基于这样的详细了解，作者就此提出质问，"我们不禁提出这样的问题：如果茶叶走私被禁之后，法国人、瑞典人、荷兰人以及丹麦人还值得继续同中国进行茶贸易吗"？⑤ 作者还阐述了茶叶走私给英国造成的巨大危害，"不仅使国家税收受损，还妨碍了英国东印度公司在从事对中国的贸易方面能够经常性地雇用 28 艘船只，妨碍了在现

---

① Anonymous, *A Scheme Humbly Offer'd to Prevent the Clandestine Importation of Tea*, London, 1736, p. 1.

② The Licensed Victuallers' Tea Association, *A History of the Sale and Use of Tea in England*, pp. 13-14.

③ Gervas Huxley, *Talking of Tea*, p. 12.

④ Claire Hopley, *The History of Tea*, South Yorkshire: Remember When, 2009, p. 35.

⑤ Anonymous, *Advice to the Unwary*, pp. 2-3.

在的基础之上再多使用 3300 名水手与职员，也就是每年可使用 14 艘船只，每艘船上使用 120 名水手与职员"①。

与此同时，英国东印度公司也开始直接付诸行动。东印度公司命令公司职员威廉·理查德逊着手展开工作，致力于制定反对茶叶走私、降低税率的可行方案。威廉·理查德逊随即积极投身其中，他密切地与伦敦商界进行沟通联系，将他们组织起来以便协同行动，努力搜集相关资料，每周聚会交流、交换已经掌握的茶叶走私信息，积极筹备制定应对方案。在公司董事会拨付 500 镑资助资金后，威廉·理查德逊还扩大活动范围，努力在其他城市展开相关活动，积极筹划反对茶叶走私的具体方案。1781 年，威廉·理查德逊在调研基础上拟定了第一个反走私方案，核心内容为将对茶叶征收的关税降至 16%。公司董事会对此予以仔细权衡，最终没有给以认可，其顾虑主要在于"政府会因为国库受到的损失而要求补偿"，另外更重要的是，董事会对该方案的预期效果并不看好，认为"降低关税的这一幅度尚不足以在英国消灭茶叶走私并根除掺假制假现象"②。

在第一个方案流产之后，威廉·理查德逊对公司董事会的考虑进行了认真分析，重新进行筹划，进而提出第二个更为激进的改进方案：取消茶叶的全部税款，征收窗税弥补税收损失。改进方案得到了首相薛尔本勋爵的认同，他甚至将该方案送与大臣征求建议。薛尔本勋爵重视威廉·理查德逊所制订的茶税替代计划，并非只限于关注茶叶走私问题，而是主要缘于时局考虑：此时，英国深陷北美独立战争之中，旷日持久的战事造成极大的财政负担，英国财政几乎陷入困境，薛尔本力图解决茶叶走私问题，以对财政收入有所裨益。与此同时，英王乔治三世也关注到茶叶走私，1783 年 11 月初，他要求注意走私活动所造成的财政损失。

在上述情况下，英国议会也展开了具体行动。议会稍后即于 11 月 21 日通过决议，成立由 15 人组成的专门委员会调查研究走私问题，威廉·伊登任主席。委员会成立后随即展开工作，27 日举行首次会议认真研究走私问题。与此同时，威廉·理查德逊的改进方案基本得到了东印度公司董事会的认可，他们期望该方案能够付诸实施。此时，适逢英国首相更迭，年轻的小威廉·皮特于 12 月 19 日出任首相，他上台伊始即面对北美战争导致的财政困难，所以"第一个行政方面的努力即指向了财政问

①　Anonymous, *Advice to the Unwary*, p. 6.

②　Earl H. Pritchard, *Crucial Years of Early Anglo-Chinese Relations 1750-1800*, p. 147.

题"①。由于解决茶叶走私问题可以挽回数量可观的财政损失，所以小皮特不能不对此格外关注，根据著名茶商理查德·川宁的自述，他"经常拜访皮特先生，他问了我一些有关茶贸易的问题"②。皮特积极了解茶叶走私为问题的解决提供了契机，但其解决思路究竟如何则影响了应对措施的选择。

在经济思想方面，小皮特服膺亚当·斯密的洞见乃至宣称自己是他的学生，亚当·斯密也曾经向朋友赞誉，"皮特太了不起了，他比我更能理解我的思想"③。亚当·斯密于1776年出版了划时代巨著《国富论》，经济自由是其经济学说的核心，所以在论及贸易问题时，亚当·斯密呼吁废除贸易限制，实现自由贸易，认为对社会需求巨大的某种商品征收重税反而导致税收损失，因为人们会竭尽全力寻机规避多余税收，最终导致税收受损，所以"一种重税，有时会减少所税物品的消费，有时会奖励走私，其结果，重税给政府所提供的收入，往往不及较轻的税所能提供的收入"，如何应对这一问题？亚当·斯密开出了自己的药方，"当收入减少的原因是走私得到鼓励时，大约有两种解决方法：一是削弱走私的诱惑力；一是增加走私的难度。只有降低关税才能减少走私的诱惑；只有设立最适于阻止走私的税收制度才能加大这种违法行为的难度"④。可以看出，亚当·斯密已经指明了解决走私问题的方法。财政困难迫使小皮特不得不关心茶叶走私问题，亚当·斯密的自由贸易思想则指明了解决问题的可能方向，所以，威廉·理查德逊的方案获得小皮特的支持并不奇怪。

威廉·伊登领导的委员会在1783年12月24日提交了报告，揭橥了走私问题的严重程度，"十分明显，不缴纳关税的商品的非法走私已经发展到了令人震惊的程度，很多时候公开进行而且伴之无法无天的暴力活动，这种非法行为遍布我国的沿海地区，……利用各种非法途径，进入我国的茶叶每年接近7000000磅"⑤。与威廉·伊登熟识的乔治·登普斯特也在信件中谈道，"我们从各方面情报获悉，走私活动之猖獗足以令人吃

① Robert Bisset, *The History of the Reign of George III*, Vol. III, London, 1820, p. 308.

② Richard Twining, *Observations on the Tea and Window Act: And on the Tea Trade*, London, 1785, p. 3.

③ [英] 约翰·雷：《亚当·斯密传》，胡企林、陈应年译，商务印书馆1983年版，第368页。

④ [英] 亚当·斯密：《国富论》，唐日松等译，第634页。

⑤ Peter Lane, *Success in British History 1760-1914*, London: John Murray Ltd., 1978, p. 42.

惊，它威胁着要毁灭财政收入、正当的商人和人民的健康和道德观念"①。鉴于走私问题已极为严重，委员会提请议会加以特别关注。1784 年 3 月，委员会在提交的报告中进一步给出建议：修改现行法律条文，降低茶税并用窗税加以替代。可以说，该委员会的主张与威廉·理查德逊大体一致，这也符合小皮特所持的理念，茶税改革基本达成共识。所以，小皮特于 6月 21 日向议会提出了改革议案，下议院 8 月 16 日予以通过，上议院 20日认可，1785 年 8 月 1 日正式实施。

四　《减税法案》的影响

如上文所述，为了应对日益猖獗的茶叶走私问题，英国东印度公司与政界共同努力，使《减税法案》得以通过与实施。仅就其内容而言，1784 年《减税法案》并不复杂：其核心内容为将东印度公司所售茶叶的税率降至 12.5%，同时征收窗税来弥补茶税降低产生的财政损失；为满足英国民众的消费需求，对东印度公司的茶叶贸易与销售提出了规范性要求，主要包括茶进口量须能满足国内消费需求，存贮能够满足一年消费的茶叶数量于国内仓库；每年拍卖茶叶四次，每次间隔时间相同。②《减税法案》的内容绝非晦涩难解，但其深刻影响却不容低估。英国政界与商界积极筹划并推出《减税法案》，意在借此对茶叶走私活动给以致命一击，如此则不仅可以增加财政收入，而且亦能推动英国东印度公司的对华茶叶贸易。就其实际效果而言，该法案的作用远远超过了设计者最初的预期，其影响是多方面的。

首先，《减税法案》沉重打击了茶叶走私，推动了英国茶叶贸易的迅猛发展。《减税法案》实施之后，茶叶走私遭受沉重打击，有关这一问题，时人给以高度评价，约翰·萨姆纳认为，"该举措立竿见影，走私与掺假行为立即走向终结，合法茶的输入几近翻倍"③。英国东印度公司借此得以扭转颓势，茶叶销售量增长明显。1783 年，公司仅销售茶叶5857883 磅，法案生效的当年即 1785 年，公司销售茶叶高达 15081737 磅，

① ［英］乔治·登普斯特：《乔治·登普斯特致斯密》，欧内斯特·莫斯纳、伊恩·辛普森·罗斯编著《亚当·斯密通信集》，吴良健等译，商务印书馆 1992 年版。

② Hoh-cheung, Lorna H. Mui, "The Commutation Act and the Tea Trade in Britain, 1784—1793", *The Economic History Review*, Vol. 16, February 1963.

③ John Sumner, *A Popular Treatise on Tea*: *Its Qualities and Effects*, p. 11.

增长势头极为强劲，从 1786 年至 1794 年，每年平均销售量为 16964957
磅。①《减税法案》的影响可谓明显，与此形成对照的是，依赖于茶叶走
私进行销售的欧陆各国茶叶进口数量急剧下降。以荷兰为例，1786 年进
口茶叶 5943200 磅，1787 年 5794900 磅，1788 年 4179600 磅，1789 年
5106900 磅，1790 年 1328500 磅，1791 年 2051330 磅，1792 年 2938530
磅，1793 年 2417200 磅，1794 年 4096800 磅，此后数年荷兰甚至未进口
茶叶②，荷兰作为欧陆最重要的茶叶贸易国几乎放弃了该项贸易。其他欧
陆各国的情形相似，瑞典的茶叶进口量 1786 年为 6212400 磅，1794 年降
为 756130 磅，1795 年则没有进口茶叶；丹麦的茶叶进口量 1786 年为
4578100 磅，1794 年没有进口茶叶，1795 年仅为 24670 磅。欧陆各国茶
叶进口总量也明显下降，1785 年为 17531100 磅，1787 年降至 10165160
磅，1791 年仅为 3034660 磅，随后虽然略有恢复，但回天乏术。③ 总体看
来，随着《减税法案》的实施，茶叶走私贸易几乎陷入停顿，加上欧陆
各国的茶叶消费量极为有限，所以欧陆的茶叶贸易自此一蹶不振，英国人
对此颇为得意，"最近政府从其他欧洲各国手中夺回茶叶贸易的措施，已
经收到了预期的良好效果"④，先前作为英国东印度公司主要对手的荷印
公司日益衰败，以致 1794 年陷入破产，这既与其在第四次英荷战争
（1780—1784 年）中遭受重创有关，也与英国通过《减税法案》所进行
的政策调整而产生的影响密不可分。此后一段历史时期，欧陆各国卷入了
法国大革命引发的动荡局势，英国东印度公司趁势夺得了中西茶贸易的垄
断权。

其次，《减税法案》通过以窗税替代部分茶税的调整，实现了国库收
入的增长。法案实施之前，英国虽然对茶征以重税，但由此获得的财政收
入较为有限，"现行的茶叶税每年平均收入 70 万镑"，而且这并非其最终
的真正收益，因为"还须扣除巨大的征收和管理费用"⑤。实施《减税法
案》的重要目标即增长国库收入，根据先期预计，小威廉·皮特估计可
以"每年收茶叶税 16 万 9 千镑"，另外还需加上"每年收窗户税 60 万

① William Milburn, *Oriental Commerce*, Vol. II, pp. 540–541.
② Robert Martin, *The Past and Present State of the Tea Trade of England*, p. 29.
③ ［英］斯当东：《英使谒见乾隆纪实》，叶笃义译，附录Ⅶ。
④ ［美］马士：《东印度公司对华贸易编年史》第一、二卷，中国海关史研究中心组译，
第 478 页。
⑤ ［英］斯当东：《英使谒见乾隆纪实》，叶笃义译，第 525—526 页。

镑"①，粗略算来，可以获得财政收入 76 万 9 千镑。威廉·理查德逊的预计更为乐观，他对可以征收的窗税进行了详细统计，认为总计可以征税735342 镑。②仅这一数字即超过以往的茶税。《减税法案》实施之后在增加国库收入方面效果如何，还需要予以认真核算——尽管给出精确的数字颇为困难，"精确计算这些措施给国库收入带来的具体增长数额几乎不太可能，但显而易见的是，这种重要商品（指茶）被从走私目录中清理了出来，这必然大有裨益"③。大体而言，《减税法案》为国库增加收入主要体现在两个方面，其一为茶税，其二为窗税。首先就实际的茶税征收来看，因为走私茶遭受沉重打击，英国东印度公司合法茶销量大增，英国所征得的茶税也随之增长（见图 4-2）。④

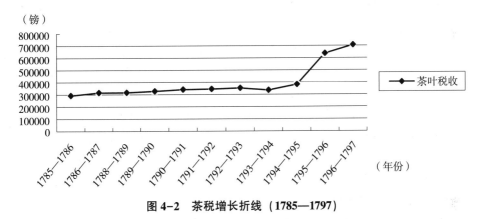

图 4-2　茶税增长折线（1785—1797）

如图 4-2 所示，1796—1797 年，仅茶税就超过了 70 万镑，即超过了《减税法案》实施之前所能征收的茶税总额。至于《减税法案》具体实施之后窗税征收情况，根据弗朗西斯·巴林于 1786 年对当时英格兰与威尔士房屋情况统计以及乔纳·汤普森有关窗税的核算，窗税征收情况大致如下：不缴纳窗税的房屋为 284459 栋，拥有 1—10 个窗户的房屋为 520025栋，平均缴税 1 先令 0.6 便士，拥有 11 到 25 个窗户的房屋为 163051 栋，平均缴税 2 英镑 5 便士，拥有 26—50 个窗户的房屋为 31835 栋，平均缴

---

① ［英］斯当东：《英使谒见乾隆纪实》，叶笃义译，第 526 页。

② ［英］斯当东：《英使谒见乾隆纪实》，叶笃义译，第 526 页。

③ George Rose，*A Brief Examination into the Increase of the Revenue，Commerce and Navigation of Great Britain*，p. 5.

④ ［英］斯当东：《英使谒见乾隆纪实》，叶笃义译，第 554—555 页。

税 4 英镑，房屋总计 999370 栋，窗税共计 521506 镑 3 先令 3 便士。① 可以看出，《减税法案》对增加国库收入发挥了相当作用。另外值得一提的是，《减税法案》在税收征收方面也引发了争议，"实际上，民众被强迫缴纳茶税，哪怕他们停止饮茶"②，也就是说，该法案实际上增加了不饮茶者的税负，用窗税替代部分茶税存有潜在的不公，不过，这并非法案制定者所考虑的关键问题，而且随着茶叶进口的大量增加，饮茶在英国完全普及开来，这一不公基本消弭。

　　最后，《减税法案》促进了茶文化在英国的发展。大致而言，饮茶自17 世纪中叶传入英国到 18 世纪末、19 世纪初才真正实现普及，历经了约一个半世纪的时间，其间，《减税法案》为饮茶在英国最终普及发挥了重要作用。法案推出之前，饮茶在社会上层与中产阶级之中早已传播开来，社会下层也逐渐接受饮茶，但此时饮茶在社会下层并未完全普及，《减税法案》推出后逐渐发生变化，1797 年普通劳动者家庭开支记录中均存在购茶记录，居住在斯特雷特利（Streatley）的一个劳动者家庭每周购茶 2盎司，居住在埃普森（Epsom）的一个家庭每周购茶和 2 磅糖，居住在肯德尔（Kendal）的一个家庭每年购茶和糖的花费为 1 英镑 12 先令。③ 这些资料可以说明，18 世纪末至 19 世纪初期饮茶在社会下层中已经传播开来，时人的观察也可以提供佐证，菲德瑞克·艾登（Frederick Eden）于1797 年观察到平常人家也经常饮茶，可以说，此时饮茶真正在英国社会实现了普及。《减税法案》之所以促进了饮茶在英国社会的最终普及，主要在于它推动了英国茶叶进口量的增加从而降低了其价格。比如 1783 年，东印度公司销售茶叶 5857883 磅，销售额总计 1131342 镑，平均每磅售价0.193 镑，而 1785 年销售茶叶 15081737 磅，销售额为 2301165 镑，平均每磅售价 0.152 镑，茶叶价格下降颇为明显。④ 不过，这一数据未能准确反映茶叶价格的变动，因为《减税法案》实施之后，优质茶进口数量猛增，在 1783 年至 1793 年，熙春茶增长 580%、小种红茶增长 1122%，价

---

① Francis Baring, *The Principle of the Commutation-Act Established by Facts*, London, 1786, pp. 19-22.

② John Gifford, *A History of the Political Life of the Right Honorable William Pitt*, Vol. I, London, T. Cadell and W. Davies, 1809, p. 173.

③ J. C. Drummond, Anne Wilbraham, *The English Man's Food: A History of Five Century of English Diet*, pp. 208-210.

④ William Milburn, *Oriental Commerce*, Vol. II, p. 542.

格较低的松萝茶增长 28%，武夷茶仅增长 8%。① 就不同茶叶种类而言，普通茶叶价格略有下降，优质茶价格下降更为明显，1779 年数据显示，武夷茶每磅售价 24—33 便士，工夫茶为 40—54 便士，小种茶为 42—66 便士，普通绿茶或松萝茶为 42—66 便士，熙春茶为 66—108 便士②，而 1792 年牛津大街 152 号店铺售价为：极品武夷茶每磅 24 便士，优质工夫茶为 42 便士，优质小种茶为 60 便士，优质松萝茶 48 便士，熙春茶为 66 便士。③ 尽管茶叶质量有所区别，但仍然能够显示出茶叶价格的下降，尤其是价格最高的熙春茶。可以看出，《减税法案》降低了茶叶价格，促进了饮茶在英国的最终普及，为英国全民饮茶的形成奠定了重要基础，不仅如此，英国进口茶叶的种类也发生了变化，优质茶进口量明显增长，英国人得以更好地体验高品质的茶文化。

需要说明的是，1784 年《减税法案》对英国的茶叶贸易与茶文化发展无疑产生了全面而深刻的影响，但是，该法案实际上并未能长期执行，而是在取得一定成效之后，出于增加财政收入的考量，茶税又逐渐增加：1795 年时增至 25%，1806 年时进一步增至 96%，1819 年时更是增至 100%，此后大致保持了这一比例。④ 不过，由于英国在中西茶贸易中的优势已经确立，欧陆各国的茶叶贸易始终未能恢复，遑论挑战英国在茶叶贸易中的垄断性地位，所以，1784 年《减税法案》的历史意义并不能因为后来茶税的提高而低估。

最后需要指出的是，茶税问题因为牵涉甚大而屡屡被关注，不仅亚当·斯密以此为例论证自由贸易的合理性，而且其他论者也给以同样关注，从茶税变化与走私茶兴衰之间的关系得出自己的认识，"（茶叶）贸易史是政治经济学的一项明证，针对任何一种商品征收超过易于忍受的更多的关税，国库收入并不能从中获益"⑤。

---

① Hoh-cheung, Lorna H. Mui, "The Commutation Act and the Tea Trade in Britain, 1784 - 1793", *The Economic History Review*, New Series, Vol. 16, No. 2.

② Hoh-cheung and Lorna H. Mui, "Smuggling and the British Tea Trade before 1784", *The American Historical Review*, Vol. 74, No. 1.

③ Henry Harris, *Tea Warehouse*, London, 1792, p. 1.

④ John Sumner, *A Popular Treatise on Tea: Its Qualities and Effects*, p. 11.

⑤ Great Tower Street Tea Company, *Tea, its Natural, Social and Commercial History*, p. 16.

小　结

英国人养成饮茶习惯，不仅极大地推动了中英茶贸易的发展，促使中英茶贸易由间接贸易发展为直接贸易，贸易量迅猛增长，英国取代荷兰成为中西茶贸易中执牛耳者，与此同时，茶叶销售也成为英国国民经济中极为重要的一部分，托马斯·川宁、玛丽·图克与汤姆斯·立顿等均为代表人物，他们对促进饮茶习惯的形成与变化、推动茶叶销售行业的发展，均做出了重要贡献。饮茶不仅需要大量进口茶叶，同时也离不开茶具。英国社会日益养成饮茶习惯，还推动了中英陶瓷贸易的发展，进而刺激了英国陶瓷业的勃兴，使其成为工业革命中的重要方面。

随着茶叶进口的发展与茶叶消费的增长，茶叶市场中出现了掺假造假与走私泛滥问题。针对掺假造假问题，议会数次颁布法令予以治理，但未能取得预期效果，这主要缘于当时市场秩序缺乏规范。茶叶走私问题主要缘于饮茶在欧陆远没有在英国普及，英国对茶叶征税较高刺激了走私贸易的发展，欧陆进口的茶叶最终大量地被走私到英国，英国议会于1784年通过了《减税法案》，在大幅降低茶税的同时征收窗税以弥补财政损失，该法案致使茶叶走私无利可图，这一举措维护了英国东印度公司的利益，欧陆国家的茶叶贸易则受到沉重打击，由此奠定了英国在中西茶贸易中的垄断地位。

第五章　茶与英国大众文化

中国人在不知道多少世纪中，从茶所得到的快乐和好处，有在过去百年中，英格兰所得到的百分之一吗？

——乔治·吉辛①

拨旺炉火，关上门窗，
拉下窗帘，围起沙发，
茶壶中正在煮沸，嘶嘶声响，
沏一壶热茶，浓郁醇香，
愉悦而不沉醉，心神荡漾，
让我们迎来安详的晚上。

——库柏②

随着中英茶贸易的发展以及饮茶在英国社会的日益普及，茶成为英国人社会生活中的必需品，由于茶具有物质文化与精神文化相结合的特性，所以对英国文化产生了深刻影响。英国作家颇为钟情茶提神醒脑的特性以及饮茶所带来的身心愉悦的感觉，常常将其赞誉为"缪斯之友"，出现了相当数量与饮茶有关的文学作品，即便在与茶文化并无密切关联的作品中，饮茶作为常见的日常生活场景也频频出现，尤其是在英国小说中更是如此。除此之外，茶文化也与陶瓷艺术、绘画、舞蹈与音乐等密切关联，在相关文化艺术中均占有重要的一席之地。

---

① ［英］乔治·吉辛：《四季随笔》，李野译，第 210 页。

② Agnes Repplier, *To Think of Tea*, p. 109.

第一节 茶与英国的日常生活

　　饮茶融于英国社会不仅体现于英国人的日常生活，而且也体现在休闲生活之中，休闲茶园（tea garden）尤为典型，它受到不同性别、不同年龄、不同社会阶层人士的广泛喜爱，除此之外，英国人还利用茶叶进行占卜，茶在日常生活中发挥着颇为独特的作用。

　　在来自异域的无酒精饮料进入英国社会之前，啤酒馆为人们进行日常聚会以及消磨时间的重要休闲场所，啤酒可以"抚慰沉重和烦躁的心；它能使寡妇破涕为笑，忘却失去丈夫的悲伤……它使饥者饱，寒者暖"，与此同时，啤酒馆内不文明行为极为普遍，又被视为"本国十足的祸根；（它们是）流氓、妓女的集聚地，抢劫犯的谋划室，乞丐的温床，醉鬼的学园，盗贼的藏身处"①。随着异域无酒精饮料的引入与英国社会的不断变化，啤酒馆的生存空间遭到挤压，尽管从业者曾积极抵制咖啡馆，但异域新式饮料——特别是咖啡——仍然受到了社会的极大欢迎，因为"咖啡馆使我们的行为文明化，提升了我们的理解能力，提高了我们的语言水平，教给了我们豪爽、自信而潇洒的招呼方式"，所以，"咖啡馆即公民学院"②。咖啡馆由于契合了当时英国移风易俗以及绅士文化形成的需要，数量迅速增长，以至于"在伦敦没有什么生意比咖啡馆使用了更多的房屋，缴纳更多的租金"③，但是，咖啡馆禁止女性进入，将这一群体排除在外，同时仅局限在室内举行休闲聚会，再加上饮茶之风日益流行，受到社会各界的极大欢迎，从而导致"咖啡馆的重要性在18世纪前20年后开始下降；另一方面，茶的重要性非但没有下降，反而移到新的场所，从茶开始受欢迎的咖啡馆和小酒馆转移至使人感觉愉悦的庭园"④。在这一历史背景之下，一种新式的休闲场所——茶园——日益

① 向荣：《啤酒馆问题与近代早期英国文化和价值观念的冲突》，《世界历史》2005年第5期。
② Steve Pincus, "Coffee Politicians Does Create: Coffeehouses and Restoration Political Culture", *Journal of Modern History*, Vol. 67, No. 4.
③ Steve Pincus, "Coffee Politicians Does Create: Coffeehouses and Restoration Political Culture", *Journal of Modern History*, Vol. 67, No. 4.
④ ［英］艾瑞丝·麦克法兰、艾瑞·麦克法兰：《绿色黄金》，杨淑玲、沈桂风译，第128页。

兴起。

茶园与咖啡馆以及之前的酒馆明显不同，属于新式的大型休闲娱乐设施，其数量并不太多，当时的知名茶园主要有"新春花园"（New Spring Garden，1785 年后改称渥克斯豪，即 Vauxhall）、蓝尼拉（Ranelagh）、玛丽勒邦（Marylebone）、卡波斯（Cuper's）、怀特康都伊特之家（White Conduit House）与博蒙塞花园（Bermondsey）等，其中最为著名的为前两者。茶园之内各种休闲设置非常齐全，一般都有宽敞的林荫道，幽静而惬意的散步小道，遮挡阳光还可以避雨的凉亭，非常舒适、令人精神振奋的饮茶区，有的还有放松身心的阅览室。日本茶文化研究者仁田大八在《邂逅英国红茶》一书中，将茶园内的各类设施以及它所能提供的多种服务概括如下：

- 有优雅的人行步道，两边植树以及梦幻般的巨门。
- 高雅的造园、水池与桥梁。
- 在夜间利用设计过的照明设备，衬托步道与庭园。
- 园里有配合喝茶的桌椅设备，在良好的品质下享用"白牛油、面包与红茶套餐"。
- 附设古典音乐室，提供安静、悦耳的音乐演奏。
- 晚餐时间则另外提供餐饮服务。
- 提供儿童可以观赏的节目演出。
- 仲夏夜时分，另有烟火表演。[1]

由此可见，茶园作为新式的大型娱乐休闲场所功能更为丰富，比咖啡馆、酒馆更能满足英国人日益增长的休闲娱乐需求，上层社会以及中产阶级（乃至社会下层人士）都可以来此聚会休闲，家庭娱乐，聆听音乐，欣赏园林，饮茶进餐，"它们从来不是排他性的，各阶层的人们来到这里享受傍晚（evening）时光"[2]。在 1778 年的一幅关于茶园的画作中，创作者不仅用画笔呈现了茶园的风情，而且配有优美的文字，"众人闲坐树荫下，轻端瓷杯细品茶，呢喃私语绕溪水，糖甜奶香伴君侧"[3]。蓝尼拉茶

---

① ［日］仁田大八：《邂逅英国红茶》，林呈蓉译，第 63—64 页。

② Gervas Huxley, *Talking of Tea*, p. 80.

③ Roy Moxham, *A Brief History of Tea：The Extraordinary Story of the World's Favourite Drink*, p. 38.

园中有一风格独特的圆形阅览室，直径为 46 米，里面环形排列着 52 个包厢，包厢上方为画廊，画廊上方为巨大的圆顶，上面挂着插有数千只蜡烛的水晶灯。在该建筑的中央，由精美的立柱与拱顶组成的支撑圆顶的壁炉与烟囱，冬天时为了取暖，壁炉中会燃起熊熊大火。建筑物的墙上布置得极为精美，镶嵌或装饰着壁画、镶金与雕刻，堪称华美异常。约翰逊博士曾对该建筑给以赞誉，认为这是自己"所看到过的最精美之物"①。为了提高茶园的吸引力，里面还时常举行一些新颖而有趣的活动，比如搞化装游行，展示当时的火车蒸汽引擎，进行雕刻艺术品的展览等。

由于茶园面积较大，里面举行的活动丰富多彩，所以吸引了形形色色的社会人士到这里参观游玩，缺少公共活动场所的广大妇女与儿童尤其倾心，所以，茶园成为英国各色人士休闲娱乐、交流信息的重要场所，"十八世纪早期的伟大文学、音乐和艺术家，例如教宗韩纳尔（Hanel），他们在那里碰面和交换意见"②，人们在这里举止优雅地休闲饮茶，"在这里，他们来到户外活动，在修剪整齐的树篱中散步，或者坐在凉亭下的小圆桌边喝茶。一些茶园里充盈着雅致的习惯和礼仪令人心情愉快"③。当然，并非所有茶园均如此美好宜人，也有较为混乱的，社会下层人士在此游玩，"另外一些茶园则因为园内狂饮与堕落的行为而拥有吵闹杂乱的名声：在这里人们接触到世界上的流行风尚，也会接触到下层社会中的拦路抢劫者、小偷以及他们的姘妇……"④ 无论如何，茶园对于整个社会都有相当的影响，成为社会各个阶层乐于前往的休闲场所。

除了在休闲茶园进行游览娱乐之时饮茶，英国人在舞会时也常常饮茶。舞会是英国社会生活中重要的休闲娱乐与社交场合，即兴的舞会一般是在宴会之后，家人以及少数友人跳舞娱乐，正式的舞会则须周密筹划并进行详细安排，但无论何种形式都离不开饮茶。著名作家简·奥斯汀在其作品中多次描写到舞会，比如在《诺桑觉寺》第二章中艾伦太太与凯瑟琳去参加舞会，进入舞厅后不久，"人们都动身去喝茶，她们只好跟着一道挤出去"，在茶室一张桌子旁边坐下来，凯瑟琳因为周边没有熟识者而

---

① Roy Moxham, *A Brief History of Tea：The Extraordinary Story of the World's Favourite Drink*, p. 38.

② ［英］艾瑞丝·麦克法兰、艾瑞·麦克法兰：《绿色黄金》，杨淑玲、沈桂凤译，第 129 页。

③ Dorothy Marshall, *English People in the Eighteenth Century*, p. 130.

④ Dorothy Marshall, *English People in the Eighteenth Century*, p. 130.

感到有些尴尬，但过了一阵即融入其中，"邻座里有个人请她们喝茶，两个人都很感激地接受了，顺便还和那位先生寒暄了几句"①。可以看出，在舞会进行过程中，人们还可以到茶室饮茶休息并闲谈，甚至进行社交活动。

除此之外，日常交往也离不开饮茶。比如盖斯凯尔夫人在其《夏洛特·勃朗特传》中即给以真实而具体的描述：当一个自耕农家庭有客人来访时（大约为 1825 年），主人即邀请一起吃茶点，"坐到桌边来吃茶点的时候，一位令人肃然起敬的老妇人当主妇，她在大家把茶杯倒满茶以后，这样对我说：'现在，先生，你得把桌子清了。'主人说：'她的意思是说你得做感恩祷告。'听了这个暗示，我就做了祷告"②。在 1832 年的信件中，勃朗特又提到饮茶，"我回家以后，只出去吃过两次茶点。今天下午我们有客，下个星期四主日学校的全体女教师将来吃茶点"③。1845年的一天，"在这上帝保佑的时刻，我们哈沃斯教区竟有三个副牧师——没有哪一个比另一个高明。有一天，他们三个由 S 先生陪同着，一起出人意外地顺便走进来，或者不如说闯进来喝茶。那天是星期一……"④ 可以看出，在日常交往中，请人饮茶也是待客之道，类似于中国"客来敬茶"的习俗在英国社会已经逐渐形成。

由于英国文化中长期潜伏着神秘主义的传统，占卜术、观星术、炼金术均在英国社会长期流传，随着饮茶在英国的传播与普及，产生了用茶叶进行占卜的做法并日渐流行。用茶叶占卜的基本方法一般为：将深色的茶叶倒进浅色的（白色居多）杯子里，想预测命运的人首先要喝掉这碗茶，留下少部分茶水和杯子底部的茶叶，在进行摇晃之后，把杯子倒扣在配套的碟子上，解读者查看杯子中残留的茶叶，根据看出的不同的形状、线条、颜色和几何图案甚至植物、动物和物体的样子，解读其中蕴含的神秘信息。

根据相关书籍记述，解读者可以识别出的形状包括：路、戒指、三叶

---

① ［英］简·奥斯汀：《诺桑觉寺》，孙致礼、唐慧心译，南京译林出版社 1997 年版。该章节涉及饮茶部分有的中文版本译为"茶点"，英文版本中均为"tea"。

② ［英］盖斯凯尔夫人：《夏洛特·勃朗特传》，祝庆英、祝文光译，上海译文出版社 1987年版，第 28 页。

③ ［英］盖斯凯尔夫人：《夏洛特·勃朗特传》，祝庆英、祝文光译，上海译文出版社 1987年版，第 103 页。

④ ［英］盖斯凯尔夫人：《夏洛特·勃朗特传》，祝庆英、祝文光译，上海译文出版社 1987年版，第 254 页。

草叶片、锚、蛇、信件、棺材、星体、狗、百合花、十字、云团、太阳、月亮、山脉、树木、儿童、妇女、小贩、骑手、老鼠、棍棒、玫瑰或其他花朵、心形、花园或树林、鸟、鱼、狮子或其他猛兽、绿色灌木、虫子、房子、镰刀。① 这些形状分别代表着不同的含义，而且随着具体情形的变化，意思有所不同，比如关于茶叶呈戒指形状时，解读的信息为：戒指，代表着婚姻，如果一个字母靠近它，说明被占卜者假如将其运程告知姓名中第一个单词包含该字母者，被占卜者将与此人结婚；如果戒指周边较为清朗，则预示着幸福并有益的友好关系；如果戒指被云朵环绕，则预示着要警惕他所要建立的关系，以免自己被彻底蒙骗；如果戒指出现在茶杯底部，此为大凶，预示着将与所钟爱的事物彻底分开。②

茶叶占卜在维多利亚时代尤其盛行，该时期人们常常痴迷于神秘的事物，还热衷于进行自我分析，流浪的吉普赛人有时以解读茶叶为营生，在起居室或茶室中解读茶渣成了社会一景，甚至成为当时绘画中的主题。为了满足解读茶叶的需要，陶瓷厂商还制作了特殊的占卜茶杯，茶杯上通常绘有黄道十二宫、塔罗牌和基本的茶叶形状，常常配备使用指南一起发售。甚至时至今日，茶叶占卜相关书籍仍在出版销售，茶叶占卜所用茶杯在市场上仍可见到。在英国著名女作家乔安妮·凯瑟琳·罗琳风靡全球的系列小说《哈利·波特》中，霍格沃茨魔法学校第三年的课程中设有占卜科目，其中就有茶叶占卜的内容：通过观察茶杯里剩下的茶叶渣，预测将要发生的事情。茶叶占卜在英国绵延不绝，其社会影响由此可见一斑。

第二节　茶与英国文学

茶自进入英国始，很快成为社会各界尤其是社会上层的关注对象，由此出现了大量的相关文学作品，主要体现于诗歌和小说之中，著名诗人或作家如埃德蒙·沃勒尔、内厄姆·塔特（Nahum Tate）、彼得·莫妥

---

① Mother Bridget, *The Universal Dream Book*, *Containing An Interpreter of All Manner of Dreams*, *Alphabetically Arranged*, *To Which Is Added The Art of Fortune-Telling by Cards*, *or Tea and Coffee Cups*, London：J. Bailay, 1816, pp.61-65. 该资料由山东师范大学国际教育学院孙志君博士译为中文，特此致谢！

② Mother Bridget, *The Universal Dream Book*, *Containing An Interpreter of All Manner of Dreams*, *Alphabetically Arranged*, *To Which Is Added The Art of Fortune-Telling by Cards*, *or Tea and Coffee Cups*, p.61.

（Peter Anthony Motteux）、拜伦、雪莱、乔治·吉辛、约翰·普里斯特利、夏洛特·勃朗特、简·奥斯汀等均在其作品中对茶文化多有涉及，或者作为文学主题或者作为其中的社会场景，形象地展示了茶文化的多个侧面，英国文学与茶文化之间由此而密切关联。

一　茶与英国诗歌

茶自 17 世纪中叶进入英国，因为相对稀缺所以价格较为昂贵，首先主要在社会上层逐渐传播，由于茶具有提神醒脑、启发智慧、促进思考的功效，文人墨客对这种富于东方文化气息的神奇饮品多有关注。目前可知，埃德蒙·沃勒尔为"饮茶王后"凯瑟琳祝贺生辰所撰写的诗歌《论茶》（On Tea）是最早的英文茶诗，该诗撰写于 1663 年，英文全文如下：

On Tea

Venus her myrtle has, Phoebus his bays;

Tea both excels, which she vouchsafes to praise.

The best of Queens and best of herbs we owe

To that proud nation, which the way did show

To the fair region where the sun does rise;

Whose rich productions we so justly prize.

The Muse's friend, Tea, does our fancy aid,

Repress those vapours which the head invade,

And keep that palace of the soul serene,

Fit on her birthday to salute the Queen. [1]

这首诗歌较早即引起中国学界的关注，20 世纪 40 年代已经有译者将其翻译为汉语，是目前所知最早的汉语翻译版本，其译文如下：

饮茶皇后之歌

月神有月桂兮，爱神则为桃金娘；

卓越彼二木兮，我后允嘉茶为藏。

启厥路以向日出之乐土兮，宝藏信若吾人之所是；

---

[1]　转引自 Agnes Repplier, To Think of Tea, p. 30。

> 赖彼勇毅之国民兮，吾奉众后之圣，获众卉之土。
> 诗思之友使我若神助兮，易彼侵轶疾之诞妄；
> 美绿灵府之淡静兮，宜祝我后之万寿无疆！①

该版本的翻译者不知具体何人，它最早出现于《茶叶研究》1943 年第 1 卷第 1 期署名"阿秋"的文章《英国第一首茶诗》，目前所知为"阿秋"的友人所译，"阿秋"也如前文所言进行了翻译，另外还有多种译本，如马晓俐译为：

> 月桂象征日神，桃金娘是爱神；
> 非月桂和金娘，吾后却赞茶神。
> 一为众后最美，一为众草最佳，
> 这一切都归功于那个勇敢国家，
> 那里，国泰民安，太阳冉冉升起，
> 那里，物产丰富，为我们之珍惜。
> 茶——缪斯之友，恰好满足我们所期待，
> 挥去脑海之昏沉无奈，
> 送来心灵之宁静天堂，
> 借此恭祝皇后茶寿安详。②

综而观之，在这首诗歌之中，作者开篇即指出日神（Phoebus）钟爱的植物为月桂，爱神维纳斯则宠爱桃金娘，而王后喜爱、赞美的却是茶，作者通过日神与月桂、爱神与桃金娘的文化联系而引出王后与茶的密切关联，随后歌颂凯瑟琳为王后中最美丽者，她所喜爱的茶则是草木中最佳者，这一切都

---

① 埃德蒙·沃勒尔献茶诗祝贺生辰的做法无意中暗合了中国茶文化中的以茶祝寿，因为"茶"字的构成是双"十"组成草字头，即二十，中部是"八"，下部是"木"，即由"十"和"八"构成"十八"，草字头的"二十"再加中下部的"八十八"，一共是"一百零八"，所以"茶寿"即 108 岁。民间礼俗当中还有祝寿送茶的做法，在闽南和台湾等地，祝寿时送两包茶叶是必备礼品。宋代诗人胡寅等还将此习俗写成诗歌，其七言绝句《黄倅生日送茶寿之》云："北苑仙芽紫玉方，年年包篚贡甘香。愿君饮罢风生腋，飞到蓬莱日月长。"参见王云庄《中国寿文化》，《寻根》2004 年第 2 期；罗春兰、潘永幼《从茶诗词看宋代品茗风尚》，《农业考古》2008 年第 2 期。

② 马晓俐：《茶的多维魅力——英国茶文化研究》，博士学位论文，浙江大学，2008 年，第 92 页。

来自那个勇敢的国家，诗人并没有明确指出是哪个国家，但从其内容分析，似乎指的是茶的故乡——中国，诗人随后对自己所言的那个国家大加赞美，认为那个国家勇敢无畏，物产丰富，而且是太阳升起的地方，值得珍惜，随后又转而继续赞美茶，将其赞誉为缪斯之友，因为缪斯在西方文化中被视为艺术女神，作者将茶赞颂为缪斯之友，其中包含了对茶能够开启智慧、激发灵感的认同，甚至可能是其自身的饮茶体验。随后，作者又具体指出了饮茶的功用，饮茶可以祛除昏寐，带来心灵的安静，适于借此祝贺王后的生日。沃勒的诗歌既赞美了王后又爱屋及乌，极力赞美了王后所钟爱的茶，将凯瑟琳王后与茶密切关联起来。由于该诗为西方的第一首茶诗，影响甚大，不仅扩大了茶在英国社会的影响，而且诗人自身也因此而声名远播，在英国文学中，开启了将茶作为诗歌题材的先河，其影响极为深远。

埃德蒙·沃勒尔撰诗之时，饮茶在英国主要局限于上层社会，其社会影响尚较为有限，此后较长时期并无茶诗问世。进入 18 世纪，饮茶在英国的社会影响日渐扩大，基于这一背景，茶诗逐渐增多，比如内厄姆·塔特 1700 年的诗作《万应灵药：茶诗两篇》（*Panacea：A Poem Upon Tea in Two Canto's*）、彼得·莫妥 1712 年的《茶诗》（*A Poem Upon Tea*），不知名作者 1729 年的《茶诗，或身陷茶杯的女士们》（*Tea. A Poem Or，Ladies into China-Cups*），约翰·沃尔德伦（John Waldron）1733 年的《萨梯反对饮茶论》（*A Satyr Against Tea Or，Ovington's Essay Upon the Nature and Qualities of Tea，&C. Dissected，and Burlesq'd*），署名 J. B. Writing-master 1736 年的《茶之赞诗：敬献给英国女士们》（*In Praise of Tea. A Poem. Dedicated to the Ladies of Great Britain*），不知名作者 1743 年的《茶诗三篇》（*Tea，A Poem. In Three Canto's*），不知名作者 1749 年的《饮茶妻子与嗜酒丈夫》（*The Tea Drinking Wife，and Drunken Husband*），不知名作者 1797 年的《茶艺：诗歌两篇》（*The Art of Making Tea，A Poem，In Two Cantos*）等。

这些诗歌均以饮茶为重要题材，或者对饮茶给以极具文学色彩的介绍，或者予以热情洋溢的赞颂，或者表达了自身对饮茶的看法。比如内厄姆·塔特在《万应灵药：茶诗两篇》中的第一篇中简要叙述了中国茶叶的历史，其中涉及的中国历史部分来自《中国近事报道》①；茶诗第二篇

---

① 该书作者为法国人李明（Louis le Comte），他曾作为耶稣会士来华，该书实为李明来华期间与国内人士的书信汇编，法文版最初于 1696 年出版于巴黎，英文版于 1697 年出版于伦敦，另外还被译为多种文字，该著作的中文译本参见［法］李明《中国近事报道（1687—1692）》，郭强、龙云、李伟译，大象出版社 2004 年版。

则以夸张的手法借助众神之口对茶给以高度赞美，"当阿波罗在天亭之中，被侍以芳香的茶水而力量永恒无穷，它比花蜜和忘忧药更受欢迎，女神们为这种愉悦而震惊，她们竞相倾倒于这种外国树木，谁可以成为它的赞助者与保护神灵①"，对茶极尽赞美之词。这些茶诗也揭示出了饮茶与女性的关联问题，比如《茶诗，或身陷茶杯的女士们》《茶之赞诗：敬献给英国女士们》与《饮茶妻子与嗜酒丈夫》等茶诗均揭示了女性与饮茶的密切联系，从诗歌的角度印证了前文所言饮茶在女性群体迅速传播的历史趋势，也揭示出茶与酒类的竞争，"发现妻子与邻居饮茶一盘，他恼怒而心烦，咒骂妻子花费了他的财产，或许当他饮酒一夸脱，她们饮茶一盎司②"，可以看出女性与饮茶密切关联而男性则偏向于饮酒，茶与酒类的竞争与性别差异有所关联。这些诗歌也反映出茶在英国所遭遇的文化碰撞，约翰·沃尔德伦的茶诗《萨梯反对饮茶论》针对的是奥文顿牧师撰写的小册子《论茶性与茶品》，该小册子于 1699 年在伦敦初版，1733 年在都柏林再版，结果遭到针锋相对的批判，认为奥文顿所赞颂的茶并不值得赞美，其功效甚至比不上碎草（Chopt-hay），饮茶对身体并无益处。③

进入 19 世纪，著名浪漫主义诗人拜伦、雪莱以及英国首相威廉·格莱斯顿等均撰写过与饮茶有关的诗歌，或在其诗歌中呈现了饮茶场景，反映出作者对饮茶的喜爱，对茶在社会生活中的影响有所观察，也可以看出其对茶文化相关知识颇为了解。

拜伦（1788—1824）作为英国伟大的浪漫主义诗人，撰写了《恰尔德·哈洛尔德游记》《唐璜》等代表作品，扬名世界文坛。在日常生活中，拜伦除了饮用酒类与苏打水之外，对茶也颇为钟爱，在他投身希腊民族解放运动时期，1823 年 8 月其生活状态为，"早晨工作，喝一杯茶，就骑马出去。他饮食清淡，只吃一些干酪和水果；傍晚阅读《圣海伦娜回忆录》或一本关于马索将军生平的传记——也是奥古斯塔的赠书④"。正因为拜伦有饮茶习惯，或许再加上对日常生活的观察，茶屡屡显现于其笔端，尤其在他的代表作《唐璜》中更是如此。

---

① Nahum Tate, *A Poem upon Tea*, London, 1702, p. 17.

② J. B. Writing-Master, *In Praise of Tea*, *A Poem*, *Dedicated to the Ladies of Great Britain*, p. 6.

③ John Waldron, *A Satyr Against Tea. Or*, *Ovington's Essay Upon the Nature and Qualities of Tea*, & *C. Dissected*, *and Burlesq'd.*, Dublin, 1733.

④ ［法］安·莫洛亚：《拜伦传》，裘小龙、王人力译，浙江文艺出版社 1985 年版，第 339—340 页。

在《唐璜》中，唐璜遭遇海难而为海黛所救，不仅给以悉心照料，可能还特意给他饮用了茶水：

> 因为她知道，爱情不能当饭吃，
> 那海上漂来的少年必很饥饿；
> 而且她爱情不多，不免打呵欠，
> 在大海边上也使她感到瑟缩，
> 所以她就准时烹饪，我不知道
> 是否她也给他们煮一盅茶喝，
> 但已有了鸡蛋，咖啡，水果，面包，
> 鱼，蜜和酒，这一切全不必破钞。①

因为海黛的父亲兰勃洛是海盗头子，所以在海上横行四方、肆意抢夺，劫掠来的大部分货物都被卖掉换钱，但是却留下了对女性颇为有用的物品，而这是他特意留下来给女儿的"礼物"：

> 掳来的货物也以同样的办法
> 分别在东方各地的市场集散，
> 只有一部分例外，就是为妇女
> 不可缺少的一些精巧的物件：
> 法国料子呵，花边呵，杯盘茶具呵，
> 以及镊子，牙签，六弦琴和响板，
> 凡是这些他都要从横财里挑出，
> 那是慈父为爱女劫来的礼物。②

从上述两段诗文可以看出，海黛作为海盗头子兰勃洛的女儿，生活于海盗群体之中，即便这样，她也拥有泡茶器具，并且可能养成了饮茶习惯，说明海盗群体对饮茶并不陌生，茶文化影响的广泛性可见一斑。文学作为现实的一面镜子，折射出的是拜伦的日常生活经验，他将自身的饮茶习惯以及对社会生活中茶文化的观察，有意无意之中赋予了其诗作中的人物。不仅如此，拜伦还在诗作中体现了其对饮茶的了解甚至是喜爱。

---

① ［英］拜伦：《唐璜》，查良铮译，人民文学出版社 1993 年版，第 195 页。
② ［英］拜伦：《唐璜》，查良铮译，人民文学出版社 1993 年版，第 239 页。

当后来唐璜与兰勃洛发生冲突时，他被其手下的海盗所击伤，以至于"唐璜倒下来，软软地躺在地上，鲜红的血像小溪似地往外流：那是又红又深的两处刀伤，一处砍在手臂，另一处在头上"①。唐璜随后被捆绑起来，诗人拜伦行笔至此颇为感伤，无意间联想到了茶水，极富想象力地将茶与"仙女""泪"联系起来——这一文学意象后来还影响了另一位浪漫主义诗人雪莱有关饮茶诗歌的写作，拜伦如是写道：

> 现在暂不表他，因为我竟然
> 伤感起来，这都得怪中国的绿茶，
> 那泪之仙女！她比起女巫卡珊德拉
> 还要灵验得多，因为只要我喝了它
> 三杯纯汁，我的心就易于兴叹，
> 于是就得求助于这武彝的红茶；
> 真可惜饮酒既已有害于人身，
> 而喝茶、咖啡又使人太认真。②

在宴席之上，各色各样的美味琳琅满目，尽管没有实际供应茶水，但诗人还是提到缪斯女神需要饮茶振奋精神：

> 可是我却得把一切好味都塞进
> 一场盛宴中；因为假如我写得
> 拖拖拉拉，恐怕我的缪斯难免
> 比人所抱怨于她的更为啰嗦。
> 但她虽然爱享乐，我必须指出：
> 口腹之娱倒不是她的大罪过；
> 这故事的确也需要端些茶点，
> 好给人提提神，以免她太疲倦。③

在谈到伦敦印象时，拜伦思接千载、逸兴横飞，将它与著名城市雅典、君士坦丁堡、中国的京都、尼尼微加以对比，而讲到中国时，很自然

---

①　［英］拜伦：《唐璜》，查良铮译，人民文学出版社1993年版，第318页。

②　［英］拜伦：《唐璜》，查良铮译，人民文学出版社1993年版，第319页。

③　［英］拜伦：《唐璜》，查良铮译，人民文学出版社1993年版，第929页。

地与饮茶联系在了一起：

> 话归本题，谁要是曾在雅典的
> 卫城上俯瞰过，或者航海游过
> 那明媚如画的君士坦丁堡，
> 或看过汤勃克图，或者在中国
> 用陶泥杯在京都里品过茶，
> 或曾经在尼尼微的砖墙中小坐，——
> 他初见伦敦大概不会很欣赏，
> 但一年之后，再问问他怎么想！①

　　从上述三段诗文可以看出拜伦拥有一定的饮茶体验与茶文化知识，他知道茶的故乡是中国，所以在谈到中国的京都时联想到用陶泥杯品茶，拜伦还提及了茶的不同种类：绿茶与红茶（black Bohea），而且指出了红茶的产地为"武彝"（即武夷），说明其了解英国人早期饮用的红茶为武夷山的红茶，而且还谈及了饮茶的功效，认为喝茶使人太认真，说明其了解茶与理性的密切关联，不仅如此，还提到茶点可以提神，防止过度疲倦，可见，其对饮茶提神醒脑的特性颇为了解。此外，拜伦在《唐璜》中还多次提到茶，其中两次为早餐时饮茶、一次为午茶：

> 就将它留作疑团吧（世事皆然）。
> 次晨，在餐厅中摆起茶，吐司，早点，
> （这些人人吃，却不见写入诗中，）
> 还有那些在出身、地位和财产
> 都已被我的诗琴弹过的宾客，
> 这时也来了，都和主人见过面。
> 最后姗姗来迟的是公爵夫人，
> 随后是唐璜，满脸还那么童贞。②

> 他走入餐厅以后，便呆呆坐下，
> 对着茶杯和碟子尽默不作声，

---

① ［英］拜伦：《唐璜》，查良铮译，人民文学出版社1993年版，第702页。
② ［英］拜伦：《唐璜》，查良铮译，人民文学出版社1993年版，第1019页。

或许他半晌都意识不到这饮料，
若不是它滚烫，把他的手触疼，
这才使他惊觉而拿起了羹匙。
谁都可以看到，他是如此征仲，
一定发生了什么事故，——阿德玲
首先看到了，但也猜不到内情。①

我觉得在马里奈谋杀案件中，
你没对金纳德没信义——简直卑鄙，
还有这些类似行为不会给你的
威斯敏斯特的灵牌带来荣誉。
至于那是什么，自然有饶舌的女人
在午茶时传播，这儿不值一提。
但虽然你的残年已快达到零，
大人啊，您却还是个少年英雄。②

可以看出，作者在诗作中无意间呈现了英国人一日多次饮茶的生活情景。早餐时英国人享用茶、吐司与早点，享用的茶是热茶，以至于唐璜的手被滚烫的茶"触疼"，大体反映出茶在英国人早餐中占有一席之地，而且拜伦还特意指出，"这些人人吃，却不见写入诗中"，隐隐透露出作者对书写这一内容的得意，认为早餐的内容值得写入诗作之中，自己与众不同的做法颇有独特价值。诗作之中还提到"午茶"，尽管作者没有明确说明其时间，但由此说法可以看出，大概是在中午时分，而且指出了女性乐于在午茶时交流信息，以至于流言蜚语四处传播。

雪莱（1792—1822）同样为著名浪漫主义诗人，也是小说家、哲学家、散文随笔和政论作家。一方面基于对中国文化有限的了解，另一方面出于自身的生活体验，其诗作中茶文化占有一席之地。比如，在《泛舟塞奇奥河》一诗中，雪莱描写了自己惬意的生活：

"嗳，把压舱货弄出船去，
把能吃的装到船尾的小舱里"，

① ［英］拜伦：《唐璜》，查良铮译，人民文学出版社 1993 年版，第 962 页。
② ［英］拜伦：《唐璜》，查良铮译，人民文学出版社 1993 年版，第 613 页。

> "这小桶是不是最好放低些?"
> "不,正好","那些热茶瓶,
> (给我点草),一定要轻轻放好;
> 就像我们在伊顿夏天六点后,
> 常往衣袋里塞的那样,还带上
> 煮鸡蛋、小红萝卜和面包卷,
> 到农民叫它豁口,我们学生
> 称为凉亭的绿色避风港里去,
> 躺在偷来的干草上,我们会
> 一直吃喝到八点。"①

可以看出,雪莱与同伴泛舟之时携带着点心与热茶,而且这一习惯还是在伊顿公学时养成的——他于 1804 年进入该校开始了长达六年的学习历程。饮茶长期伴随着雪莱的日常生活,即便居住在国外期间也是如此,他在瑞士、意大利时其信件中提及饮茶,比如 1820 年 5 月 26 日书写于比萨的信件《致约翰和玛丽亚·吉斯伯恩》问候道,"喏,你觉得伦敦怎么样?还有你的旅行?那美而永恒的阿尔卑斯山?那色彩暗淡、瞬息即逝的巴黎?那令人厌倦的法国平原?以及那你昨晚和他们喝茶的情操高雅的人们?"② 还谈到自己的生活,"我们发现你的吉赛普在这整个的事务里很有用。他给我送茶送早餐,睡在你的房子里,次晨清早赴卡西阿诺。"③ 1820 年 7 月 1 日书写于莱航的《致玛丽亚·吉斯伯恩》中两次写到茶:

> ……一只不复具有以往
> 功能的瓷杯,以往留有芳唇经常
> 从中啜饮医生禁饮的饮料,而我
> 会不顾劝戒而愿大口饮下,当着
> 死期来临,我们会为决定谁首先
> 饮茶而死抛币,喊着:是背是面?④

---

① [英] 雪莱:《雪莱抒情诗全集》,江枫译,湖南文艺出版社 1996 年版,第 413 页。
② [英] 雪莱:《雪莱全集》第七卷,江枫主编,河北教育出版社 2000 年版,第 304 页。
③ [英] 雪莱:《雪莱全集》第七卷,江枫主编,河北教育出版社 2000 年版,第 304 页。
④ [英] 雪莱:《雪莱全集》第七卷,江枫主编,河北教育出版社 2000 年版,第 315 页。
《致玛丽亚·吉斯伯恩》为书信,但其内容实际上类似于长诗。

> ……我不喝酒也很少吃肉，
> 让我们照样欢乐：不妨以茶祝寿；
> 晚餐，有乳蛋羹，还有无穷无尽
> 牛奶葡萄汁、果冻和百果料馅饼，
> 和诸如此类女人气的饮食奢侈品——
> 边吃边喝边像哲学家般议论人生！①

可以看出，雪莱应该是对饮茶颇为喜爱的，以至于为此抛币决定生死，同时写到以茶祝寿，这或许是埃德蒙·沃勒尔为"饮茶王后"凯瑟琳祝贺生辰的回响。不仅如此，雪莱也如同众多文人墨客一样，还专门撰写了以茶为主题的诗篇，其中再次表达了为茶而死的浪漫主义情怀，诗中将茶与"女神""泪水"联系起来，与前文中拜伦诗歌中的文化意象遥相呼应：

> 为中国之泪水
> ——绿茶女神所感动：
>
> 药师医士任猜猜，
> 痛饮狂酣我自吞，
> 饮死举尸归净土，
> 殉茶第一是吾身。②

不仅文人墨客将茶书写于诗歌之中，其他人士也撰诗予以关注，担任过英国首相的格莱斯顿就撰有小诗对饮茶大加赞美，认为饮茶不仅对身体颇为有益而且可以调节精神状态：

> 假使你寒冷，茶可温暖你；
> 假使你酷热，茶可清凉你；
> 假使你沮丧，茶可鼓舞你；
> 假使你激昂，茶可镇定你。③

---

① ［英］雪莱：《雪莱全集》第七卷，江枫主编，河北教育出版社 2000 年版，第 323 页。

② 倪正芳：《雪莱的"印象中国"》，《中华读书报》2014 年 5 月 7 日。

③ Gervas Huxley, *Talking of Tea*, p. 75.

总体看来，随着饮茶在英国社会的影响日渐扩大，茶时时闪现于许多诗篇的字里行间，或者作为体现异国风情的文化意象，或者作为中国文化的象征，或者作为社会生活的艺术折射。无论如何，茶文化激发了诗人的创作灵感，影响了英国诗歌的创作，反过来讲，诗歌也促进了茶文化在英国的影响不断扩大，为茶文化被英国人所接受发挥了一定作用，有利于英国茶文化的形成。

二　茶与英国小说

茶进入英国之后其社会影响日渐扩大，由于其提神醒脑、启智益思的功效，得到文人墨客的称颂，以至于经常被与缪斯女神联系起来。不仅众多诗人对饮茶给以关注，而且小说家在文学创作中也时常予以呈现，饮茶情形成为小说中时常出现的社会场景，茶文化也被作为塑造人物、推动故事情节向前发展的重要凭借。因为自18世纪中期始，英国小说中相当部分或多或少涉及茶文化，所以不可能全面探讨，在此仅以亨利·菲尔丁、简·奥斯汀、威廉·梅克比斯·萨克雷的代表作品为例，就该问题进行简要梳理。

亨利·菲尔丁（1707—1754）作为英国伟大的小说家、剧作家，是现实主义小说的重要奠基人，其小说主要有《约瑟夫·安德鲁斯的经历》、《大伟人江奈生·魏尔德传》、《弃儿汤姆·琼斯的历史》及《阿米丽亚》等，形象地展示了18世纪前期至中期丰富多彩的社会生活风貌。亨利·菲尔丁生活的年代为茶文化在英国传播的重要时期，该时期饮茶在社会中间阶层已经传播开来，社会下层人士开始接触到饮茶，所以其作品中时常出现与饮茶有关的内容。亨利·菲尔丁的代表作《弃儿汤姆·琼斯的历史》，"把人生的一幅幅图画巧妙地嵌进作者备下的镜框中"①，作者自身在小说的序章中也"不厌其烦地强调作品的真实性，而为了做到真实，作者必须了解社会，了解人"②，由此创作理念可以看出，其作品展示了真实而生动的生活画卷，正是基于对现实生活的观察与体验，该小说涉及的饮茶内容可视为现实生活的生动写照。

亨利·菲尔丁的代表作《弃儿汤姆·琼斯的历史》最初出版于1749

① ［英］亨利·菲尔丁：《弃儿汤姆·琼斯的历史》，萧乾、李从弼译，人民文学出版社1984年版。

② ［英］亨利·菲尔丁：《弃儿汤姆·琼斯的历史》，萧乾、李从弼译，人民文学出版社1984年版，序言第19页。

年2月，其中对饮茶数次涉及。第一卷第四章中白丽洁小姐打铃招呼奥尔华绥先生来用早餐，"兄妹二人互相问过好，斟上了茶"。第二卷第三章中谈到塾师的老婆，"她的相貌跟《烟花女子哈洛德堕落记》第三幅里那个给女主人斟茶的少妇一模一样"。第八卷第二章中谈到客栈老板娘来看望汤姆·琼斯，"她刚一替琼斯沏上茶"，就开始喋喋不休。第十四卷第五章中，"下午，密勒太太邀他去吃茶"，琼斯接受了这一邀请，"茶具刚端走"，这位寡妇即开始聊天。第十八卷第十章中，魏斯顿来到奥尔华绥的寓所，"奥尔华绥一方面为了安慰琼斯，一方面也是为了满足魏斯顿的愿望，答应到他家去用茶"。第十二章中，奥尔华绥带着琼斯至魏斯顿家赴约，"茶桌刚刚收拾干净，魏斯顿就把奥尔华绥拽出房间，说有重要事情相告"。

　　由于该历史时期，饮茶并未在英国社会最终传播普及开来，所以小说中涉及饮茶的内容较为有限——尤其是与19世纪的英国小说对比更是如此，但其内容却值得关注。白丽洁小姐和奥尔华绥先生用早餐时，兄妹二人"斟上了茶"，表明其早餐已经衍变为茶早餐，饮茶在早餐当中占有重要地位。其余数次提及饮茶，一次为客栈老板娘看望琼斯时为他倒茶，说明此时客栈之中已经提供茶饮，或者说至少可以在此饮茶，这表明随着饮茶风气在英国的传播，客栈已经明显受到影响，旅人也没有放弃饮茶的喜好。另外两次饮茶，一次为密勒太太邀请琼斯去饮茶，一次为魏斯顿前来邀请去饮茶，表明饮茶已经成为社会交往的重要方式，茶已然成为沟通人际关系的重要凭借。而奥尔华绥与琼斯前去魏斯顿家赴约后，尽管没有提及饮茶，但从前后文可知，宾主之间饮茶并交流，所以此后才需要收拾茶桌（tea-table），而茶桌这一家具的出现，表明魏斯顿一家受到了饮茶风气的影响以至于购买了相关家具，甚至可以说，魏斯顿一家已经养成了饮茶习惯，从文学的角度印证了该时期饮茶已经在中产阶级之中传播开来。

　　简·奥斯汀（1775—1817）作为英国著名的女性小说家，在一生中完成了多部为后世所称道的文学作品，主要有短篇小说《爱情和友谊》（1790）、《苏珊夫人》（1871）与长篇小说《理智与情感》（1811）、《傲慢与偏见》（1813）、《曼斯菲尔德庄园》（1814）、《爱玛》（1815）、《劝导》（1818）与《诺桑觉寺》（1818）。简·奥斯汀的创作主要基于生活经验，所以其作品多关注乡绅家庭中女性的婚姻和生活，她凭借女性敏感细致的观察，用活泼有趣的文字反映出家庭和社会的道德标准，描绘了该历史时期社会生活的动人画卷。简·奥斯汀成长的年代正是饮茶在英国最终普及的时期，饮茶在社会各阶层已经较为普遍，她本人也成为饮茶爱好者，而且是家中茶叶与糖的管理者，或许缘于此，茶文化在其各部作品中均屡屡出现。

简·奥斯汀的第一部长篇小说《理智与情感》正式发表于 1811 年，1795 年时即完成了其初稿《埃莉诺与玛丽安》，该著作较为真实地反映了这一时期的社会生活，其中多次涉及与饮茶有关的内容。比如，第十二章讲到玛格丽特向埃丽诺透露自己的发现，"昨晚用过茶，你和妈妈都走出了房间，他们在窃窃私语，说起话来要多快有多快"。第十八章讲到玛丽安坐在爱德华的旁边，"当爱德华伸手去接达什伍德太太递来的茶时，他的手恰好从她眼前伸过，只见他一根指头上戴着一只惹人注目的戒指，中间还夹着一绺头发"。同样在第十八章中谈到约翰爵士，他来访的目的非常明确，"不是请达什伍德母女次日到府第吃饭，就是请她们当晚去喝茶"。第十九章谈到埃莉诺在家时詹宁斯太太等来访，詹宁斯太太很急切地在窗口说话，其中讲道，"昨晚喝茶的时候，我觉得听见了马车的声音，但我万万没有想到会是他俩"。第二十三章谈到在米德尔顿夫人家聚会后，众人进入客厅，"茶具端走之后，孩子们才离开客厅"。第二十六章谈到玛丽安期盼威洛比的来访，"茶具端进来了，隔壁人家的敲门声已经使玛丽安失望了不止一次"。没想到来访的是布兰登上校，为了招待客人，"埃丽诺开始动手泡茶"。第二天晚上，詹宁斯太太与两位关系较亲密的夫人共进晚餐，此后，"帕尔默夫人茶后不久便起身告辞，去履行晚上的约会"。第二十八章，谈到玛丽安因为有心事而对参加晚会毫无兴趣，"茶后，直至米德尔顿夫人到来之前，她就坐在客厅的壁炉前，一动也不动"。第三十章谈到詹宁斯太太一家在家，"正当大伙儿用茶的时候，布兰登上校进来了"，此时埃丽诺正坐在茶桌前，聊了一些事情后，"过不一会儿，茶盏端走了，牌桌安排妥当，人们必然也就不再谈论这个话题"。第三十六章谈到在爱略特夫人家举行舞会时需进行安排，"餐厅能宽宽裕裕地容得下十八对舞伴；牌桌可以摆在客厅里；书房可以用来吃茶点；晚饭就在会客室里吃"。第四十三章谈到，埃丽诺一直守候生病的妹妹——玛丽安，"七点钟，埃丽诺见玛丽安还在熟睡，便来到客厅和詹宁斯太太一起用茶"[①]。

从小说中有关的内容可以看出，饮茶出现频率远远超过近半个世纪之

① ［英］简·奥斯汀：《理智与情感》，武崇汉译，上海译文出版社 2010 年版。涉及《理智与情感》的内容均引自本书，不再一一注明。

前的著作《弃儿汤姆·琼斯的历史》，这一方面可能缘于奥斯汀作为女性小说家观察写作的视角更富于生活气息，另一方面也与饮茶在英国社会的传播过程有关，奥斯汀创作的年代，饮茶在英国社会已经全面传播开来，茶文化成为该时期社会生活中的重要部分，人们在日常生活中已经养成了饮茶习惯，作者频频涉及饮茶无意中反映出了现实的社会状况。奥斯汀在小说中多次提到晚上饮茶，说明晚上饮茶已经日渐成为社会习惯，小说还表明，饮茶不仅会在家庭内部进行，有时邀请客人，聚餐后还会一起饮茶，体现出餐后用茶为人们提供了闲谈交流的时机。不仅如此，在举行舞会这种较为隆重的场合，饮茶也成为其中的一项内容，茶已经成为各种场合社会交往的润滑剂。可以说，茶文化在小说《理智与情感》中非常自然地得以呈现，反映了该历史时期的社会生活。

查尔斯·狄更斯（1812—1870）为英国 19 世纪批判现实主义小说家的杰出代表，他凭借自身的努力与天赋写就了大量的经典之作，其作品不仅塑造了个性鲜明的人物形象，而且深刻揭示了该时期英国复杂的社会现实。狄更斯的作品主要包括《匹克威克外传》《雾都孤儿》《老古玩店》《艰难时世》《我们共同的朋友》《双城记》等。因为饮茶至 18 世纪末期已经在英国社会普遍传播开来，狄更斯所生活的年代，茶文化在社会生活中更是司空见惯，所以饮茶时常出现于其作品之中。

《匹克威克外传》为狄更斯的成名作，出版于 1836 年，是其早期代表作，通过叙述匹克威克与三位朋友的游历与见闻，"真实地描写了 19世纪初的英国社会"①。在一幕幕社会场景之中，茶文化作为其中的重要部分，频频出现于作者笔端。第二章中，假冒的文克尔在舞会上故意邀请有钱的寡妇跳舞，"还有随后的一切端茶、斟酒、递饼干、献媚等"。第五章中，匹克威克与三位同伴在旅馆中吃早餐，"火腿、鸡蛋、咖啡、茶，等等，都开始很快地消失"。第十三章中，伊顿斯威尔市镇为了议员竞选，还举行了茶会，"我们昨天夜里在这里开了个小小的茶会，四十五个女人，我的好先生，临走时，我们都各给了她们一把绿阳伞"。第十四章中，汤姆·斯马特看到在酒吧间里，"一个很高的男子，……他正和那寡妇一道喝茶，而且不用多想就看得出他是在认认真真地劝她以后不要再守寡了"。第十七章中，人们都传说马具店老板老洛布斯经济条件优裕，"大家都知道的，到举行宴会的时候就拿出纯银的茶壶、奶油罐、糖缸来装饰桌面，并且他常常得意地吹嘘说等他女儿找到心上人的时候，就把这

---

① ［英］狄更斯：《匹克威克外传》，蒋天佐译，上海译文出版社 1979 年版，译后记。

给女儿做陪嫁"。玛丽亚·洛布斯小姐邀请那生聂尔·匹布金六点钟到家中吃茶点，他得以亲眼所见，"桌子上放了真正纯银的茶壶、奶油罐和糖盘子，还有搅拌茶的真银调羹，喝茶的真瓷杯子，还有装糕饼和烤面包片的碟子，也是真瓷的"。第十八章中，文克尔招惹了卜特先生，导致卜特先生有些恼怒，"手一挥，表示他很想把那只不列颠金属茶壶掷到他的客人头上"。第二十二章中，维勒先生讲述到茶会，"开了一个大茶会，请来一个她们称为她们的牧人的家伙，……星期五晚上六点钟，我打扮得漂漂亮亮地和女人一同去，我们走进准备了三十个人的茶具的第一层楼，那些婆娘都互相捣鬼话，……调茶的时候，那一片声音就像唱赞美诗一样；……喝过茶之后呢，他们又唱了一首赞美诗"。第二十六章，两位朋友来到巴德尔太太家做客，"这两位也只是刚来一会儿，为的只是喝杯清静的茶，吃点热热的晚饭———一份猪蹄和一些烤乳酪"。第二十七章，山姆在格兰培侯爵酒店里看到，"一位相貌悦人的微微有些发胖的女子，她坐在酒吧间的炉子旁边，在拉着风箱烧冲茶的开水"，一位红鼻子的男子在旁边坐着，"炉火正在风箱的作用之下熊熊地发着光，水壶呢，正在炉子和风箱两者的作用之下愉快地唱着。桌上放了一小盘茶具；一碟滚热的抹了牛油的烤面包在炉火旁边轻轻地翻着油花"。第二十八章，特伦德尔结婚仪式上，"午饭是像早餐一样地丰盛，节目不断出新，气氛不断地高涨，就是没有眼泪。随后是点心并且又是些祝饮。随后是茶和咖啡；再后，是跳舞会"。第三十三章中，"礼拜堂联合戒酒协会布力克街分会"举行月会，"正式开会之前，妇女们坐在长板凳上喝茶，喝到她们认为最好离座的时候为止"，在这一场合中，"妇女俩喝起茶来真是到了极其惊人的地步"，大维勒先生颇为夸张地告诉儿子，"这些人里面有几个要是明天不需要剖开肚皮来放水，我就不是你的父亲，一点都不含糊。嘿，在我旁边的那个老太婆把自己淹死在茶里了"，"那边第二条板凳上有个年轻女人，已经用早餐的杯子喝了九杯半；我看着她显然胀大起来"。礼拜堂联合戒酒协会的布力克街分会干事会报告书中讲到戒酒会成员的情况，"托马斯·波登有一条木腿；他觉得，在石子上走路，木腿是很破费的；所以经常是用旧木腿，每天夜里常常喝一杯掺上热水的杜松子酒——有时两杯。发现旧木腿很快就裂开和腐烂了；得到坚决的劝告，说木腿的构造是受到了杜松子酒的暗中损害。现在买了的新木腿，而且只喝水和淡茶。新木腿比从前那些旧的木腿经用两倍，这一点他完全归功于他的戒酒"。第三十五章，皮克威克在巴斯看到，"巴斯挤满了人，与会者和花六便士来喝茶的人，成群地拥来，舞厅里，长方的牌室里，八角形的牌室里，楼梯口上，过道里，嘈杂声十分使人迷醉"。"茶室里，徘徊在那些牌桌周围的，是好多古怪的老太太和老态龙钟的老绅士，在讨论着张家长李家短之类的闲话"。第四十二章，匹克威克租房子，"洛卡先生开始布置房间；……不一会儿房里就有了一张地毯、六把椅子、一张桌子、一张沙发床、一把茶壶和各种小物件"。第四十六章中，赖得尔先生等一行人乘马车到达西班牙花园的"花园茶座"，……过了一会儿，"茶盘端来了，七只茶杯的茶托，面包和牛油如数"。第五十章中，皮克威克等在老皇家旅社中，侍者问："茶还是咖啡，先生？吃大餐吗，先生？"第五十五章中，维勒先生告诉山姆，"是在酒吧间壁橱里顶上一格的一把小小的黑茶壶里找着的。……可怜的人，她把家里所有的茶壶都装了遗嘱也不会使她觉得什么不方便了，因为最近她真是难得拿什么钱，除非开节制晚会的时候，他们要喝茶来戒酒！"①

《匹克威克外传》中展现的饮茶场景可谓丰富，包括舞会、旅馆、茶会、家庭、结婚仪式、戒酒会的月会与花园等，可以说囊括了现实生活的各个方面，反映出饮茶在社会生活中影响至深，已然成为其中不可或缺的一部分。该小说中也体现了有关饮茶的若干重要问题，比如讲到的茶具有纯银的茶壶、不列颠金属茶壶、小小的黑茶壶、真银调羹以及真瓷杯子等，而且讲到出租的房子时，房间里也有一把茶壶，这些茶具形象地体现出饮茶在人们生活中的重要性，与此同时，茶壶材质的不同又表现出社会地位或者经济条件的差异，但无论如何，各阶层人士均养成了饮茶习惯。再如小说中也体现出英国饮茶的重要特色，桌子上放的"纯银的茶壶、奶油罐和糖盘子"说明饮茶时要加入奶油（或牛奶）与糖，而这正是茶文化在英国本土化的结果。另外需要特别指出的是，该小说中还体现了茶与其他饮品的关系。工业革命时期既是英国经济社会的深刻变革期，又是传统社会价值体系日益崩塌、新的道德规范日渐确立的转变期，酗酒者每日嗜酒成瘾，社会改良者对此大加鞭挞，礼拜堂联合戒酒协会的活动体现出了社会改良者所作出的切实努力，他们抨击饮酒、痛陈其危害，茶成为对抗饮酒恶习的有力武器，被赋予了勤勉理性的含义，参与活动者喜好饮茶甚至可以说鲸吞豪饮，或许意在以此姿态表示对饮酒的反对和抵制。小说中对茶与咖啡的关系也有所体现，尽管咖啡在与茶的竞争中落于下风，饮茶得到了英国社会的广泛认可，但咖啡并没有完全消失，而是在

① ［英］狄更斯：《匹克威克外传》，蒋天佐译，上海译文出版社1979年版。涉及《匹克威克外传》的内容均出自本书，不再一一注明。

社会生活中有所保留，有些场合可能是同时提供茶与咖啡的，体现出了历史发展的复杂面相。

威廉·梅克比斯·萨克雷（1811—1863）为维多利亚时代的代表小说家之一，其作品包括小说、散文、游记、儿童故事、政论甚至美术评论等，但主要贡献还是在小说创作方面，其现实主义小说"比较真实地反映了一部分当时的历史现实"[①]。萨克雷生活的时期，茶文化已经深入渗透到英国社会之中，他浸染其中不能不受到影响，所以在作品中经常涉及饮茶。

《名利场》被视为萨克雷的成名作，最初出版于1848年，其副标题为"英国社会的钢笔和铅笔素描画"。其创作旨趣可见一斑，该小说重要特点即不讲究结构，"他写的不是一桩故事，也不是一个人的事，而是一幅社会的全景"[②]，茶文化作为社会生活的一部分，在《名利场》中频频出现。第二章谈及克里斯泼牧师时，他"偶尔也到她（平克顿小姐）学校里喝喝茶"。第五章中，都宾的父亲用自己杂货店的货物抵上学应付的学膳费，"在学校里，他就代表多少磅的茶叶、蜡烛、蓝花肥皂、梅子等等——其中一小部分的梅子是用来做梅子布丁的"，因为都宾帮小奥斯本打架，所以小奥斯本给妈妈写信时写道，"你以后应该到他爸爸铺子里去买糖跟茶叶才对"。第九章中，麦克活脱小姐的胖马车夫住着的时候，"啤酒比往常浓了好些；在孩子的房间里（她的贴身女佣人一天三餐在那儿吃），用去的糖和茶叶也没人计较"。第十三章中，都宾吃着早饭，"嘴里面又塞满了鸡子儿、黄油和面包"，因为事情而发怒说完话后，"满面涨得通红，闭上嘴不响了，喝茶的时候，几乎没把自己噎死"。第十六章中，因为别德·克劳莱太太即将到来，所以孚金姑娘告诉布立葛丝，"别德·克劳莱太太刚坐了邮车从汉泊郡赶到这儿。她要喝点茶。你下来预备早饭好吗，小姐？"别德·克劳莱太太到来后，"吃了些热的烤面包，喝了些滚热的茶，觉得很受用"。第二十四章中，谈到总管所吃的早饭，"他吃得很香甜，虽然他省吃俭用，茶里面只能搁点儿黄糖"。第二十五章中，谈到奥多少佐太太收拾行李时，"她把丈夫最好的肩章塞在茶罐子里"。第二十八章中，谈到奥多少佐很听太太的话，"他凡事听凭妻子摆布，就是她的茶几，也不过像他那么听话"。第三十八章中，赛特笠太太对爱尔兰女佣人的管理可谓到位，"戴什么帽子，系什么缎带，怎么泼

① 朱虹：《论萨克雷的创作——纪念萨克雷逝世一百周年》，《文学评论》1963年第5期。
② ［英］萨克雷：《名利场》，杨必译，人民文学出版社1986年版，译本序第18页。

辣，怎么好吃懒做，把厨房里的蜡烛怎么浪费，喝了多少茶，茶里搁了多少糖等等，赛特笠太太全要过问"。第四十一章中，利蓓加反思比较自己先后的生活状况时想到，"从前我只是个穷画家的女儿，甜言蜜语地哄着转角上的杂货店掌柜，问他赊茶叶赊白糖，现在我究竟比从前阔了多少呢?"第四十二章中，奥斯本小姐觉得自己的生活很可怜，每天天不亮就要预备早饭，八点半之前送进去，奥斯本先生则"一面看报，一面吃油饼喝茶"。第五十二章中，罗登因为小罗登上学的事而烦心，"下午，他心上还是不痛快，又到吉恩夫人家里去喝茶，告诉她小罗登上学的经过"。第五十四章中，讲到岗脱大厦宴会，"当时那亲随和管家娘子，还有她侄女儿，都在管家娘子屋里喝早茶，吃滚热的烤面包和黄油"。第五十六章中，讲到"雅典学院"的谈话会活动，"开会的时候，教授先生和学生跟家长联络感情，请他们喝几杯淡而无味的茶，对他们谈好些高深渊博的话"。第五十八章中，都宾因为钟情于爱米丽亚，"只要爱米丽亚在替他斟茶，他就很愿意和约翰逊博士那么一杯杯地尽喝下去。爱米丽亚见他爱喝茶，笑着劝他多喝几杯。当她一杯一杯替他斟茶的时候，脸上的表情着实顽皮"。

《名利场》中对饮茶频频涉及，可以看出饮茶在社会生活中深刻而广泛的影响，而且其中的内容也反映出了茶文化的多个侧面。小说中五次涉及茶与糖的关联，小奥斯本希望妈妈到都宾爸爸的杂货店去买糖和茶叶，女佣人用了多少茶和糖无人计较，总管喝茶时只放点黄糖，赛特笠太太家中喝了多少茶放了多少糖，利蓓加在杂货店赊茶叶赊糖，可以看出，喝茶时加糖已然成为社会人士广泛采用的方式，因为白糖价格相对较贵，所以节俭人士会添加黄糖，无论如何，茶与糖相遇于英国人的茶杯，英国人举起茶杯反映出其背后茶的产地（主要是中国）与糖的产地（主要为西印度群岛）和英国的联系，全球性的交流悄然渗入英国人的日常生活。其中四次谈到早餐饮茶，都宾吃"鸡子儿、黄油和面包"饮茶，别德·克劳莱太太吃热的烤面包饮热茶，奥斯本先生在八点半前开始吃油饼喝茶，一干人等喝早茶，吃滚热的烤面包和黄油，大致反映出了该时期早餐的基本情况，一般为喝茶、吃涂抹黄油的面包，茶在早餐中占有显著地位。其中两次涉及在学校饮茶，克里斯泼牧师到平克顿小姐所在的学校里喝喝茶，"雅典学院"里教授、学生以及家长喝茶并谈话，可以看出，饮茶在学校当中广泛存在，学校甚至采用类似今日"茶话会"的形式，茶促进了双方的交流沟通。小说中还涉及茶具以及相关家具，反映出奥多少佐太太拥有茶罐与茶几，茶叶如果存放不当易于变质，所以饮茶家庭多备有专用的茶罐，喝茶时经常会在专用的家具之上，所以也需要购置茶几，茶罐与茶几体现出奥多一家已经养成了饮茶习惯。小说中还有一个颇为有趣的细节，都宾因为心仪爱米丽亚，所以喝了一杯又一杯，该细节形象地刻画了青年男女微妙的心理活动，同时作者还打趣地把他一杯杯地喝茶与18世纪频频举杯饮茶的文化名人约翰逊博士联系起来，增加了小说的文化情趣。

第三节　茶与英国艺术

茶进入英国并日益传播，影响了文学作品尤其是诗歌与小说的创作，或者成为其中的文学题材，或者成为其中的社会文化背景，体现了茶文化与文学的关联。不仅如此，随着茶文化的传播，英国艺术也受到了影响，英国绘画尤其是社会题材的画作对茶文化多有涉及，饮茶所需茶具堪称陶瓷艺术中的一朵奇葩，体现出了值得关注的历史信息与丰富的文化内涵。

一　茶与英国绘画

茶进入英国之后，它不仅屡屡受到文学家的赞誉，成为文学题材或者著作中的社会场景，而且也成为艺术家的关注对象，画家在社会题材绘画中屡屡呈现饮茶场景，不仅真实地反映了英国社会生活的实际状况，而且揭示了茶文化的若干重要内容，以艺术的形式，形象地呈现了英国茶文化的丰富内容，威廉·荷加斯（William Hogarth）、小希曼（Enoch Seeman the Younger）、托马斯·尤文思（Thomas Uwins）即为其中的代表，此外，一些相关著作中的插图也值得关注，罗伯特·福钧（Robert Fortune）的著作尤其如此。

威廉·荷加斯（1697—1764）是英国著名的画家与艺术理论家，他的作品以铜版和油画风俗画及肖像画为主，其社会题材代表作包括铜版组画《烟花女子哈洛德堕落记》（1735）、《浪子生涯》（1735）以及油画组画《文明结婚》（1743）等，他的画作擅于抓住人的个性和社会特征，对当时的社会现实给以深刻揭露与批判，其艺术创作奠定了英国绘画的进步传统。正是因为荷加斯的画作深深植根于现实生活，所以能够较好地反映社会现实，对茶文化在18世纪上半期的传播状况予以形象地呈现。

荷加斯的版画《烟花女子哈洛德堕落记》创作于1735年，共六张图片，描绘了妓女莫尔·哈洛德悲惨的人生命运：第一幅画中哈洛德从马车上下来，妓院老鸨伸出了"欢迎"之手；第二幅画中，哈洛德已然成为富商的情妇，她巧妙地分散开富商的注意力，以便其情人可以偷偷溜走；第三幅画中（见图5-1），哈洛德被抛弃，衣衫褴褛的女仆人正在侍奉她喝茶，而前来抓她的法官已经来到了门前；第四幅画中，哈洛德被关入监狱，境遇凄惨；第五幅画中，哈洛德濒临死亡，两名医生正争吵不休；第六幅画中，哈洛德的尸体停放在棺材之中，周围是一圈妓女，好色的牧师以及殡仪师还在贪图美色，挑逗妓女。第三幅图画尤其值得关注，女仆人正在准备茶水，而哈洛德坐在一边等候，饮茶场景塑造出安逸平静的氛围，而危险实则已然迫近，戴着假发的法官已经抵达门口，哈洛德面临被逮捕的悲惨命运，饮茶所烘托的平静安适与法官所代表的严厉粗暴互相映衬，融合于同一画面之中，达到了动人心魄的艺术效果。

图5-1 《烟花女子哈洛德堕落记》（之三）

图片来源：John Trusler, John Nichols, John Ireland, *The Works of William Hogarth：With Descriptions and Explanations*, London：Simpkin, Marshall, Hamilton, Kent&Co., 1800.

图画中哈洛德饮茶不仅具有艺术价值，而且具有社会文化意义。18世纪前期，茶文化主要局限于社会上层，此时茶叶进口数量较少而且价格昂贵，茶更多地以奢侈品的形式逐渐传播，具有社会身份的象征意义。哈洛德初到都市之时，可能对茶尚不了解，但是她成为富商的情妇之后，可以想见，其生活状态发生显著变化，可能正是在这一优裕的条件之下，接触饮茶进而形成习惯，在被富商抛弃之后，她的这一嗜好不可能立马放弃，所以女仆人才会为她准备茶水供其饮用。妓女属于社会特殊人群，尽管总体而言处于社会边缘，但是其中部分人士能够接触到社会上层，所以哈洛德才会养成饮茶习惯，这正如伦敦城里社会上层人士家庭的仆人一样，受到生活环境的影响而接触到饮茶，这幅图画有助于更为全面地认识茶文化在英国社会传播的复杂面相。

小希曼（1694—1745）出生于波兰的但泽，其父亲于1704年将他带到伦敦，后来成长为以肖像画创作为主的知名画家，他曾经服务于英国宫廷，享有较高的声誉。《监护人一家》（*The Cust Family*）创作于1741年，它通过华贵的服饰、怀中的宠物犬、茶桌上成套的茶具展示了这个社会上层家庭优裕享乐的生活情趣。茶在17世纪后期主要在社会上层传播，至18世纪上半期，尽管茶在中产阶级日渐普及，其奢侈品的象征意义有所下降，但仍可以被视为上层社会生活品位的体现、社会身份地位的标志。该画作中所展现的茶具组合值得关注，它包括茶杯、茶碟、糖罐与糖夹，体现出英国饮茶方式中茶与糖的密切关联，特别值得指出的是，图画中并无奶罐，表明并无牛奶（乳类）添加入其中，印证了前文所述部分英国人不支持加入乳类的说法，茶、牛奶（乳类）与糖这一组合形成并固定下来，经历了较长时间的历史发展。

托马斯·尤文思（1782—1857）是英国知名的水彩画、油画画家，为英国水彩画协会与皇家艺术院会员，其作品包括肖像画、风俗画以及风景画等。画作《以土为生》（*Living off the Fate of the Land*）为水彩画，创作于19世纪前期，它形象地表现了乡村社会共进高茶（high tea）的场景。图画中，衣着朴素的男女老幼团团围坐，共同分享面包、火腿、奶酪与茶水，一位中年妇女右手拿着壶盖，左手拿着金属制罐形盛茶器皿，正在向茶壶中添加茶叶，右边的年轻妇女并未饮茶，而是将茶杯放置于桌子上的茶碟之中，左边的老妇正在饮茶。仔细观察图画可知，几位喝茶妇女所坐的凳子较高，放置茶具与食物的桌子同样较高，这与《监护人一家》中的家具加以对照则极为明显，"高茶""低茶"的称谓正是由此而来，而且体现出了社会阶层的明显差异，高茶主要为社会下层所采用，实际上为劳动者外出工作归来后所享用的茶晚餐。图画中另一重要信息即老妇的饮茶方式，老妇并非在茶杯中饮茶，而是将其倒入茶碟，有利于茶较快地变凉，这一饮茶方式在英国曾一度流行，部分社会下层人士延续了该做法，所以英语中的俗语 one's cup of tea，字面意思为"某人的一杯茶"，其引申意思为"喜好、正中下怀、钟爱的事物、恰合口味"，该俗语也常写作 one's dish of tea，其字面意思为"某人的一盘茶"，该俗语的产生即与这一饮茶方式有关。在这一关于高茶的图画中，糖罐并没有出现，说明尽管茶、糖与牛奶（乳类）这一组合构成了英国文化的重要特色，但是社会下层可能限于经济条件，有时并没有向茶水中加糖。可以说，《以土为生》形象地展示了高茶的具体情形，具有值得关注的社会文化内涵。

罗伯特·福钧（1812—1880）为英国著名的植物学家，也是谤誉参半的"茶叶大盗"。① 福钧在中国游历时，不仅深入了解了茶叶种植、制作、流通的各项事宜，而且用画笔记录下了自己的观感，后来以插图的形式放入其游记当中，其画作形象地展示了茶叶生产与运输的多个侧面。比如，福钧用画笔形象地记录了茶叶运输的情形，运送者（cooly，直译为苦力，见图 5-2）以肩扛担挑的形式，将茶叶从运输不便的地区送出，至于有的运送者运送一箱有的是两箱，他给以详细的文字说明，"一些运茶工仅运送一个箱子，因为这些是优质茶叶，所以在运输过程中茶箱不允许落地"，至于如何休息，他解释道，"运茶工将竹子的末端置于地上，将它举高至垂直状态，这样，箱子的重量完全作用于地面之上"。普通的茶叶则以寻常的方式运输，即采用挑两箱运送的方式。② 福钧的画作生动而传神，文字描述同样弥足珍贵，生动翔实地向英国人展现与揭示了有关茶运输的多个细节。

福钧不仅用画笔描述了茶叶运送的情况，而且专门绘有关于九曲溪的画作（见图 5-3）。九曲溪发源于三保山，流经三港、曹墩过星村，折九曲而注入崇阳溪。福钧之所以予以关注，不仅是因为九曲溪峰岩交错、溪流纵横，其美丽的风光让人印象深刻，更是因为这里与英国人所钟爱的红茶密切关联。该历史时期，英国人早已知道茶产自中国，对饮茶知识也耳熟能详，但是对有关茶叶种植、茶叶制作等方面的了解还极为有限，福钧在中国游历的主要目的即揭开茶叶的机密，通过深入了解，他已经能够很好地解答英国人长期存在的一个误解：绿茶与红茶的关系。英国人最初主要饮用绿茶，后来转为主要饮用红茶，但英国人并不清楚绿茶与红茶的关

---

① 1842—1845 年，福钧作为伦敦园艺会派出的植物猎人在中国生活，其重要任务即收集物种资源。英国东印度公司非常看重福钧的在华工作经验，所以委派他刺探茶叶的秘密，这样，他于 1848 年再次来华，潜入茶区详细了解茶叶种植与制作的技术与知识，于 1851 年带着 8 名茶工以及大量的茶籽、茶苗等前去印度，他在 1853 年再次来华，继续深入了解茶叶种植与加工技术，后携带 9 名红茶茶工返回。经过多次的深入了解以及聘请茶工出洋，英国在印度种植茶叶的事业迅速发展，为印度茶业的崛起奠定了重要基础。详情参见石志宏《罗伯特·福钧与中国茶叶机密的失盗》，《历史教学》2014 年第 1 期；Robert Fortune, *A Journey To The Tea Countries Of China*, London, 1852.

② Robert Fortune, *A Journey to the Tea Countries of China*, pp. 201-204.

图 5-2　《茶叶运送》

图片来源：Robert Fortune, *A Journey to the Tea Countries of China*, pp. 202-203.

系，福钧深入茶区细致了解了茶叶制作过程，明白了茶树的绿色叶片通过发酵而产生变化，从而制作成了乌龙茶与红茶——乌龙茶为半发酵茶，红茶则为发酵茶，绿茶则不需要发酵程序。福钧在武夷山的游历调查，使其明白了九曲溪对茶叶生产区而言具有地理分界线的意义，"它将流经地区划分为两个区域——北部与南部，北部地区据说是最优质茶叶的产区，最好的小种红茶与白毫茶即产自这里，我相信它们很少能够输入欧洲，或者说只能输入很少很少的数量"①。在福钧的画笔之下，九曲溪安详静谧、绰约多姿，而美丽画面背后蕴藏的是创作者激动喜悦的心情，因为他身处为英国人所熟悉、所喜爱、所赞美的优质红茶的核心产地，这对英国人而言无异于茶之圣地。后来福钧的著作出版时，九曲溪作为游记的封面图片出现，而且还在书中被制成了单页插图，这并非无心插柳，而是有意为之，因为无论是福钧本人还是出版者都明白其中重要的象征意义。

二　英国茶具艺术

茶具在饮茶时不可或缺，英国人对饮茶的接受渐成习惯与相关器具特别是茶具密不可分，茶具不仅具有实用功能，而且包含着丰富的文化信息，值得予以特别关注。就英国茶具的整体而言，其大致演变趋势为由纯粹的舶来品逐渐变化为文化交融的生动体现，茶具从一个侧面揭示了茶文

---

①　Robert Fortune, *A Journey to the Tea Countries of China*, p. 240.

图 5-3　九曲溪

图片来源: Robert Fortune, *A Journey to the Tea Counties of China*, Illustration 15.

化在英国所发生的变化。

　　就材质而言，英国茶具的材质可谓多种多样，主要可分为两大类——金属类与陶瓷类。根据遗产档案中的记述、英国文学中的描述、绘画中的具体形象以及历史文物实物来看，金属茶具长期存在，比较早的银质茶壶可以追溯到 1670 年，其形状为咖啡壶形状[1]，而在维多利亚与艾伯特博物馆的陈列展示中，其中一把银质茶壶标明的年代为大约 1685 年。在哈利法克斯遗产档案中，18 世纪 20 年代的遗产清单即涉及茶具，律师乔治·梅森的遗物中包含一个价值 12 英镑 2 先令的银茶壶以及少量瓷器，而商人詹姆斯·基特森的遗物中包含了 67 件陶瓷器、1 个茶几盘，以及 1

---

[1]　Gervas Huxley, *Talking of Tea*, p. 91.

把茶壶。① 狄更斯的小说《匹克威克外传》中，讲到的茶具有纯银的茶壶、不列颠金属茶壶、小小的黑茶壶、真银调羹以及真瓷杯子等。对照博物馆中的相关文物，也可以发现，金属茶具虽然数量相对较少，但也占有一定比例，具体而言主要分为银质茶具与不列颠金属茶具，银与不列颠金属均为英国传统的金属材料，其中不列颠金属（britannia metal）为一种合金材料，价格相对低廉。中国传统的茶具主要为陶瓷茶具，明清时期尤其如此，明人张谦德认为，"官、哥、宣、定为上。黄金白银次。铜锡者斗试家自不用"②。清代也有"景瓷宜陶"的说法，所以传入英国的茶具也是如此。而制作金属器具为英国的文化传统，金属材质茶具是受到陶瓷茶具影响的结果，比如图5-4的银质茶壶制作于17世纪后期的英国，凸显了文化融合的特色。陶瓷茶具为英国茶具之大宗，仔细说来，其材质有所不同，不仅包括通常的陶质茶具与瓷质茶具，另外还有介于两者之间的炻器，因为欧洲在模仿制造瓷器的过程中，较长时期内未能掌握瓷器制造的精髓，而是制造出了相当数量的炻器，其中即包括茶具，如图5-5的炻器茶壶。

图5-4　制作于17世纪后期的银质茶壶

图片来源：刘章才摄于英国国立维多利亚与艾伯特博物馆。

就造型而言，英国茶具呈现出中西杂陈与融合、丰富多样的特色。根据来源，英国的茶具大致可以分为两类，其一为由中国进口的茶具，其二为英国制造的茶具，其造型有所不同。通过中西贸易，大量的中国茶具得以进入英国，其中相当部分体现出浓郁的中国风情，与中国人所用茶具并

①　［美］约翰·斯梅尔：《中产阶级文化的起源》，陈勇译，第113页。

②　（明）张谦德：《茶经》，叶羽主编《茶书集成》，第156页。

图 5-5　18 世纪中期制作于斯塔福德郡的炻器茶壶

图片来源：刘章才摄于英国国立维多利亚与艾伯特博物馆。

无明显差异，比如该时期中国茶壶的常见造型主要为两种，一种为侧提壶，壶把呈耳状，在壶嘴对面，另一种为提梁壶，壶把呈虹状，在壶盖上方，这两种茶壶在英国均颇为流行。英国茶具很多为模仿中国茶具制造而成，比如伍斯特瓷茶壶，其制造年代为 1770 年，造型为最常见的侧提壶。但英国茶具又不局限于此，除了受到"中国风"影响，模仿制造中国茶具之外，茶具制作浓缩体现了英国人自身的文化情趣、审美追求与异域想象，比如 18 世纪后期制作于斯塔福德郡的一把茶壶，它非常巧妙地将茶壶设计为大象型，壶体为大象身体型，壶嘴为大象可以喷水的鼻子型，而壶盖上设计了两个背对背站立的清朝男子形象，作为壶钮。该茶壶的造型与中国茶具明显不同，尽管中国陶瓷常用花鸟虫鱼、龙凤孔雀以至大象作为装饰图案，但茶具的造型多模仿有关植物的形象，与传统农业文化密切关联，而英国这一象型茶壶的出现，与该时期的历史背景有关：象牙工艺品在西方较为流行，18 世纪又是西方人大量猎杀大象的时代，大象的形象为西方人所熟悉，18 世纪也是"中国风"的时代，大象在中国文化中被视为瑞兽，常被用于陶瓷器的装饰，这种时代背景影响了英国陶瓷艺术家的创作。此外，英国还有其他动物造型的茶具，这种中英差异反映出了其独特的审美情趣。

　　英国茶具的图案可谓丰富多样，包含了丰富的文化信息。美国大都会艺术博物馆收藏的一把伍斯特茶壶为英国仿照中国的瓷器于 1770 年制造而成，所以图案体现出较为典型的中国文化特色，壶身装饰有略显盘曲的梅枝与童子嬉戏的图案，梅花被中国文人士大夫用以象征刚强、高洁、勇敢的品格，同时在民间也寓有传春报喜的吉祥含义，与喜鹊组合时，表示"喜上眉梢"之意，中国陶瓷艺术家也将梅花绘制于陶瓷制品之上，童子嬉戏图为中国传统画中的常见题材，包含着对美好生活的向往，富有中国人伦道德情趣，英国的陶瓷制造者将两者结合起来，可能略显牵强，但反映出了该时期其对中国文化的理解与模仿。英国茶具中有相当部分为定制瓷器，根据自身需要提供图案以及设计要求，交给中国瓷器制造者加工，比如图5-6纹章瓷即定制于景德镇，制作时间约为18世纪七八十年代，茶壶壶身绘有皇家纹章，周围飘带印有法语格言"DIEU ET MON DROIT"（天赋我权）及"HONI SOIT QUI MAL Y PENSE"（心怀邪念者可耻），两侧分别由狮子与独角兽加以护卫，纹章下方旋涡形花饰内为象征共济会的图案。狮子在英国文化中具有重要地位，代表着百折不挠的勇敢精神与百兽之王的无上尊严，狮子图案在英国纹章中经常使用，在这里代表的是英格兰，独角兽是传说中的神秘生命，在西方文化中被视为纯洁的象征，在这里象征着苏格兰。该茶壶尽管制造于中国，但属于定制性质，主要体现了英国文化的内涵与特色。

图5-6 英格兰皇家纹章共济会茶壶

图片来源：赵连山摄于"瓷之韵——大英博物馆、英国国立维多利亚与艾伯特博物馆藏瓷器精品展"，中国国家博物馆，2010年6月—2013年1月。

小　结

　　饮茶在英国深入渗透，使其成为社会生活中的重要部分。在日常生活中，除了就餐与下午茶时饮茶之外，英国人也频频饮茶，日常待客、举办舞会也与饮茶密切关联，饮茶已经成为英国人重要的日常习俗。除了日常饮茶，英国还一度出现了颇受欢迎的休闲茶园，作为一种综合性休闲设施，茶园成为各界人士休闲娱乐、交流信息的重要场所。除此之外，英国人还将茶叶用于占卜，预测吉凶或者解读命运。

　　茶叶在中国被赞为"茶通六艺"，在英国也与文学艺术密切关联。英国作家将茶誉为"缪斯之友"，它在启迪文思的同时也进入文学作品，埃德蒙·沃勒尔、彼得·莫妥、乔治·戈登·拜伦以及雪莱等在诗歌中或者对饮茶予以赞美，或者展示了茶文化的若干方面，而亨利·菲尔丁、简·奥斯汀、查尔斯·狄更斯、乔治·吉辛等则在其小说或随笔中多次涉及饮茶。饮茶与陶瓷、绘画密切关联，英国的陶瓷茶具呈现出中西文化杂陈与融合的特色，威廉·荷加斯、托马斯·尤文思等画家在社会题材的画作之中也屡屡呈现饮茶场景。

第六章　茶与英国对外关系

中国有世界上最好的粮食——大米；最好的饮料——茶；最好的衣物——棉、丝和皮革。……他们实在不需要从外面购买哪怕是一分钱的东西。

——赫德①

强烈的不满，
可怕的事件，
竟由微不足道的小事发端？
小小的茶叶，
被抛入海湾，
流血牺牲的人竟成千上万。

——匿名作者②

第一节　茶与英国的对华外交

在《减税法案》实施之后，英国东印度公司同中国之间的茶叶贸易量有了较大幅度的增长，加上英国利用有利的国际形势，事实上获得了中西茶贸易的垄断地位，如何维系这一贸易关系，保证英国人能够获得足够

---

① ［英］赫德：《这些从秦国来——中国问题论集》，叶凤美译，天津古籍出版社 2005 年版，第 40 页。

② Roy Moxham, *A Brief History of Tea：The Extraordinary Story of the World's Favourite Drink*, p. 46.

的茶叶用以消费，同时也为了在增加进口的同时扩大对中国的商品出口，英国政府先后派遣了卡思卡特使团、马戛尔尼使团、阿美士德使团访华。

一 卡思卡特访华与茶贸易

随着《减税法案》的付诸实施，英国东印度公司的对华茶叶贸易获得了巨大发展，相对于欧洲其他国家，英国进口茶叶的数量占据了绝对优势，再加上东印度公司从事的其他商品的贸易活动以及英国散商进行的贸易，可以说，英国已经在中西贸易中取得了优势地位，其对华贸易已经全面超越了其他各国，这在广州进行的各项贸易中均体现得非常明显，比如1786 年贸易季度，各国在广州的贸易情况整体如下。

表 6-1　　　　　　　　　　1786 年贸易季度项目

国家	项目名称	船只数量（艘）	白银花费（箱）	欧美棉花（担）	欧美买入茶叶（担）	中国出口生丝（担）	中国出口南京布（匹）
英国	东印度公司	29	716	28120	157116	2889	40000
	散商	24		65130	175	189	2000
美国		5			8864		33920
荷兰		5	137		44774	365	98200
丹麦		2	59	322	15190	6	78000
瑞典		1			13110		10900
法国		1			2867	71	72000
西班牙		3				45	37000
总计		70	912	93572	242096	3565	372020

资料来源：［美］马士：《东印度公司对华贸易编年史》第一、二卷，中国海关史研究中心组译，第 440 页。

从表 6-1 中所列的各项内容可以看出，各国参与贸易的船只共计 70 艘，英国一国即达到了 53 艘，其优势极为明显，具体到各商品种类而言，欧美各国仅在"南京布"一项超过英国，英国则在其他各项贸易中占据明显优势地位，特别是茶叶贸易一项，英国的贸易量超过了其他各国的贸易量总和，可以说，英国人在对华贸易方面已经全面居于优势地位。对于英国而言，对华贸易的重要性已经有了显著提高。

但是，英国人认为对华贸易的总体状况不尽如人意，开始采取政治措施力图扩大对华贸易。18 世纪 60 年代，工业革命首先在英国发生，机器的发明与使用极大地提高了社会生产力，大量的工业产品被不断地生产出来，英国更加渴望打开中国市场，不仅要购买自身所需要的各种中国产品，同时期望扩大对华出口，尽其可能扩大对华出口贸易。在这一背景之下，英国人"期待以外交途径修改清政府的对外通商制约，为推动贸易，减少冲突创造良好条件，最终为本国产业革命的飞跃添力助威"①，正是基于上述目的，英国开始积极筹划，全面考虑派遣卡思卡特率使团访华的各项事宜。卡思卡特之所以被选中，很大程度上基于其长期在印度任职的经验，他当时为英国国会议员、英属印度驻孟加拉的总军需官。卡思卡特使团尽管名义上为英国国王所派遣，但实际推动力量主要为东印度公司、散商以及私商，而其中尤以东印度公司为主，"究其根本，作为英国国王首次差遣至远东君主那里的使团，卡思卡特使团为商业使团"②。经过精心筹划，1787 年 12 月 21 日，卡思卡特率领使团驶离了位于英国南部的斯皮特黑德，1788 年 5 月 27 日，他们抵达了巽他海峡，6 月 9 日，使团航行到了位于苏门答腊岛和邦加岛之间的邦加海峡，卡思卡特不幸于次日去世，在出现这一意外事件的情况下，使团被迫返回英国，没能完成出使中国的使命。

尽管由于卡思卡特去世导致使团未能抵达中国，但其肩负的使命仍然值得认真探讨。如前文所言，卡斯卡特使团实际上为商业使团，其来华主要目的即扩大与中国之间的贸易，进而言之，茶叶贸易尤为关键。在对该问题的认识上，卡思卡特与英国政府颇为一致，按照卡斯卡特自己的说法，他此行肩负的使命在于"要求在中国政府的保护下扩展我们的商业"③。但是这一说法仅为一项抽象原则，如何通过具体的措施予以真正贯彻？在英国人看来，他们迫切希望获得更为合宜的贸易商站，为进一步发展中英贸易创造条件，"我们只向他们说明，我们需要一个适合于船运安全和往来，便于推销我们的产品和购买茶叶、瓷器以及其他东部省份的回航货物的一个地方"④，那么，商站的具体位置应如何选择？在卡思卡特看来，澳门的地理条件颇为优越，认为这是一项较好的选择，"把行商们从广州迁移，可能有些不利；但是他们的资本，克服了广州远离茶、丝

---

① 朱雍：《不愿打开的中国大门：十八世纪的外交与中国命运》，第 153 页。

② Earl H. Pritchard, *Crucial Years of Early Anglo-Chinese Relations 1750-1800*, p. 255.

③ [美] 马士：《东印度公司对华贸易编年史》第一、二卷，中国海关史研究中心组译，第 475 页。

④ [美] 马士：《东印度公司对华贸易编年史》第一、二卷，中国海关史研究中心组译，第 476 页。

及瓷器产地的不利条件，故使澳门成为一个有价值的商站，并克服了它的缺点"①。与此同时，卡思卡特认为厦门拥有地利优势，"假如单从接近制造业和茶叶产地，以及销售不列颠商品中心地来加以考虑，则厦门拥有良好的海港，可能是一个最合适的地方"②。由此可见，卡思卡特在思考商站选址问题时，便于进行茶叶贸易为重要的考虑因素，希望能够通过选择更合适的地点设立商站，为中英贸易的进一步发展创造条件。

关于卡思卡特所承担的使命，英国政府曾就此给以明确说明，其中茶叶贸易为核心问题之一。卡思卡特使团尚处于准备过程之时，英国政府于1787年11月30日向卡思卡特下达重要训令，明确提出了要求，让他清楚认知英国同中国多年来所进行的贸易之重要性，还提请他特别注意当前面临的重要问题，而其中第一项即关涉茶叶贸易，"最近政府从其他欧洲各国手中夺回茶叶贸易的措施，已经收到了预期的良好效果，这种商品合法输入大不列颠的增加额，虽然没有三倍，最低限度有两倍"③。由此可见，英国政府视茶叶贸易为中英贸易的核心与基础。

当然，英国对中英贸易的现状并不满意，迫切期望可以扩大对华商品出口，希冀清朝皇帝能够衷心地促进这一事业。为了使清朝皇帝能够接受英方所提出的建议，卡思卡特接到的指示中为其提供了可行策略，对清朝皇帝须小心谨慎地予以说服，所陈述的各条理由中的第一条即："两国之间的贸易所产生的利益是对双方有利的，在贸易的过程中，我们除得到其他货物外，我们购买总重量达2000万磅的中国草（指茶叶），这是在其他市场不能售出的，因为任何国家，不论是欧洲或亚洲的，都不用它，我们为了购买它，用毛织品、棉花及其他对中国人有用的货物来交换，但大部分则用白银偿还中国"④，英国希望清朝皇帝能够认识到中国从贸易中多有所得，意在借此使其动心。

由此可见，英国政府极为重视茶叶贸易，甚至将其视为说服中国皇帝允许扩大双方贸易的筹码。训令中的第二条为设立商站的内容，提出英国

① ［美］马士：《东印度公司对华贸易编年史》第一、二卷，中国海关史研究中心组译，第476页。

② ［美］马士：《东印度公司对华贸易编年史》第一、二卷，中国海关史研究中心组译，第476页。

③ ［美］马士：《东印度公司对华贸易编年史》第一、二卷，中国海关史研究中心组译，第478页。

④ ［美］马士：《东印度公司对华贸易编年史》第一、二卷，中国海关史研究中心组译，第481—482页。

人需要一较为安全的地点存放货物——原来位于广州的货栈多有不便，训令中给出了如下具体指示："假如皇帝允许建立一个商站，就必须小心谨慎地选定一个这样的地方，即它对于我们的航运方便安全，易于推销我国的输入商品，靠近生产优质茶叶的产地，听说这个产地是位于北纬27度至30度之间。"① 商站选址须"靠近生产优质茶叶的产地"被明确提出，其目的很大程度上在于促进茶叶贸易的发展，英国对茶叶贸易的高度重视可见一斑。

由于卡思卡特中途不幸去世，使团无奈返回，英国第一次派使访华就此夭折，但是，推动英国与中国进行外交联系的基础并没有削弱反而日益加强，因为英国的对华贸易依旧呈现增长态势，所以其同中国建立外交联系的愿望只会日形迫切，经过新一轮的筹备之后，英国又派遣了著名的马戛尔尼使团访华。

二　马戛尔尼访华与茶贸易

由于卡思卡特中途去世，英国第一次派遣使团的努力未能取得成功，为了保护并扩大英国的在华商业利益，他们重新准备，挑选出了有经验的外交家马戛尔尼勋爵，请他率领使团再次踏上通往东方之路。马戛尔尼之所以被委以重任，很大程度上缘于其外交经验，他出任过英国驻俄公使、格林纳达总督、英属印度马德拉斯总督等职位，被视为对外国及其宫廷富有经验的合适人选。马戛尔尼使团的规模堪称庞大，挑选了足以显示英国科技水平和工业实力的礼品600箱，英国对此次出使的重视可见一斑。如前文所述，保证乃至促进茶叶贸易是委派卡思卡特出使的重要目的之一，那么马戛尔尼使团与茶贸易是否同样密切关联？

仔细探究起来，马戛尔尼使团同样非常重视茶叶贸易问题，与卡思卡特使团相比有过之而无不及。英国遴选马戛尔尼作为访华特使，与此同时，为了防止出现类似卡思卡特中途去世的意外事件，特意在使团中安排斯当东爵士担任副使——如果马戛尔尼出现意外即由斯当东爵士率团访华，所以，斯当东爵士实际为二号人物，他对使团的任务自然熟稔于心。按照斯当东的说法，"英国是一个商业国家，商人是社会中最活跃最富裕的组成部分。商人的利益和活动随时受到政府极大的注意，并在许多方面影响政府的措施。因此，英国派遣一个使节团到中国访问，自然它是为了

① ［美］马士：《东印度公司对华贸易编年史》第一、二卷，中国海关史研究中心组译，第483页。

商业目的而去的"①，由此可见，马戛尔尼使团与卡思卡特使团基本目的颇为一致，他们都是为了谋取更多的商业利益、进一步巩固乃至加强英国在中国的商业地位而来。

斯当东所谈的商业利益尚较为抽象，其具体内容到底如何？根据更多相关资料来看，茶叶贸易堪称其中的核心问题，按照斯当东本人的说法："停止对外贸易的影响，绝不止于是东印度公司无法从中谋利的问题，也不只是英国商品再无法推销的问题。失之东隅，收之桑榆，关闭了这里还可以另开辟那里，勤劳勇敢的英国人民在贤明政府的照顾和指导之下，是可以克服这些困难的。问题在于，除了利润的考虑之外，有一种主要的中国产品而在其他地方所买不到的东西日益变成英国各级社会人士生活上的必需品。茶叶已经成为英国人生活上的需要，在我们设法在其他地方用同等价钱购买同等数量和质量的茶叶之前，中国方面的来源无论如何必须加以维持。"② 茶叶贸易的重要性被表述得淋漓尽致！在斯当东看来，不仅茶叶贸易成为英国东印度公司的利润源泉，而且茶叶这一商品已经在英国社会生活中不可或缺，为各阶层日常所需，并且这种必需品目前只能从中国买到！

斯当东对茶叶重要性的认识颇为深刻，自卡思卡特使团夭折，东印度公司近几年茶叶贸易进一步突飞猛进：在马戛尔尼驶往中国的前一年即1791年，英国东印度公司购买茶叶多达94754担，此外英国散商购茶474担，其余各国的进口量远不能与英国相提并论：美国茶叶进口量为13974担，法国为5880担，荷兰为15385担，瑞典为11935担，普鲁士为38担。③ 可以说，英国在中西茶贸易中已经居于垄断性地位，保持这一地位对于英国而言十分重要。

英国东印度公司对于上述情况颇为清醒，1792年9月8日，公司在给马戛尔尼的指令中明确指出："由中国输入或公司最为熟悉的商品为茶、丝、棉织品、丝织品（对于这一项我们无须多言）以及陶瓷器，在这些商品当中，第一项最为重要，数量也最为巨大。"④ 可以看出，东印

---

① ［英］斯当东：《英使谒见乾隆纪实》，叶笃义译，第1页。

② ［英］斯当东：《英使谒见乾隆纪实》，叶笃义译，第9—10页。

③ ［美］马士：《东印度公司对华贸易编年史》第一、二卷，中国海关史研究中心组译，第502页。

④ Earl H. Pritchard, *The Instructions of the East India Company to Lord Macartney on His Embassy to China and His Reports to the Company*, *1792-1794*, Selected by Patrick Tuck, *Britain & the China Trade 1635-1842*, Vol. Ⅶ, London and New York：Routledge，1999，p. 217.

度公司将茶叶列于诸种商品之首。马戛尔尼使团尽管名义上由英国国王派遣，实际上东印度公司从中发挥了作用，使团所需费用也由东印度公司承担，所以东印度公司可以对马戛尔尼下达指令，而且东印度公司的意见其实与英国政府一致，所以，巩固并发展茶叶贸易自然成为马戛尔尼使团的重要任务。

具体而言，如何促进中英贸易的进一步发展？从卡思卡特使团的任务即可以看出，英国希望能够获得合宜的商站，在购买中国货物的同时希望能打开中国市场，销售更多的英国商品。马戛尔尼使团的意愿大体相类，他于1793年10月3日开出的请求包含了以下内容：

第一，请中国允许英国商船在珠山、宁波、天津等处登岸，经营商业。

第二，请中国按照从前俄国商人在中国通商之例，允许英国商人在北京设一洋行，买卖货物。

第三，请于珠山附近划一未经设防之岛归英国商人使用，以便英国商船到彼即行收藏，存放一切货物且可居住商人。

第四，请于广州附近得一同样之权利，且听英国商人自由往来，不加禁止。

第五，凡英国商货自澳门运往广州者，请特别优待赐予免税。如不能尽免，请依一千七百八十二年之税律从宽减税。

第六，请允许英国商船按照中国所定之税率切实上税，不在税率之外另行征收。且请将中国所定税率录赐一份以便遵行。①

从马戛尔尼提出的上述请求可以看出，他期冀英国能够得以扩大在华贸易范围，不受仅在广州进行贸易的限制，同时希望能改善贸易条件。粗略看来，这些内容与中英茶叶贸易并无明显关联，其实不然，英国政府对茶叶贸易的重视与东印度公司颇为一致，在计划提出这些条款时已经充分考虑了茶叶贸易，这在外交大臣亨利·邓达斯给马戛尔尼的训令中体现得非常明显。

英国在考虑如何实现马戛尔尼使团的目的——或者说如何才能说服乾隆皇帝，使其接受英国人提出的请求时，邓达斯要求马戛尔尼有礼貌地提出三项内容，其中首要一项即："两国间贸易所产生的利益是对双方有利

---

① ［英］马戛尔尼：《1793乾隆英使觐见记》，叶笃义译，第155—156页。

的，在贸易的过程中，除其他货物外，我们收购达 20000000 磅重的'中国草'（Chinese herb，指的是英国人所购买的中国茶），这些东西是难以销售的，因为欧洲和亚洲的其他各国都不会这样大量饮用，为了购买它，我们交回毛织品、棉花及其他对中国人有用的货物，但一大部分，实际上是以银元支付的。"① 由邓达斯的这一陈述可见，他认为英国购买了中国大量的"难以销售的"商品即茶叶，运往中国的是毛织品、棉花等"有用"货物甚至于金银，所以，中国在中英贸易中大获其利，希望借此打动中国皇帝，从而能够扩大英国的在华贸易，从某种意义而言，茶贸易被英国人视为说服中国皇帝的重要筹码。

假使中国皇帝允许英国设立商站，那么应该选址何处？邓达斯对此早有考虑，他明确给以指示："假如皇帝倾向于准许设立一个商站，应该以极大注意力，去确定它的位置，即它会使我们的航运更为安全便利，易于销售我们输入的商品；要靠近出产优良茶叶的产地，这是位于北纬 27 度至 30 度之间。"② 不难看出，接近茶产区、利于进行茶叶贸易，是英国选择商站地址的重要考量。

但是，英国虽然满怀希望期待能够获得良好的结果，但无法确定清政府会以何种态度回复马戛尔尼，甚至可以说，他们心中对此隐隐担忧，所以很希望能够借助其他一些因素给乾隆皇帝施加压力，以达到使团的访华目的。所以，邓达斯深谋远虑，非常明确地指示马戛尔尼，"可能你有某种必要或便利访问日本沿海。这个国家生产的茶叶和中国的一样好，而且可能更便宜些。听说该处长期以来阻止其他国家前往贸易的各种障碍，现在差不多已被废止"③。表面看来，英国希望从日本购买便宜茶叶，借此扩大该项商品的货源，从而摆脱对中国市场的片面依赖，其实潜藏着更深的意图，他随后即指出，"中国与日本两个市场的竞争会使购买商品的价格下降，这不是不可能的。这样的一种可能性，最低限度在某种程度上使北京的会谈顺利一些"④。邓达斯的用意已然非常清

---

① ［美］马士：《东印度公司对华贸易编年史》第一、二卷，中国海关史研究中心组译，第 552—553 页。

② ［美］马士：《东印度公司对华贸易编年史》第一、二卷，中国海关史研究中心组译，第 554 页。

③ ［美］马士：《东印度公司对华贸易编年史》第一、二卷，中国海关史研究中心组译，第 556 页。

④ ［美］马士：《东印度公司对华贸易编年史》第一、二卷，中国海关史研究中心组译，第 556 页。

楚，他打算利用中日在茶叶贸易方面可能产生的竞争而获取渔翁之利，同时为了把日本的茶叶供应作为谈判筹码，借此说服乾隆皇帝，迫使其满足英国使团所提出的要求。非常明显，邓达斯的处心积虑更体现了茶叶贸易本身的重要性。

或许因为茶叶贸易对英国人过于重要，加上他们对中英能否保持良好贸易关系的隐隐担忧，所以希望能够摆脱对中国的片面依赖。上文已经提及，邓达斯希望马戛尔尼可以顺便访问日本，其中即包含了扩大茶叶来源的考量，显然英国并不会将希望寄托于此，而是在积极地谋划其他更为可靠的办法——开始尝试种植茶树，希望借此摆脱对中国的依赖。在马戛尔尼使团访华之前，英国已经开始尝试种植茶树，但因为地理条件的差异，最终没能获得成功。① 英国东印度公司并不甘心，希望能够在茶叶种植方面继续探索，期望马戛尔尼能够得到更多的关于茶树种植的信息。所以，东印度公司在给马戛尔尼的指令中明确指出，"现在，（茶叶贸易）数量与价值已经如此巨大，如果能在东印度公司所管辖的领土内进行种植该多么令人愉悦啊！我们极力地请求您对此加以注意"②。马戛尔尼对于这一要求牢记于心，在使团回国的过程中，他们离开北京后沿京杭大运河南下，到达了杭州，随后又经浙江、江西水路，最后抵达广州，这条路线恰好经过了中国重要的茶区，为马戛尔尼了解茶树种植技术、茶叶生产制作相关知识提供了千古良机，使他能够借机完成东印度公司所提出的移种茶树的要求。

1793 年 11 月 21 日，马戛尔尼使团由水路到达玉山，使团成员在这里亲眼见到茶圃，随员安德逊特意加以记述，"我们首次见到茶圃。于气候不宜于种茶而又世代相传地从奢侈品成为生活必需品的国家而言，茶树对于这个国家的人会引起兴趣的"③，安德逊对茶树表现出了浓厚兴趣。对马戛尔尼而言，这绝对不仅仅是兴趣问题，而是要完成东印度公司交给的移植茶树任务，所以，他见到"一处种茶树甚多，出资向乡人购其数株"，为了尽可能保证茶树的存活，马戛尔尼命令予以精心呵护，"令以泥土培壅其根，做球形，使人舁之以行，意将携往印度孟加拉国种之"，

---

①　详情参见陶德臣《英使马戛尔尼与茶》，《镇江师专学报》1999 年第 2 期。

②　Earl H. Pritchard, *The Instructions of the East India Company to Lord Macartney on His Embassy to China and His Reports to the Company*, 1792–1794, p. 217.

③　[英] 安德逊：《英国人眼中的大清王朝》，费振东译，群言出版社 2001 年版，第 60 页。

对于自己取得的这一成果，马戛尔尼心中窃喜，他极富远见地展望到，"果能栽培得法，地方官悉心提倡，则不出数十年，印度之茶叶必能著闻于世也"①。真可谓预言准确！英国东印度公司在印度不断进行种植茶叶的相关试验，一方面积极利用各种渠道从中国获得相关资源，根据罗伊·莫克塞姆的说法，马戛尔尼带走了茶树和茶籽，"这些茶树或许没能存活下来，但是一些茶籽成功地在加尔各答的植物园中发芽生长了"②。另一方面，英国人也积极地在印度寻找茶树。几经努力，最终茶树种植在印度取得了突破，获得了巨大的商业成功。

　　1836 年，印度已经制出了少量的茶叶样品，而且受到了人们的欢迎，至 1838 年，印度的种茶制茶终于初见商业成果，东印度公司收到 12 小箱共计 480 磅精心制作的茶叶，这批茶叶被用来大做文章，"其中一些留给了公司的董事，一些作为样品邮寄给茶叶经纪人，一些被派送给各地的市长以便激发人们的兴趣"③。余下的印度茶被用来拍卖，其中最后一小批拍卖价格高达每磅 34 先令，因为印度属于大英帝国的版图，人们的爱国主义热情将印度茶炒到了如此高的价格。印度茶初战告捷，预示着印度种茶已经取得了实质性的成功，其前景极为广阔，这大大刺激了英印政府的植茶热情。而英国在获得了印度的茶叶供应之后，努力扶持殖民地茶业的发展，"（英国）千方百计扶持印锡茶，攻击、排挤中国茶，……以便印锡茶垄断英国市场后，再向全世界扩张"④。至 19 世纪末期，印度茶叶对中国茶叶出口的影响已然成为灾难，尤其是 1888 年对印度制茶业而言堪称具有里程碑意义，该年度印度的茶叶产量攀升至 8600 万磅，英国进口印度茶的数量超过了进口中国茶的数量，延至 1900 年，"英国进口的茶叶仅有 10% 来自中国"⑤。茶叶种植业在印度的崛起，"改写了世界茶业中心原有位置，冲击了亚洲茶业固有格局，……引起了一场技术革命，成为世

①　［英］马戛尔尼：《1793 乾隆英使觐见记》，刘半农原译，林延清解读，第 203 页。

②　Roy Moxham, *A Brief History of Tea：The Extraordinary Story of the World's Favourite Drink*, p. 84.

③　Roy Moxham, *A Brief History of Tea：The Extraordinary Story of the World's Favourite Drink*, p. 94.

④　陶德臣：《印度茶业的崛起及对中国茶业的影响与打击——十九世纪末至二十世纪上半叶》，《中国农史》2007 年第 1 期。

⑤　Claire Hopley, *The History of Tea*, p. 23.

界茶叶技术输出中心"①。中国茶叶出口遭到历史上前所未有的沉重打击，日益陷入困境，非常无奈地走向衰落!②

三　茶与19世纪中英关系

马戛尔尼访华虽然没有达到打开中国门户、扩张英国贸易的目的，换言之，并没有能够实现其初衷，但由此开始了相距遥远的中英两国正式的外交接触，增加了英人对中国的了解，仍然具有重要的历史意义。进入19世纪，国际形势发生巨大变化，英国不仅在东方贸易中的垄断地位日趋巩固，而且在国际舞台上风头更劲，它联合欧洲国家最终打败了拿破仑领导的法国，可以说，英国真正成为称霸世界的强国。作为奠基于海外贸易的欧洲强国，英国力图进一步扩大对华贸易，所以于1816年派遣阿美士德使团再次访华。

阿美士德使团访华主要还是基于商业利益考量，维护英国东印度公司的对华贸易被视为核心问题，"公司贸易的利益，是本使团真正的主要任务"③，缘此，小斯当东（George Thomas Staunton）作为东印度公司广州商馆的成员加入使团，担任了副使的重任，这很大程度上是由于其汉语熟练并且熟谙中国事务。英国东印度公司对使团访华予以全力支持，比如使团需要翻译人员，英国东印度公司抽调翻译，"除班纳曼之外，商馆翻译人员都抽调一空"，而且觉得这件工作具有重要价值，认为这是"一件特别的工作，意图是将我们在中国的事业建立于更稳妥的基础上，我们觉得似乎有责任将我们能够找出适合于这种工作的全部有能力的人集合起来，以集中对付这一任务"④。

至于如何维护英国东印度公司的商业利益，英国外交大臣卡斯尔雷勋爵曾致函阿美士德，提醒他注意维持对华贸易的重要性，"考虑到与中国

---

① 陶德臣：《印度茶业的崛起及对中国茶业的影响与打击——十九世纪末至二十世纪上半叶》，《中国农史》2007年第1期。

② 关于中国茶叶出口衰落的详情可参见林齐模《近代中国茶叶出口的衰落》，博士学位论文，北京大学，2004年；陶德臣《印度茶业的崛起及对中国茶业的影响与打击——十九世纪末至二十世纪上半叶》，《中国农史》2007年第1期；陶德臣《英属印度茶业经济的崛起及其影响》，《安徽史学》2007年第3期。

③ ［美］马士：《东印度公司对华贸易编年史》第三卷，中国海关史研究中心组译，第261页。

④ ［美］马士：《东印度公司对华贸易编年史》第三卷，中国海关史研究中心组译，第257页。

贸易的重要，由于它影响及于不列颠帝国居民的利益和福利，以及它与国家财政的大部分有关"①，对其使命予以阐释：

　　第一，保卫免受当地政府的暴行与不公；为此，公司的权利应有更为明确和详细的规定。

　　第二，保证不断地进行贸易（在已遵守法定的律例和规章时），不得被无故突然中断，该处这样巨大的投资财产必须有一个保证，同时该处的商业交易所需的交换和流通没有保证则难以进行。大班亦应保证有雇用及与他们认为适宜的本地商人交易的权利。

　　第三，中国官吏不得闯入公司商馆，准许商馆成员雇用中国仆役。不准中国官吏有辱骂、轻视和侮辱的行为。

　　第四，商馆人员与北京有关衙门的直接通讯，或者经由驻该处的不列颠使节，或以汉文书写的信函，并取得以汉文书写全部书信与文件递交当地政府的权利。②

可以看出，卡斯尔雷勋爵主要从总体上关注英国的商业利益，表面看来，他对茶贸易并没有特别给以强调。至于如何实现英方的初衷，秘密商务委员会致函阿美士德，特别说明了最近贸易的发展情况，对茶贸易予以特别强调，仍体现出将茶贸易作为筹码以说服嘉庆皇帝的意图。

　　在最近的三十年，公司贸易已增加了四倍多。他们现在每年派往广州的大船有十八至二十艘，等于六十四艘；它们在该处运走约30000000磅重的茶叶。这个贸易对中国人亦成为相对的重要，而必定形成一种国民产业的重要商品。因此，可以推测，在这种贸易能够安全地维持下去时，该政府不会轻率地愿意丧失。如果在欧洲的其他国家或美国到广州的船只的利润中，他们会想到要把我们当前大部分输出的茶叶交由其他国家运走；由此而降低我们的地位，可以告诉他们说，即使其他国家持有足够的资本，这个国家仍然不能从他处收到供应，因为不列颠领地的茶叶消费比其余的欧洲的全部更大，美国将

---

①　［美］马士：《东印度公司对华贸易编年史》第三卷，中国海关史研究中心组译，第274页。

②　［美］马士：《东印度公司对华贸易编年史》第三卷，中国海关史研究中心组译，第275页。

会更少，最终则是中国本身受到损失。①

由此可见，英方延续了卡思卡特使团与马戛尔尼使团的一贯思路，阿美士德使团与茶贸易之间仍然密切关联，将其视为中英贸易中最重要的部分，力图借此说服中国皇帝，以便更好地促进中英贸易的发展。英方的这一思路之所以长期延续，其主要原因即在于茶贸易为当时中英贸易事实上的核心，这一点并无改变。

担任过阿美士德使团副使的小斯当东，堪称当时最为熟悉中国事务的英国人之一，对中英关系的发展具有重要影响，他在 1833 年向下议院提交了九条议案，其中第一条内容如下：

> 英国与中国的交往，源于我国被专有地供应茶叶。这一物品被普遍使用，几乎等同于生活必需品。由于对它的消费，每年可以极其便利与确定地获得三四百万英镑的收入，并且，较之于任何其他同等数量的税收，对人民的压力更小。此外，这一贸易雇用了非常可观的英国运输船只，又是每年总计几百万英镑价值的大不列颠及英属印度产品出口的媒介，还为印度收入中满足我们这个国家国内开支所必需的那部分款项汇寄到欧洲提供了一个可靠且方便的渠道。②

由此可见，这位著名的"中国通"对茶叶贸易极为重视，而且其对茶叶贸易的关心重视并非基于维护英国东印度公司利益的考量，而是将其视为国民利益之所在，所以在下院解释自己的议案时，他对茶贸易进一步予以阐发，认为茶叶贸易为"我们国家有最高价值和重要性的利益……这一贸易所带来的利益远远超出了其票面价值…… 糖和咖啡不仅在西印度出产，还可以在印度和阿拉伯等地区获得，但是茶叶只产于中国，一旦英国商人被全然排除于中国口岸之外，正常的茶叶贸易就会完全消失，也许在合法贸易终止后会有相当可观的走私贸易，但这是拿每年三四百万的

---

① ［美］马士：《东印度公司对华贸易编年史》第三卷，中国海关史研究中心组译，第
　　285 页。
② 张建华：《小斯当东议案与英国对华政策（1833—1840）》，《北大史学》2008 年总第
　　13 辑。

税收轻易冒险，对英国不会很有利"①。从其论述可见，即便延至阿美士德使团访华之后的历史时期，茶叶贸易的重要性仍然为英国所重视，而且事实也的确如此，茶叶贸易堪称英国东印度公司命脉所在，还关系到英国国库收入，"从中国来的茶叶提供了英国国库总收入的十分之一和东印度公司的全部利润"②，此外，它还是英国人不可脱离的日常消费品，关乎国民利益。

正是因为茶叶贸易的重要性，所以东印度公司尽其所能大量予以购买，但中国对英国商品并无实际需求，所以英国主要以白银进行支付，致使"17世纪中叶以后直到18世纪末，银元一直是英国东印度公司输华的主要商品"③，但是这一局面很难长期维持，因为"专靠现金银总归不是贸易的好办法，而只是一个不得已的手段"④，尤其是到18世纪末期茶叶贸易进一步快速增长，茶贸易越来越难以为继，因为"东印度公司感到越来越难以搜求足够的货币运往广州"⑤，在这一背景之下，英国在印度找到了解决问题的钥匙——鸦片，由此构建起英国—印度—中国三角贸易，"重要的茶叶垄断仍旧是东印度公司的禁脔。但是茶叶贸易不再是独立的了"，不再独立是指它与鸦片密切关联起来，"鸦片于是就成为东印度公司赖以投资茶叶的主要印度产品……所有与茶叶贸易有关的人都对推广鸦片贸易感到极大的兴趣"⑥。英国依靠鸦片贸易不仅扭转了对华贸易逆差，甚至可以赚取大量白银运出中国，所以当清政府禁止鸦片贸易之时，英国采取军事手段予以维护，悍然发动了鸦片战争，这场影响近代中国历史命运的战争虽由虎门销烟而直接引发，其背后实则浮动着茶叶贸易的身影。

第二节　茶与北美独立战争

15世纪至17世纪是世界历史的重要转折期，为了拓展贸易路线与寻

---

① 张建华：《小斯当东议案与英国对华政策（1833—1840）》，《北大史学》2008年总第13辑。
② ［英］格林堡：《鸦片战争前中英通商史》，康成译，第3页。
③ 庄国土：《茶叶、白银和鸦片：1750—1840年中西贸易结构》，《中国经济史研究》1995年第3期。
④ ［英］格林堡：《鸦片战争前中英通商史》，康成译，第8页。
⑤ ［英］格林堡：《鸦片战争前中英通商史》，康成译，第7页。
⑥ ［英］格林堡：《鸦片战争前中英通商史》，康成译，第97页。

找贸易伙伴，欧洲涌现出一批著名的航海家，迪亚士、麦哲伦、哥伦布为其中的重要代表。新航路的开辟加强了各大洲的交流，世界日益成为密切联系、相互影响的整体。在这一背景之下，西班牙人、葡萄牙人、英国人、法国人、荷兰人等纷纷横渡大西洋，建立起一系列殖民地。茶与美洲发生关联正是在这一历史背景之下。

一　饮茶在北美的早期传播

随着中西交流的发展，西方人逐渐了解并开始饮茶，中西茶贸易日益发展，在这一过程中，葡萄牙人、荷兰人与英国人均发挥了重要作用。葡萄牙海员可能是最早将茶携带到西方的传播者，荷兰为中西茶贸易的真正开创者，英国则后来居上，不仅饮茶之风最为盛行，而且逐渐成为中西茶贸易的垄断者。

至于北美饮茶始于何时，目前尚难以断定。由于资料的缺乏，北美饮茶的早期发展史尚较为模糊，美国茶学家威廉·乌克斯认为，"美洲最早饮茶的时间并无明确记载，但这一习惯无疑是由荷兰传播而来"[①]。中国学者谈及北美殖民地的饮品时提到，"殖民地居民并不直接饮水，他们认为直接饮水可能致病。他们饮用各种含水或以水酿制的饮料，如牛奶、果汁和各种酒类。茶、咖啡和巧克力饮料在17世纪中期以前甚为少见。18世纪初饮茶的习惯开始在各地传播"[②]。无论如何，目前能够知道的是，饮茶最初在荷属阿姆斯特丹较为流行，17世纪中叶，社会上层或至少能够支付购茶费用者即在社会交往中饮茶，而根据留存后世的茶具来看，饮茶此时已经渐成时尚，茶壶、茶盘、糖罐、银匙等器具也被视为珍品，主人用其准备茗茶供宾客享用。为了满足宾客的不同喜好，主人不仅亲自备茶，而且会用不同的茶壶准备数种茶水，随着欧陆饮茶风气的不断传入，他们也在饮茶时添加牛奶或奶制品，还经常添加砂糖，有时甚至加入番红花或桃叶，意在增加其芳香气味。稍晚，大约于1670年，马萨诸塞殖民地小部分地区即了解到饮茶资讯甚至开始饮茶。1690年，波士顿即开始售茶，"商人B.哈里斯（Benjamin Harris）与D.弗农（Daniel Vernon）二人依照英国关于商人售卖茶叶须领取执照的法规，所以取得相关执照并公开销售茶叶"[③]，饮茶之风逐渐传播开来，休厄尔（Sewall）法官1709

---

①　William Ukers, *All About Tea*, Vol. 1, p. 49.

②　李剑鸣：《美国的奠基时代（1585—1775）》，人民出版社2001年版，第447页。

③　William Ukers, *All About Tea*, Vol. 1, p. 49.

年时曾在温斯罗普（Winthrop）夫人家中饮茶，他并未对该饮料表示新奇，说明以前已经有所接触。同时，"亚历山大·汉密尔顿医生外出游历时，经常有人请他喝茶"①。该时期，殖民地所销售的茶叶大致与欧陆相类，波士顿的博伊尔斯顿（Boylston）药房既销售绿茶也销售其他普通茶叶，饮茶的大致方法为"将茶叶置于茶壶中，以沸水浸泡片刻后将茶水倒入茶杯，加入糖、奶油和牛奶等配料，然后饮用"②。费城在 17 世纪后期开始出现饮茶，同时咖啡开始传播，这两种饮品主要为富人饮用，后来受到宗主国与其他殖民地影响，饮茶之风在费城日渐兴盛，而饮用咖啡则日渐减少。

阿姆斯特丹最初为荷兰殖民地，由于 1651 年英荷战争的爆发而被迫转让，英国自 1664 年实施管辖，英王查理二世将其交给约克公爵，所以更名为纽约（New York）。17 世纪下半叶，纽约人口逐渐增长，农业、手工业日益发展，其生活方式更多地受到英国影响。18 世纪上半期，纽约的咖啡馆与酒店已经提供茶水，而在其近郊也模仿宗主国修建了类似的"新春花园"与"蓝尼拉花园"等休闲设施，还经常举办施放烟火、演奏音乐等活动，其中亦供应餐点、茶水以及咖啡。此类休闲设施中有一颇具特色的花园，名为"茶水泵"（Tea Water Pump），因为临近泉水而形成了颇为有名的饮茶休闲场所。由于该时期城市公共供水存在卫生安全隐患，所以还建立了一种特殊的供水系统，提供质量较好的饮用水，专门用于泡茶或者厨房使用，人们称之为"茶水泵"（Tea Water Pumps）。纽约街头还出现了叫卖茶水的水贩，他们沿街叫卖成为街头一景，为了进行规范管理，市政会议于 1757 年颁布了水贩管理规则。

可以看出，在荷兰与英国殖民者影响下，北美饮茶风气日益盛行，诚如论者杰维斯·赫胥黎所言，"荷兰与英国殖民者带茶到新世界，饮茶在北美如同英国一样变得流行起来"③。至 18 世纪上半叶，饮茶在北美殖民地已经较为普遍。饮茶不仅成为生活习惯，同时也是重要的社会交往方式，"在茶桌旁的交谈中，可能达成商业上的交易，建立婚姻的纽带，甚至找到政治上的盟友。常在一起饮茶的人往往有一个比较固定的圈子"④。饮茶对于女性而言也有重要意义，因为她们在日常生活中参与公共生活的

① 李剑鸣：《美国的奠基时代（1585—1775）》，第 447 页。
② 李剑鸣：《美国的奠基时代（1585—1775）》，第 447 页。
③ Gervas Huxley, *Talking of Tea*, p. 14.
④ 李剑鸣：《美国的奠基时代（1585—1775）》，第 447 页。

机会较为缺乏，而社交性的喝茶并不排斥女性，她们可以通过这一方式，实际上获得参与"公共领域"的机会。由此可见，饮茶在北美殖民地产生了重要影响，所以"在与宗主国脱离关系之前，北美殖民地的茶叶消费已经相当可观"①。

二　1773 年《茶叶法》的出台

英国在北美的殖民地有一逐渐发展的过程。哥伦布开辟了横跨大西洋通往美洲的航线之后，葡萄牙与西班牙率先在北美进行探险，随后英法接踵而来。1607 年，一群怀揣梦想的英国人远渡重洋来到北美的詹姆士河口，建立了詹姆斯墩（Jamestown），就此奠定了英国在北美的首个殖民地即弗吉尼亚的基础，由此开始至 1733 年建立佐治亚殖民地，英国人经过艰难开拓，在北美的大西洋沿岸先后建立了 13 个殖民地。英国的北美殖民地为海外领地性质，其政治属性以及土地权利均来自英国国王的授予，所以英国政府合法掌握了殖民地的主权与管辖权。正是由于北美殖民地的性质，加上大洋形成地理阻隔导致管理不便，英国长期对其实施的政策是"政治管理比较宽松，经济控制则相对严厉"②。在这一背景之下，北美殖民地的社会经济不断发展，政治自主性不断成长，这为北美独立运动的兴起初步奠定了基础。七年战争之后，法国与西班牙均从美洲撤离，印第安人的力量大为削弱，北美殖民地在战争之中积累了军事经验，与此同时，北美居民的共同体意识不断增长，"在热爱自由和追求权利的基础上，北美居民形成了共同的价值观念"③。因缘际会，英国在北美所执行的政策导致大规模反英运动逐渐兴起，茶叶在该过程之中担当了重要角色。

英国尽管在七年战争中击败了法国，但其获得的仅为惨胜。七年战争之中，北美殖民地与宗主国之间离心离德的趋向日趋明显，与此同时，旷日持久的战事使英国财政不堪重负，战争结束之时其国债已经高达 1.35亿英镑，北美防务的支出更加雪上加霜，英国朝野均支持向殖民地征税来增加财政收入的政策，所以英国议会于 1764 年通过了《糖税法》（Sugar Act of 1764）。究其实质而言，《糖税法》并非新的法案，而是对 1733 年《糖蜜法》的调整，《糖蜜法》规定："凡非英属美洲殖民地生产的糖蜜和朗姆酒在进入英属北美时每加仑须分别交纳 6 便士和 9 便士关税，糖每

---

①　Robert Martin, *The Past and Present State of the Tea Trade of England*, p. 24.

②　李剑鸣：《英国的殖民政策与北美独立运动的兴起》，《历史研究》2002 年第 1 期。

③　李剑鸣：《美国的奠基时代（1585—1775）》，第 518 页。

112 磅须交纳 5 先令关税。"[1] 该法令实际上未能真正实施，北美殖民地通过走私予以规避，"该法案的效果因为广泛存在的走私而最小化，北美殖民地居民认为该法案会摧毁他们的经济而使赋予自己的行为正义性"[2]。《糖税法》对《糖蜜法》加以调整："当初每加仑 6 便士的税收减半，但政府充分准备征收 3 便士的关税；征税清单扩展到了糖以外的其他商品，酒、布匹、咖啡、热带产食物以及丝绸，现在列入征收进口关税的范围；北美殖民地出口的铁与木材被严格监管，托运人在载货之前须完成复杂的手续。"[3]《糖税法》的出台表明，英国拟认真征收所列关税，实际意味着北美殖民地居民需要分担财政支出，而这一原则的确立则为以后系列税收法令的出台奠定了基础。《糖税法》招致了北美居民的激烈反抗，在这一背景下，英国议会又于 1765 年颁布了《印花税法》（Stamp Act of 1765），明文规定："殖民地凡报纸、历书、证书、商业票据、印刷品、小册子、广告、文凭、许可证、租约、遗嘱及其他法律文件，都必须加贴面值半便士至 20 先令不等的印花，方可生效或发行。"[4] 这一法令如果得以实施，那么"殖民地居民几乎要为所有书写的或印刷的物品纳税：包括各类执照、许可证明、契约书、委托书、抵押证明、遗嘱、报纸、广告、日历与年鉴，甚至于骰子赌博与玩纸牌"[5]。该法令"第一次在弗吉尼亚'爱国者'（loyalist）与'殖民地本位者'（colonist）之间造成分裂"[6]。英国议会的各项法令不断在北美殖民地引发讨论，随着斗争的进展，对问题的认识越发清晰，"引发争论的整个相关问题，并非纳税商品种类的数量与纳税额度，而是征税权本身"[7]。民众之所以激烈反对，很大程度上基于殖民地在英国议会没有代表的政治事实，所以认为议会并不能代表北美居民，也无权对北美居民征税，这些法令"是对财产安全的侵犯，因为没

---

① 李剑鸣：《美国的奠基时代（1585—1775）》，第 531 页。

② 《糖蜜法》词条，见美国历史网（United states History），http://www.u-s-history.com。

③ 《糖蜜法》词条，见美国历史网（United states History），http://www.u-s-history.com。

④ 李剑鸣：《美国的奠基时代（1585—1775）》，第 534 页。

⑤ Edmund S. Morgan, *The Birth of the Republic*, *1763-1789*, Chicago: The University of Chicago Press, 1956, p. 19.

⑥ 《印花税法》词条，见佐治亚州的历史网（Our Georgia History），http://www.ourgeorgiahistory.com。

⑦ A Bostonian, *Traits of the Tea Party*: *Being a Memoir of George R. T. Hewes*, *One of the Last of its Survivors*, *with a History of That Transaction*, New York: Harper ＊ & Brothers 1835, p. 135.

有经过同意"。① 抵制浪潮几乎席卷了整个北美殖民地，而在这一斗争过程中，"无代表不纳税"的理念获得广泛认同。

在北美殖民地人民的坚决斗争之下，英国议会于 1756 年春废除了《印花税法》，殖民地人民获得了胜利，但是，英国议会并没有放弃有权制定管理和制约殖民地的法令这一原则。延至 1767 年，英国议会又通过了《汤森法》（Townshend Duty Act of 1767），对殖民地进口的玻璃、油漆、铅、纸等商品征收关税，其中罗列的各类商品中第六种为茶叶，"每磅茶，征税三便士"②。《汤森法》再次引发了殖民地的激烈反抗，英国议会被迫于 1770 年 4 月 12 日予以取消，但保留了茶税作为宗主国主权的象征，这为后来的历史发展留下了隐患。在法令取消的消息尚未抵达北美之时，波士顿部分商人即联合起来抵制茶叶贸易，《波士顿公报》登文宣称，"临近殖民地得知这一消息会极为吃惊，没有一位本市茶叶销售者不在上列名单中，他们达成了协议：新近颁布的关税未被取消之前不再销售更多的那种商品"③。殖民地妇女以自己的方式表示反对，300 名社会上层家庭的女士组织起来，开始积极抵制饮茶。该主张得到更多人士的响应，稍晚，"年轻女士"（Young Ladies）组织参与进来，1770 年 2 月 12 日，她们签署文件阐明了其主张，"我们是那些为了公共以及后代的利益而献身的爱国者之女，我们非常乐意参与她们拒绝饮用外国茶的活动，意在挫败剥夺社区最珍贵之物的企图"④。"波士顿妇女"组织（the Ladies of Boston）在《波士顿公报》上登文，"我们得到可靠消息，一百余名本市北部的女性出于自由意志和意愿，达成并签署了取消关税前不再饮茶的协议"⑤。妇女抵制饮茶运动在北美逐渐发展并扩散。

即便在上述背景之下，1773 年 5 月，英国议会为了避免东印度公司破产而制定了《茶叶法》，授权东印度公司在北美殖民地销售从中国运输

① Edmund S. Morgan, *The Birth of the Republic*, *1763-1789*, Chicago: The University of Chicago Press, 1956, p. 19-20.

② 《汤森法》词条，见耶鲁大学法学院阿瓦隆项目网（The Avalon Project），http: // avalon. law. yale. edu/18th_ century/townsend_ act_ 1767。

③ A Bostonian, *Traits of the Tea Party*: *Being a Memoir of George R. T. Hewes*, *One of the Last of its Survivors*, *with a History of That Transaction*, p. 136.

④ A Bostonian, *Traits of the Tea Party*: *Being a Memoir of George R. T. Hewes*, *One of the Last of its Survivors*, *with a History of That Transaction*, p. 138.

⑤ A Bostonian, *Traits of the Tea Party*: *Being a Memoir of George R. T. Hewes*, *One of the Last of its Survivors*, *with a History of That Transaction*, pp. 137-138.

来的茶叶，每磅须征收进口税 3 便士。这一举措再次引起殖民地激烈反抗，其原因并不在于征税数额的多少，事实上由于英国东印度公司需要尽快摆脱困境，而且为了垄断北美殖民地茶叶市场，其售价可能更为便宜，但是北美殖民地的反抗不在于茶叶本身，而在于征税权问题，诚如时人所指出的，"它所引发的整个相关问题，不在于征税商品的数量，也不在于征税的数额，而是征税的权力"①。所以，"茶叶关税被殖民地人民视为奴役的象征"②，殖民地人民奋起捍卫自身权利，针对茶叶关税掀起了激烈的抵抗运动。

三　北美反抗《茶叶法》的斗争

《茶叶法》颁布后，北美殖民地纷纷抗议，先前民众抵制多种英国商品，而现在日益集中于茶叶一项。抵制饮茶运动继续扩大，如在马萨诸塞，即便是作为药物使用购茶，如果没有许可证也不准购买。已经养成饮茶习惯的民众积极寻求应对措施，有人发明了替代性的饮品，用本地某些植物的梗茎与叶片，经过加工之后作为饮品使用，"该种代用茶售价每磅六便士"③，部分人士采集草莓叶、葡萄叶、覆盆子叶制造替代茶，也有人改用紫苏、鼠尾草作为饮品，"在斗争中，'自由茶'（Liberty Tea）作为一种替代物而被某些人士采用"④，殖民地女性在缝纫会、纺织会以及其他活动中均改为饮用替代茶，抵制饮茶活动日益发展，有人号召"不要让自己受苦饮用这种被诅咒过的饮品，因为如果你饮用，恶魔就会立刻进入你的身体，你将随即成为一个背叛者"⑤。抵制饮茶活动形成巨大的社会压力，以至于英国东印度公司在纽约的一位代理人艾布拉姆·洛特（Abram Lott）颇为夸张地认为，殖民地民众"宁愿购买毒药，不愿购买茶叶"⑥，其实并非如此：不是所有人均不再饮茶，其抵制对象主要为英国输入北美的茶叶，荷兰进口的茶叶转而走私到北美者不在此列，走私茶

① A Bostonian, *Traits of the Tea Party: Being a Memoir of George R. T. Hewes, One of the Last of Its Survivors, with a History of That Transaction*, p. 135.

② Robert Martin, *The Past and Present State of the Tea Rrade of England*, p. 24.

③ William Ukers, *All about Tea*, Vol. 1, p. 54.

④ Julia C. Andrews, *Breakfast, Dinner and Tea*, New York, D. Appleton and Company, 1869, p. 302.

⑤ Roy Moxham, *A Brief History of Tea: The Extraordinary Story of the World's Favourite Drink*, p. 44.

⑥ William Ukers, *All about Tea*, Vol. 1, p. 54.

的数量难以统计，根据英国东印度公司的估算，他们为此每年损失利润 4
万镑①，其数量可见一斑。

殖民地民众的抵抗活动不限于上述行为，有组织的团体日渐兴起并在
抗议运动中发挥了重要作用，其中最具影响力的为"自由之子"（the
Sons of Liberty）。"自由之子"最初带有一定的秘密社会性质，其成员多
属于较为激进的维护殖民地利益的"爱国主义"分子，于 1765 年在纽约
正式成立，随后在其他殖民地日益扩散，还与其他社会群体在各地进行集
会，呼吁抵制英国在北美殖民地征收茶税的政策，抵抗运动在殖民地不断
发展。在费城，激进人士呼吁民众采取各种可能的办法，抵制侵害殖民地
权利的行为，并将东印度公司在北美的代理人视为破坏自由权利的罪人，
他们还于 1773 年 10 月 18 日举行民众集会，声明茶税为强加于殖民地人
民的不法捐税，装卸或者买卖英国东印度公司的茶叶，均被视为罪人。在
纽约，民众同样予以激烈反对，1773 年 10 月 26 日举行集会，宣布英国
东印度公司企图垄断北美茶叶市场的行径为盗贼行为。民众也积极投入抵
制茶税的运动，"纽约人，看起来也与波士顿人、费城人一样，决意不允
许任何茶叶登陆"②，"自由之子"举行会议，还组织了保安队伍，防止可
能发生的输入茶叶行为，1773 年 12 月，载运着茶叶的"南希号"
（Nancy）驶至港口之外，结果不能入港而且被严密监视，最终拖延多日
只能返回英国。在波士顿，民众于 11 月 2 日、11 月 5 日分别举行两次聚
会，在宣言中将茶税视为苛政，反对英国在北美殖民地征税。在新泽西，
格林威治（Greenwich）民众也加以抵制，1773 年 12 月 12 日，J. 艾伦船
长驾驶装载茶叶的船只抵达港口，准备将茶叶藏匿在英国人丹·鲍尔斯
（Dan Bowers）的地窖之中，结果被发现并驱离。在南卡罗来纳（South
Carolina），查理斯敦（Charleston）民众积极抗议茶税，"伦敦号"装载着
英国东印度公司的茶叶抵达港口之后，民众为此两次进行集会，决定不允
许这批茶叶上岸，更不允许售卖，在茶税取消之前任何人不得输入茶叶，
甚至有匿名者向船上投掷恐吓信：如果卸载茶叶将烧毁船只。③

反抗茶税的斗争极为广泛，其手段多种多样。北美民众在反抗茶税

---

①　A Bostonian, *Traits of the Tea Party: Being a Memoir of George R. T. Hewes, One of the Last of
its Survivors, with a History of That Transaction*, p. 148.

②　A Bostonian, *Traits of the Tea Party: Being a Memoir of George R. T. Hewes, One of the Last of
Its Survivors, with a History of That Transaction*, p. 151.

③　William Ukers, *All about Tea*, Vol. 1, p. 60.

的斗争中，既有较为消极的抵抗手段，比如拒绝饮茶，举行群众集会，舆论宣传等，也有直接但有限制的对抗行为，比如"南希号"在纽约港口的遭遇，民众限制其入港卸载货物，意在抵制将英国茶输入纽约，但是船长上岸进行联络与沟通时并未受到阻碍，民众还尽力协助其购买返航所需的必需品，最终"南希号"返航离开纽约之时，甚至鸣炮奏乐欢送。① 反抗茶税的斗争也有激烈手段，其中最为著名的即波士顿倾茶事件。

波士顿向来为重要货运口岸，1773 年 11 月 28 日，运载着英国东印度公司茶叶的"达特茅斯号"（Dartmouth）首先抵达，共计运载茶叶 114 箱，它首先停靠在了由英军驻守的威廉堡。该消息迅速被人们得知，报刊次日即发出呼吁，"朋友们！兄弟们！同胞们！最糟糕的灾祸，为人憎恶的茶叶，东印度公司的船只已经抵达我们港口，粉碎或者主要是抵制专制阴谋的时刻已经来临"②。波士顿民众于九时在法尼尔厅（Faneuil Hall）集会，最后决议："茶叶不准上岸，它来自哪里返回哪里去，无论如何，不准缴纳关税。"③ 随后，为了容纳更多的人参与集会而转至老南会议厅（Old South Meeting House），在这里的发言者有的较为激烈，有的较为平静，建议无论如何要避免暴力，众人比较一致的意见仍为将茶叶运回，但其中杨博士（Dr. Young）主张可以采用的唯一方式即将茶叶倾倒于大海之中。为防止茶叶上岸，会议还决定组织人手进行监视工作。30 日，波士顿群众会议继续举行，当众宣读总督差人送来的信件，其中要求民众集会"立刻散开，停止非法行为"④，东印度公司的代理人拒绝退回茶叶，为了避免受到伤害，他们躲入了英军驻扎的威廉堡，意在拖延时间观察事件的变化，同时可以利用相关法规：货物入港 20 天内必须缴纳关税，否则海关将予以扣留。代理人可能认为，如果拖延到 12 月 17 日，海关将扣留茶叶，这样即可以不再运回英国，而是补交关税后销售这批茶叶。

事件随后继续发展，12 月 1 日，茶船"爱琳娜号"（Eleanor）抵达

---

① William Ukers, *All about Tea*, Vol. 1, pp. 61-40.

② A Bostonian, *Traits of the Tea Party*: *Being a Memoir of George R. T. Hewes*, *One of the Last of its Survivors*, *with a History of That Transaction*, pp. 164-165.

③ Francis S. Drake, *Tea Leaves*: *Being a Collection of Letters and Documents relating to the Shipment of Tea to the American Colonies in the Year 1773*, Boston, 1884, p. 44.

④ A Bostonian, *Traits of the Tea Party*: *Being a Memoir of George R. T. Hewes*, *One of the Last of Its Survivors*, *with a History of That Transaction*, p. 167.

波士顿，"河狸号"（Beaver）于 7 日抵达。① 随着海关扣留茶叶的日期逐渐临近，波士顿群众于 14 日在老南会议厅举行大会进行商议，由于事情已经较为紧急，而且人们的关注度较高，"会议扩展到了如此程度，影响了周边城镇，现在参与这次危机事件比以往更为活跃"②，在巨大的压力之下，船主同意请求海关发给结关出港证明，海关官员则表示次日予以答复，结果船主在第二天得到的答复为货物未交税不能发给结关出港证明。在这样的背景之下，群众大会于 16 日继续召开，众人对形势的发展颇为清楚，因为"达特茅斯号"为 11 月 28 日抵达，入港 20 天不缴税即扣押货物的期限很快将来临，16 日的会议至关重要，"被认为是最后的商谈机会"③。会议要求船只在没有结关出港证的情况下驶离，但船主认为这样做无法通过威廉堡，所以他请求总督予以许可，但总督明确加以拒绝，"出于对法律的敬畏，基于向国王纳税的考量，直到船只常规性地清空（regularly cleared），无法授予许可"④。船主无可奈何地回到大会转达了总督的意见，群众大会已经明白，通过磋商解决问题的想法已经难以实现，在群情激愤的形势之下，群众大会宣布结束，事情的发展急转直下。《马萨诸塞时报》12 月 23 日的记述如下。

　　会议结束之前，一些勇敢而果断的人装扮成印第安人模样⑤，来到了临近集会地点的大门附近，发出了战争的呼啸（war-whoop），声震会堂，走廊中有人相应，但是被命令保持安静，直到会议结束都

---

① 关于船只抵达日期，本书根据的是 1835 年版小册子《茶会的性质》。杨宗遂先生的看法有所不同，认为"达特茅斯号" 11 月 27 日抵达；"爱琳娜号" 12 月 2 日抵达；"河狸号" 12 月 7 日到达港外，15 日进港。波士顿茶会历史学会认为："达特茅斯号" 11 月 28 日抵达；"爱琳娜号" 12 月 2 日抵达；"河狸号" 12 月 15 日抵达。参见杨宗遂《再谈"波士顿茶会"》，《历史研究》1982 年第 5 期；波士顿茶会历史学会网站，www.boston-tea-party.org。

② A Bostonian, *Traits of the Tea Party*：*Being a Memoir of George R. T. Hewes, One of the Last of its Survivors, with a History of That Transaction*, p. 171.

③ A Bostonian, *Traits of the Tea Party*：*Being a Memoir of George R. T. Hewes, One of the Last of its Survivors, with a History of That Transaction*, p. 171.

④ A Bostonian, *Traits of the Tea Party*：*Being a Memoir of George R. T. Hewes, One of the Last of its Survivors, with a History of That Transaction*, p. 173.

⑤ 参与波士顿倾茶事件者为什么要装扮成印第安人，美国史专家李剑鸣教授认为其目的为规避违法和破坏财产罪的罪名。参见李剑鸣《美国的奠基时代（1585—1775）》，第 560 页。

被要求保持安静的举止。（会议结束后）印第安人——他们被这样称呼——前往装载茶叶船只停靠的码头，数百群众紧随其后，观看这些奇怪装扮的人带来的事情转变。他们——这些印第安人——登上了豪尔（Hall）船长的船（即达特茅斯号），他们吊出茶叶箱子放在甲板上，砸开箱子把茶叶倾入了大海。全部倾倒完毕，他们又冲到布鲁斯（Bruce）船长的船上（即爱琳娜号），最后到科芬（Coffin）船长的船只（即河狸号）。他们销毁这种商品的动作如此敏捷，3 小时即破坏了 342 箱①，这是三艘船只所运载的所有数量，所有茶叶都被倒入了船坞，当海潮涌起，茶箱与茶叶漂浮起来，从城镇南部到多切斯特湾（Dorchester Neck）水面上到处都是，沿着海岸绵延开来。有人严密防范，防止众人顺手牵羊，其中一两人被发现试图将少量茶叶装入口袋，其所得被缴出而且受到严肃处理，整个傍晚以及夜晚，城镇都颇为平静。那些来自乡村的人返回了自己家，次日，欢愉之情表现在每一张面孔之上，一些人是因为破坏茶叶事件，其他人是因为该事件所产生的平静局面——星期一的一份报纸言道：雇主与拥有者均为船只以这种方式被清空而高兴。②

可以看出，波士顿倾茶事件中，尽管激进人士采取了破坏茶叶的方式，但整个过程并未发生暴力冲突，"达特茅斯号"航海日志的记述大致相类，"（装扮而成的印第安人）登上船只，警告我与海关官员让开道路，他们打开小窗进入货舱——那里存放着 80 整箱与 34 半箱茶叶，他们将其吊上甲板，把箱子砍成数片，茶叶被倒到船外，在那里全部被毁坏并且丢失"③。甚至事件发生之后，波士顿的整体局面颇为平静。

---

① 关于波士顿倾茶事件中茶箱的数量，有 340 箱与 342 箱两种说法，此处 342 箱为《马萨诸塞时报》的记述，也是长期流传的说法，原格里芬码头波士顿茶会纪念铜牌上标明的数字即 342 箱。但据英国东印度公司的报告，"达特茅斯号"与"爱琳娜号"均运载 114 箱，"河狸号"运载 112 箱，共计 340 箱，目前波士顿茶会历史学会采取的是 340 箱的说法。参见"一位波士顿人"：《茶会的特质》，第 175 页；杨宗遂：《再谈"波士顿茶会"》，《历史研究》1982 年第 5 期；波士顿茶会历史学会网站，www. boston-tea-party. org。

② A Bostonian, *Traits of the Tea Party*: *Being a Memoir of George R. T. Hewes*, *One of the Last of its Survivors*, *with a History of That Transaction*, pp. 174-176.

③ Francis S. Drake, *Tea Leaves*: *Being a Collection of Letters and Documents relating to the Shipment of Tea to the American Colonies in the Year 1773*, p. 69.

　　但波士顿倾茶事件的发生还是在北美迅速传播开来，极大地鼓动了人们的反抗情绪，"它在加速北美革命中发挥了强大的作用"①，其他地区也发生了类似的销毁茶叶事件。消息传至伦敦之后，"在英国朝野许多人士看来，这种举动乃是公开的反叛，波士顿被看成正在兴起的反叛运动的中心"②。英王乔治三世的忧虑颇具代表性，他在写给英国首相诺斯的信中谈道，"确实，所有的人似乎现在都感到1766年我们致命地屈从于殖民地要求的措施，鼓励了北美人一年年地增强了他们对那种完全独立的要求。完全独立只是存在于一个国家与另一个国家之间的关系，它对于一个殖民地对祖国应有的从属关系是起非常大的破坏作用的。"③ 为了制止这一趋向，英国政府经过多次磋商决定予以严惩。1767年，英国议会通过了主要针对马萨诸塞的四项高压政策（即《波士顿港口条例》、《马萨诸塞政府条例》、《司法管理条例》与《驻军条例》），此外，英国议会还通过了《魁北克条例》。英国作为宗主国与北美殖民地之间的矛盾日渐激化，导致"这些措施的出台，正好为蓄势待发的反英运动提供了契机和理由"④，北美殖民地人民的反抗进一步加剧，北美独立战争最终爆发。

　　尽管波士顿倾茶事件本身并无严重的暴力行为，但在北美独立的进程中具有重要意义。事件发生之后，约翰·亚当斯（John Adams）尽管不太赞同破坏茶叶这一行动，认为这一举动并非必要，但在日记中还是给以高度评价，"这是所有运动中最伟大者，在我极为仰慕的爱国者所作出的最后努力中，体现出高贵、尊严与庄重。茶叶毁坏活动如此大胆！如此勇敢！如此坚定！如此无畏与坚定不移！它具有如此重要而长远的意义，我不能不将其视为历史中的一个纪元"⑤。另有评价者认为，"毫无疑问，这一值得纪念的事件……为北美革命的直接原因"⑥。1835年出版于纽约的小册子《茶会的性质》认为，"我们赋予茶会——作为政治运动——的重

①　John Sumner, *A Popular Treatise on Tea: Its Qualities and Effects*, p. 13.

②　李剑鸣：《美国的奠基时代（1585—1775）》，第561页。

③　W. Bodham Donne, *The Correspondence of King George the Third with Lord North from 1768 to 1783*, Vol. 1., London: John Murray, 1867, p. 164.

④　李剑鸣：《英国的殖民政策与北美独立运动的兴起》，《历史研究》2002年第1期。

⑤　Francis S. Drake, *Tea Leaves: Being a Collection of Letters and Documents Relating to the Shipment of Tea to the American Colonies in the Year 1773*, p. 86.

⑥　Francis S. Drake, *Tea Leaves: Being a Collection of Letters and Documents Relating to the Shipment of Tea to the American Colonies in the Year 1773*, p. 87.

要性不会被视为夸大其词"①。出版于 1889 年的另一小册子《茶：一项自然、社会与商业史》所持观点相类，"茶在上世纪伟大的战争中扮演了令人瞩目的角色，该战争导致美国从大英帝国脱离了出去"②。通过这些评述可以看出，茶叶在北美革命中扮演了重要角色，诚如杰维斯·赫胥黎所言，"茶在北美独立战争中被视为压迫的象征，拒绝饮茶成为爱国者的标记，新成立的美国并不是作为饮茶者的国家而诞生的"③。茶与北美革命密切关联，长期以来，这一点已经得到人们的广泛认可。

1876 年，李圭受赫德委派，前往美国费城参加为纪念美国建国 100周年而举办的世界博览会，后著有《环游地球新录》一书，他对茶叶与北美独立战争的关联也给以关注：

> 至我朝乾隆四十年，英与洲内法国属地连年构兵，需饷孔亟，复任意横征重敛。由英赴美茶叶（自中国运去者），向例卖者纳税，至是匪特照额加倍，且令买者亦纳税。美人不堪其扰，因投茶波士登（地名，在美国东北隅）海中，振臂一呼，举境皆叛，推华盛顿为首。顿，美之别部人，尝事英立有战功，不见赏，乃退闲于此，为美人夙信服。迨举境群推，顿见势有不能却，遂统其众以抗命。英举兵来征，血战七八年不胜，乃与顿盟，听其自立为国。④

梁启超于 20 世纪初期赴美洲游历，曾经到达波士顿，在其《新大陆游记》中对波士顿倾茶事件亦给以评价，"一七七三年，英茶至波士顿，起岸候验。居民闻之大哗，群起夺取茶箱，尽投诸海港，此实为美国人对于英廷宣战之第一着，则亦波士顿之倡也"⑤。面对美国独立革命的历史遗址，他还联想到了林则徐虎门禁烟，写下绝句一首：

> 雀舌入海鹰起陆，铜表摩挲一美谈。

① A Bostonian, *Traits of the Tea Party*: *Being a Memoir of George R. T. Hewes*, *One of the Last of its Survivors*, *with a History of That Transaction*, p. 198.

② Great Tower Street Tea Company, *Tea*, *its Natural*, *Social and Commercial History*, p. 15.

③ Gervas Huxley, *Talking of Tea*, p. 16.

④ 李圭：《环游地球新录》，钟叔河主编：《走向世界丛书》，岳麓书社出版 1985 年版，第 200 页。

⑤ 梁启超：《新大陆游记及其他》，钟叔河主编：《走向世界丛书》，第 476 页。

猛忆故乡百年恨，鸦烟烟满白鹅潭。①

梁启超将波士顿倾茶事件与林则徐虎门销烟相提并论，可以看出，他对其重要历史意义的高度认可。不过，梁启超可能并未意识到，鸦片战争背后同样存在茶的影响，这两个发生于不同国家、不同时代的历史事件背后拥有隐形的纽带，茶与两者均存有密切关联。

第三节　茶与世界体系的构建

英国饮茶不仅与波士顿倾茶事件、鸦片战争这些具体的历史事件密切关联，更与世界政治经济格局的构建密不可分，因为英式饮茶意味着茶与糖的相遇与结合，而茶在中印英三角贸易中担当了关键角色，糖则是大西洋三角贸易之中的重要商品，茶与糖的结合意味着影响世界经济的两个三角贸易密切联系起来，而其结点正是控制在英国手中，这从一个侧面标示着英国在世界体系中的核心地位。

一　中印英三角贸易

自从欧洲人打通了通往东方的航线之后，开始闯入东南亚地区进行贸易，英国同率先抵达东方的葡萄牙、荷兰等国一样前来探险，致力于东方贸易，"从印度（India）出口的主要商品为棉布、靛蓝、棉花、原棉、丝绸、硝石与香料，其中最重要的商品为香料"②。英国最初进行东方贸易的主要目标是香料，所以，英国东印度公司在1602年首次远航亚洲之时，就在爪哇岛的万丹设立了商站，进而于1611—1617年，在苏卡塔纳（加里曼丹西南部）、望加锡（今乌戎潘当）、贾亚克尔哲和哲帕拉（在爪哇），以及亚齐、帕里亚曼和占碑（在苏门答腊），甚至1620年后，在安汶（香料群岛的首要港口）也设立了商站。不过，此时的英国在与葡萄牙、荷兰的竞争中尚处于劣势，其购买香料的愿望受到较大阻碍，实则难

---

① 李圭：《环游地球新录》，钟叔河主编：《走向世界丛书》，岳麓书社出版1985年版，第477页。诗中的"雀舌"指茶，而"鹰"则为美国的象征，"铜表"指的是梁启超在街角墙上看到上面镶嵌的一块铜碑，铭文为"1774年抛弃英茶处"，简略记述了波士顿倾茶事件。

② Tripta Desai, *The East India Company: A Brief Survey from 1599-1857*, p.19.

以真正得到满足，只好从东方运输可以购置到的货物，关注点开始较多地转向印度。

伴随着英国东印度公司在东南亚的开拓，其触角不断在印度延伸。英国东印度公司在印度的开拓始于第三次航行，1608 年，"赫克托尔号"船长霍金斯奉命觐见莫卧儿帝国皇帝贾汉吉尔，几经曲折，直到 1612 年才得到正式允许，1613 年得以在苏拉特设立商馆。英国东印度公司以堡垒和贸易据点的方式不断拓展在印度的存在，至 17 世纪末期，已经建起了位于东海岸的加尔各答、马德拉斯与西海岸的苏拉特、孟买等重要据点，其在印度的开拓已见成效，可以说，"17 世纪末，英国和荷兰在南亚和东南亚各霸一方的局面，已初步形成"①。英国东印度公司控制这些据点意义非凡，其位置在很大程度上"决定了 18 世纪英国海外活动的大部分进程与方向"②。此后，英国东印度公司对印度的影响不断加深，经过 18 世纪的三次卡纳蒂克战争，英国最终取得对法国的胜利，这场战争很大程度上决定了是英国而不是法国将来能够成为印度的主宰。与此同时，英国东印度公司在普拉西战争中取得胜利，此役为英国人征服孟加拉乃至最后征服整个印度铺平了道路，诚如尼赫鲁所言，"1757 年普拉西战役的结果，首次控制了一块辽阔的地区。几年之内，孟加拉、比哈尔、奥利萨和东海岸都隶属于他们了；第二次又前进了一大步，是在大约四十年之后，也就是 19 世纪初期，这样就把他们带到德里的城下了；第三次巨大的进展发生于 1818 年马拉塔人最后战败之后；第四次在 1849 年锡克战争之后，于是全功告成。"③ 至此，英国殖民者主要以暴力手段完全将印度变为殖民地。

伴随英国东印度公司在印度确定殖民统治的进程，英国的对华贸易不断扩展，中印英三角贸易逐渐形成并动态维系。如前文所述，英国对华贸易的发展呈现逐渐集中于茶叶这一关键商品的趋势，而且茶叶进口数量迅猛增长，与此形成鲜明对照的是，由于中国家庭手工业与农业相结合的自然经济限制了商品消费，英国商品难以打开中国市场，英国对茶叶的需求更多地依赖于白银勉强支付，英国学者格林堡认为，"在 1601 年至 1624

---

①　吴建雍：《十八世纪的中国与世界·对外关系卷》，第 77 页。

②　H. V. Bowen, *Elites, Enterprise and the Making of the British Overseas Empire, 1688-1755*, London: Macmillan Press Ltd, 1996, p. 22.

③　[印] 贾瓦哈拉尔·尼赫鲁：《印度的发现》，齐文译，世界知识出版社 1956 年版，第 383—384 页。

年它的经营活动最初的二十三年内，它向东方输出的现金为 753333 镑，而货物仅值 351236 镑。一百年以后，金银同货物的比例依然如此。在 1710 年至 1759 年新旧东印度公司合并以后的五十年中，英国向东方的出口计有金银 26833614 镑，货物仅 9248306 镑"①。按照中国学者庄国土对相关数据的统计计算，在 1677—1751 年，白银在英国东印度公司对华输出货物中所占比重平均为 84.75%。② 英国东印度公司从中国购买的货物日益集中于茶叶这一商品，而其输入中国的货物中白银所占比重居高不下，中英贸易实则日益成为茶叶与白银的交换。由于白银产量的波动以及国际政治形势变动不居的影响，白银供应日益难以满足大量购茶的需要，"东印度公司感到越来越难以搜求足够的货币运往广州"③。努力进行资源整合，"英国人在印度发现了可赢利的解决之道"。④

　　英国东印度公司对印度越发重视，这很大程度上缘于"中国方面对于英国货物虽然没有多大胃口，可是却极愿接受英属印度的产品，特别是原棉与鸦片"⑤。根据中国学者郭卫东的统计与研究，印度棉花在 18 世纪后期已经成为英国输入中国的第一商品，至 18 世纪初期其数量仍呈上升趋势，"如此这般，一个新的贸易体系开始兴盛，英国货卖到印度，印度棉卖到中国，中国茶卖到英国"⑥。可以说，中印英三角贸易日渐形成并形成相对固定的结构。但是，上述结构并非一成不变，而是动态维系，至 19 世纪 20 年代印度棉花入华量不断下降，这一方面缘于中国自产棉花对印度棉花形成抵制，同时随着工业革命的进行，英国的纺织业向大机器工业过渡，本国的棉花逐渐供不应求，需要从印度大量输入。英国对棉花的需求不断飙升与印度棉花输入中国已然形成竞争，英国自然首先保证本国所需。在这一背景之下，鸦片贸易得以快速发展。

　　由于印度棉花输入中国渐呈衰退之势，中印英三角贸易发生变化。印度棉花无法大量输入中国，这为另一种商品——鸦片——的日益崛起提供

---

① ［英］格林堡：《鸦片战争前中英通商史》，康成译，第 5 页。

② Zhuang Guotu, *Tea*, *Silver*, *Opium and War*: *The International Tea Trade and Western Commercial Expansion into China in 1740-1840*, pp. 168-169.

③ ［英］格林堡：《鸦片战争前中英通商史》，康成译，第 7—8 页。

④ Zhuang Guotu, *Tea*, *Silver*, *Opium and War*: *The International Tea Trade and Western Commercial Expansion into China in 1740-1840*, p. 49.

⑤ ［英］格林堡：《鸦片战争前中英通商史》，康成译，第 8 页。

⑥ 郭卫东：《印度棉花：鸦片战争之前外域原料的规模化入华》，《近代史研究》2014 年第 5 期。

了契机，由此导致鸦片与棉花易位，"从 1820 年开始，印度的鸦片压倒了印度棉花，成为并长期维持着英国对华输出货品的第一大宗"①。鸦片在中印英三角贸易中的地位逐渐凸显，"英属印度政府将鸦片批发给拥有鸦片特许经营权的散商，他们在广州出售鸦片后把收入纳入（英国东印度）公司的广州财库，广州财库付给散商伦敦汇票，后者可以在英国将其兑换为现金"②。印度的出口日益向鸦片这一特殊商品倾斜，"依托于这一毒品（drug）……不但使英国有足够的钱购买茶叶，而且使他们能把美国人运到中国的白银运回英国"③。印度学者谭中认为，该时期中印英三角贸易的实质很大程度上就是"印度鸦片输给中国，中国茶叶输给英国，英国统治印度"④。中国学者仲伟民也对该贸易体系给以概括，"英国将印度的鸦片出口到中国，英国从中国进口茶叶到本国，英国棉纺织品出口到印度"。⑤

可以看出，在中印英三角贸易中，英印、中印贸易随时势发展而调整，但中英贸易主要集中于茶叶，中印英三角贸易中茶叶才是真正的核心，"十八世纪如果没有东印度公司的明显的茶叶热，印度对中国的出口就不会如此顺利地迅速增长"⑥。这很大程度上由于茶叶为中国独有，在国际市场上具有不可替代性。为了保证茶叶贸易，英国在较长时期仍维持了中印英三角贸易的格局，鸦片战争后仍是如此。不过，中印英三角贸易也存有脆弱之处，一旦鸦片种植在华实现合法化，三角贸易则难以维持，太常寺少卿许乃济在鸦片战争前即曾奏请道光皇帝，改变严禁种植罂粟的政策，"今若宽内地民人栽种罂粟之禁，则烟性平淡，既无大害，且内地之种日多，夷人之利日减，迨至无利可牟，外洋之来者自不禁而绝"⑦。

---

① 郭卫东：《棉花与鸦片：19 世纪初叶广州中英贸易的货品易位》，《学术研究》2011 年第 5 期。

② Earl H. Pritchard, *Crucial Years of Early Anglo-Chinese Relations 1750-1800*, p. 217.

③ Foster Rher Dulles, *The Old China Trade*, Boston and New York：Houghton Mifflin Company, 1930, p. 147.

④ ［印］谭中：《英国—中国—印度三角贸易：1771—1840》，中外关系史学会编《中外关系史译丛》第二辑，上海译文出版社 1985 年版。

⑤ 仲伟民：《茶叶与鸦片：十九世纪经济全球化中的中国》，生活·读书·新知三联书店 2010 年版，第 261 页。

⑥ ［印］谭中：《英国—中国—印度三角贸易：1771—1840》，中国关系史学会编《中外关系史译丛》，第 187—206 页。

⑦ 许乃济：《太常寺少卿许乃济奏请弛内地民人栽种罂粟之禁片》，中国第一历史档案馆编《鸦片战争档案史料》（第一册），天津古籍出版社 1992 年版。

英国人对此有深刻认识，亨利·哈丁（Henry Hardinge）在任印度总督期间（1844—1848）即指出，"鄙人陋见，清政府完全有可能在数年内将鸦片种植合法化，已经证明，这里的土地如同印度一样适宜该种植物的生长"，清政府一旦采取这一举措，将会导致"英国政府目前主要的财政收入来源之一彻底枯竭"，为了应对这一潜在风险，"最理想的对策为竭力鼓励在印度进行茶叶种植"①。英属印度茶业在 19 世纪中后期的迅速发展很大程度上正是基于这一考量，甚至进一步扩展至锡兰乃至东非等地区。新兴茶区的崛起摧毁了中国茶在国际市场中的垄断地位，1900 年，印度茶叶出口量已经超越中国，中国茶在国际市场无可奈何失去了昔日的荣光。

二　大西洋三角贸易

地理大发现时期，葡萄牙人向东方的探险取得重大成功，哥伦布则在西班牙支持下向西航行抵达美洲，"哥伦布并没有发现一个新世界，他只是在两个都是古老的世界之间建立了接触"②。但是，这一"接触"开启了欧洲各国在美洲的开拓历程，西班牙、葡萄牙捷足先登，英国、法国、荷兰等国作为后来者也在不断渗透，"在 17 世纪初期，英国人开始试探性地向西班牙或葡萄牙的领地边缘渗透，确信只能挑战西班牙帝国的边缘地带，他们在加勒比海的外围岛屿、北美无人争夺的海岸、新英格兰以及切萨皮克地区才能定居下来"③。英国在美洲逐渐建立起了大片殖民地。

欧洲各国在美洲的殖民侵略与殖民统治改变了其原有的经济社会面貌，除了大力开采贵金属之外，也重视大庄园农业和牲畜业以及种植园的发展，由于印第安人被大量消灭，美洲出现劳动力短缺问题，尤其是在种植园中，"一般认为白人在热带的日晒下从事田间劳动是不适宜的，因而必须输入一些非洲人"④，由此导致大量黑人奴隶被贩运至美洲，影响深远的三角贸易逐渐成形。英国积极参与其中并成为最大的奴隶贩卖国，其

---

①　Sarah Rose, *For All the Tea in China: Espionage, Empire and the Secret Formula for the World's Favourite Drink*, London: Arrow Books, 2010, Prologue p. 4.

②　[英] J. H. 帕里、P. M. 舍洛克：《西印度群岛简史》，天津市历史研究所翻译室译，天津人民出版社 1976 年版，第 1 页。

③　[英] P. J. 马歇尔：《剑桥插图大英帝国史》，樊新志译，世界知识出版社 2004 年版，第 12 页。

④　[英] 罗纳德·特里：《巴巴多斯史》，葛绳武译，天津人民出版社 1981 年版，第 17 页。

大西洋贸易的大致过程为：贩奴船携带廉价工业品从伦敦、利物浦等港口出发，行驶到西非黄金海岸、奴隶海岸等海湾，该段航程被称"出程"；被捕获的奴隶登上运奴船后，从非洲西岸越过大西洋行驶至美洲，该段航程被称为"中程"；奴隶贩子在美洲销售奴隶，换取美洲产品，然后由美洲返航英国，该段航程被称为"归程"。

在英国所进行的大西洋三角贸易中，蔗糖担当了重要角色。在拓殖西印度群岛的过程中，英国人逐渐转向发展热带植物实则出于因地制宜的考虑，因为这里矿产资源匮乏，而且当时的海洋运输航速较慢且充满不确定性，所以在这里生产热带水果或蔬菜无法获利，大量运输价格较为便宜的货物实不足取，找到类似于茶叶的货物最为理想。种植园主在试验过种植烟草、棉花以及靛青之后，逐渐转向甘蔗，"甘蔗显然是唯一可供选择的作物；不像烟草，它只能在热带生长。它可以由不熟练的劳动力种植，长期在同一块土地上生长，不会耗尽土质。"① 甘蔗可以制成优质砂糖，这颇为符合英国人对于甜味的嗜好与需求。

根据历史材料，砂糖传入英国始于 13 世纪，"1264 年为最早的价格行情记录时间，价格在每磅 1 先令至 2 先令波动"②，在 14、15 世纪砂糖的价格仍较为昂贵，这反映出"相对于可能获得的供应而言，英格兰对砂糖的需求一直较大"③。新大陆发现之后，当时盛产砂糖的地中海地区产量呈现下降趋势，这为美洲砂糖业的发展提供了契机，"欧洲对砂糖的认识与欲望不断膨胀，在制糖业中心转至大西洋诸岛的同时，欧洲人对砂糖的需求亦不断扩大"④。英国人在西印度群岛经过不断试验，终于找到了最为适合的作物——甘蔗，蔗糖制造业在西印度群岛获得快速发展，英国进口蔗糖的数量不断攀升，"从内战前微不足道的数量，攀升到了 1663 年至 1669 年时的 148000 英担⑤"，1669 年至 1771 年更是高达 371000 英担⑥。随着西印度群岛糖业的发展以及英国进口蔗糖数量的增长，西印度

---

① ［英］J. H. 帕里、P. M. 舍洛克：《西印度群岛简史》，天津市历史研究所翻译室译，第 122—123 页。

② Ellis, Ellen Deborah, *An Introduction to the History of Sugar as a Commodity*, Philadelphia: J. C. Winston Co. 1905, p. 52.

③ Ellis, Ellen Deborah, *An Introduction to the History of Sugar as a Commodity*, p. 52.

④ Sidney W. Mintz, *Sweetness and Power: The Place of Sugar in Modern History*, p. 30.

⑤ 英国重量单位，1 英担等于 50. 8 千克。

⑥ Sidney W. Mintz, *Sweetness and Power: The Place of Sugar in Modern History*, p. 64. 原文中作者误把 1669 年写为了 1699 年。

群岛变得极为重要，"西印度群岛制糖经济在 18 世纪末仍然保持繁荣"，经历北美独立战争的混乱期后英属西印度群岛继续发展，"西印度群岛仍然被视为帝国最有价值的财产，并在将来的许多年里继续如此"①。

蔗糖为大西洋三角贸易中的重要商品，不仅如此，甘蔗种植与蔗糖制造还与奴隶贸易密切关联，两者这一关系维系并促进了三角贸易的发展。关于甘蔗种植与奴隶制的关系，艾里克·威廉斯在 1938 年完成的重要论文《论西印度群岛奴隶贸易和奴隶制废除的经济要素》认为，美洲黑人奴隶制形成与存在的根源为经济因素，强迫劳动的对象先是土著印第安人，其次是白人契约劳工，最后才为从非洲贩运来的黑人奴隶，由此可见，"黑人奴隶制不过是在一定历史条件下，解决北美和加勒比地区劳动力问题的一种方式"②。该时期广为种植的热带作物中，甘蔗种植恰恰属于劳动密集型行业，收获之后必须及时运输进行加工，先是通过牛马等畜力拉动碌碡碾出汁液，使其流入储蓄槽，经过加热与稀释之后，再流进熬炼间，依次流经数口大锅，不断过勺并撇去浮渣，纯净的液体流入另外的储蓄槽加以冷却，然后注入长型尖底（底上钻有小洞）的木罐中，放置两个昼夜直到糖浆变凉后倒入大储蓄槽，这些工序需要约一个月时间。然而，经过如此繁复的工序所得到的仍然不是白色的蔗糖，还要敲打成面包形块体，将其上边与底部颜色较深的部分切去，重新进行熬炼获得褐色粗糖，然后把揉和过的黏土覆盖在生糖之上，放置四个月后将黏土移掉，再次敲击成面包形糖块，把顶部与底部的生糖割掉，中间部分才是品质优良的白糖。甘蔗种植与加工对劳动力的需求极大，出版于 1745 年的《论非洲贸易和奴隶劳动的小册子》直言不讳，"在我们英国的殖民地，和法国的一样，种植的事业靠从非洲那边输入的黑人劳动力继续下去，难道这不是全世界都知道的吗？我们的蔗糖、烟草、米和甜酒及所有其他的殖民地产物的生产，都得益于这个重要民族，即非洲人，难道不是这样的吗？而且，为数越来越多的黑人从非洲输入我们的殖民地，便会成比例地输出英国的制成品，因为购买他们只须付此等商品，难道不是这样的吗？同样，我们殖民地的黑人越多，便有越多的土地得到开垦，而更好的和种类更多的殖民地商品便得以生产出来，难道不是这样的吗？因为这些事业是互利

---

① ［英］P. J. 马歇尔：《剑桥插图大英帝国史》，樊新志译，第 14 页。

② 彭坤元：《〈资本主义与奴隶制〉简评》，《世界历史》1979 年第 4 期。

共荣的，所以这一方的盛衰，便必定影响到另一方"①。学者 J. H. 帕里与 P. M. 舍洛克对此也有精辟见解："随着甘蔗种植的扩展，白人劳动力的数目减少而奴隶的数目增加了。"② 西德尼·明茨亦明确认为，"奴隶制在蔗糖生产中居显赫地位，直到 18 世纪末期海地革命之前，从未动摇过"③。埃里克·威廉斯甚至总结道：黑奴贸易、黑奴制和加勒比地区蔗糖生产合在一起统称为三角贸易。一艘船载着宗主国的货物离开宗主国，到西非海岸用它交换奴隶。这是构成三角形的第一个边。第二个边由中间航线——从西非到西印度运送奴隶的航行组成。从西印度带着以奴隶换来的蔗糖和其他加勒比地区的产品到宗主国的航行，完成了这个三角形。④

三 英式饮茶与世界体系的构建

如前文所述，随着饮茶在英国的深入传播，饮茶方式逐渐本土化，其特点主要体现为茶与糖、牛奶的结合。饮用牛奶抑或乳制品为英国饮食文化传统中重要的一部分，其供给主要通过国内的畜牧业完成，但是糖则不同，其供应主要通过国际贸易而获得，而且在 19 世纪中期甜菜作为制糖原料崭露头角之前，国际市场上所能获得的基本为蔗糖。

甘蔗最初的起源可能为印度抑或南太平洋地区，而早期涉及制糖的文献也出现在印度，距离欧洲均极为遥远，阿拉伯人向西方的扩张促进了制糖技术在西方的传播，地中海沿岸地区得以成为蔗糖产地，"在很多世纪之中，地中海沿岸地区所产的蔗糖供应着北非、中东与欧洲大陆所需，一直到 16 世纪晚期"⑤。该段时期，蔗糖开始在西欧逐渐流行，葡萄牙与西班牙进而将制糖业发展至太平洋岛屿，"太平洋诸岛成为制糖业由旧世界向新世界迈进的跳板，新世界制糖业所能找到的原型在这里得以完善"⑥。制糖业发展至新大陆即美洲时，汲取了以往的经验，英国在蔗糖生产竞争中逐渐崛起，至 17 世纪 80 年代，其在欧洲大陆的销量已经超过了葡萄牙继而超过

① 《世界史资料丛刊近代史部分：1689—1815 年的英国》（上册），辜燮高等翻译，商务印书馆 1997 年版，第 24 页。

② ［英］J. H. 帕里、P. M. 舍洛克：《西印度群岛简史》，天津市历史研究所翻译室译，第 134 页。

③ Sidney W. Mintz, *Sweetness and Power*：*The Place of Sugar in Modern History*, p. 27.

④ ［特］埃里克·威廉斯：《加勒比地区史（1492—1969 年）》（上册），辽宁大学经济系翻译组译，辽宁人民出版社 1976 年版，第 212—213 页。

⑤ Sidney W. Mintz, *Sweetness and Power*：*The Place of Sugar in Modern History*, p. 24.

⑥ Sidney W. Mintz, *Sweetness and Power*：*The Place of Sugar in Modern History*, p. 30.

法国，不过随后更多转向满足国内市场，日渐向大众消费渗透，"18 世纪中期之后，对于英国的统治者与统治阶级而言，蔗糖制造在帝国经济中的地位越来越重要。表面看来颇为矛盾的是，蔗糖生产在经济上意义非凡，甚至影响到政治与军事（同样包含经济）决策时，权贵们对蔗糖的消费反而变得次要起来，与此同时，蔗糖获取重要地位显然是因为英国大众现在日渐消费更多的蔗糖——渴望消费更多的量以至于超出了其支付能力"①。

蔗糖消费在英国不断攀升的历史时期，与饮茶在英国传播乃至普及的时间颇为吻合，这并非出于巧合，而是因为两者的密切关联，英式饮茶意味着茶与糖的结合，诚如美国学者明茨所言，"蔗糖作为甜味剂脱颖而出是与其他三种外来进口货物（茶、咖啡和巧克力）联系在一起的，三者当中，茶成为而且此后也为英国最重要的饮品"②。日本学者川北稔的看法相类，认为"砂糖的消费与东印度公司所输入的茶的消费发生了深刻的联系"③。茶与糖的结合看似两种普通商品的相遇，实则背后隐藏的是世界历史发展的洪流，两者均来自遥远的地区，一种来自以小农生产为主的中国茶园，一种来自以奴隶制劳动为主的西印度群岛种植园，它们在英国相遇并共融于茶杯之中，一种为中印英三角贸易中举足轻重的商品，一种为大西洋三角贸易中的重要基石，两者在以英国为中心的世界贸易体系中相互依存并互相促进，共同构建与维系了这一体系，诚如德国历史学家阿诺尔德·黑伦所言，"自从殖民地的各类产品——尤其是咖啡、蔗糖与茶叶——开始在欧洲进入日常消费以来，殖民地的重要价值日趋增长，其自然结果即这一商业体系愈发稳固"④。中国作为茶叶产地并非殖民地，实则同样日益成为这一体系的重要部分。茶与糖的结合，构成了强有力的纽带，将中印英三角贸易与大西洋三角贸易连接起来，小农生产、奴隶劳动均成为英国所构建的资本主义世界体系的重要部分。

小　结

饮茶对英国人而言极其重要，茶作为商品堪称中英贸易的关键所在，

---

① Sidney W. Mintz, *Sweetness and Power：The Place of Sugar in Modern History*, p. 45.

② Sidney W. Mintz, *Sweetness and Power：The Place of Sugar in Modern History*, p. 108.

③ ［日］北川稔：《砂糖的世界史》，郑渠译，百花文艺出版社 2007 年版，第 72 页。

④ Sidney W. Mintz, *Sweetness and Power：The Place of Sugar in Modern History*, p. 111.

它对中英关系的影响极为深远，英国先后派遣卡斯卡特使团（最终未能抵达）、马戛尔尼使团、阿美士德使团访华，维系并发展茶叶贸易为其重要任务之一，而鸦片战争的背后也潜藏着茶贸易的影响。欧洲的饮茶习俗影响到了北美殖民地，英国因为七年战争造成的财政困难而采取了在北美增税（包括茶税）的政策，此举最终引发了波士顿倾茶事件，由此揭开了北美独立战争的序幕。英国人的饮茶方式还意味着茶叶与蔗糖的密切关联，茶叶消费促进了中印英三角贸易的发展，蔗糖消费与种植园对劳动力的需求成为大西洋三角贸易的重要动力，可以说，英式饮茶促进了以英国为中心的世界体系的构建。

结　语

在世界文化史上，中国文化扮演了举世瞩目的重要角色，茶文化作为中华文化的一朵奇葩，堪称中国对世界的重要贡献。茶被中国先民发现之后，其影响日益扩散，但长期主要局限于周边国家与地区，其原因在于当时世界各地的联系尚不够密切。随着新航路的开辟，过去分散的世界日益连接起来，"人类文明交往史转折于工商业经济时期，其特点是由地缘性的区域交往发展为全球化的现代交往"①。在这一背景之下，大量非欧洲出产的产品出现在日益形成的以欧洲为中心的世界市场之上。茶正是在这样的历史条件下得以进入西欧，尤其在英国产生了广泛而深刻的历史影响。

文化交流向来是一个非常曲折的过程，茶文化在英国的传播也是如此。在中外文化交流史上，佛教传入中国经历了三武灭佛，基督教传入中国也颇为曲折，尽管茶在英国的传播不能等一观之，但其过程同样并非一帆风顺。欧洲大陆曾掀起有关饮茶的争论，而在英国所进行的论争尤其激烈：各界人士围绕饮茶的功效及其经济社会影响两个方面，进行了长期论争。就其实质而言，该争论可视为文化在跨区域传播过程中所遭遇的文化碰撞。著名学者季羡林先生对中印文化交流多有探讨，他曾就文化交流给以概括，"两种文化或多种文化互相交流时，产生的现象异常复杂，有交流，有汇流，有融合，有分解，有斗争，有抗拒，有接受，有拒绝"②。饮茶在英国社会引发的争论即体现了上述洞见。

茶传入英国并非单一文化传播现象，放宽历史的眼界即可发现，它在英国传播开来适逢风靡欧洲的"中国热"。该历史时期，欧洲各国的社会各界人士普遍崇尚中国，热衷于模仿中国的艺术风格与生活习俗，知识分

---

①　彭树智：《论人类的文明交往》，《史学理论研究》2001 年第 1 期。

②　季羡林：《对于文化交流的一点想法》，王树英选编《季羡林论中印文化交流》，新世界出版社 2006 年版。

子更进一步，他们自觉不自觉地关注乃至投身于中国思想文化研究，"使得中国在不知情的情况下参与了欧洲日常生活方式的变迁，尤其是社会政治和文化改造的进程"①。英国的"中国风"拥趸也是如此，普通社会人士倾向于表面模仿，他们在房间中贴中国风壁纸、摆放中国风家具、布置中国风屏风，在洋溢着中国风的氛围中用中国瓷器品茗，享受着所能想象的中国情调，研究者则更进一步，他们并不限于简单地模仿生活习俗，而是翻译或者介绍中国的古典文学、哲学宗教、历史典籍。正是在这一有利的背景之下，饮茶在英国社会自上而下日渐传播开来。

水满则溢、月盈则亏，中国风在欧洲劲吹的同时也遭遇批判。中国风在欧洲日盛、影响日渐扩大的同时，孟德斯鸠、狄德罗、马布里、费内隆、赫尔德等从不同视角就欧洲社会对中国的美好想象予以批驳，"中国热"渐趋退却。② 具体到英国社会而言，著名作家笛福担当了批判中国的角色，在其《鲁滨逊漂流记续集》与《感想录》等著述中，他尽其所能展示或者说塑造了中国的丑陋形象，以极其傲慢的姿态迎头给英国的中国风拥趸泼了一盆冷水。就欧洲社会而言，无论是对中国文化的崇尚抑或贬斥均是就整体而言，但整体不过为部分的集合，茶作为中国文化的一部分自然受其影响。在英国所进行的饮茶争论中，细而观之依稀可发现某种内在关联，作为赞成乃至极度推崇饮茶者，约翰逊博士对中国也爱屋及乌，表现出一定兴趣，汉韦猛烈地批判饮茶时恶其余胥，将中国视为荒唐堕落的国度。综观饮茶的世界传播历程，茶在与中国临近的朝鲜半岛、日本、东南亚等国家和地区传播时，并未在当地社会引发类似争论，究其缘由可能还是其与中国文化进行接触时发展程度不同，所以心怀崇敬予以大力引进吸收。茶在英国传播时历史环境则明显不同，该时期英国已经完成了由君主专制到君主立宪的巨大转变，经济社会不断进步，在国际竞争中更是战胜了曾盛极一时的荷兰，海外贸易与殖民扩张日趋强劲，遑论工业革命启动之后给英国所带来的巨大变化。笔者浅见，茶在英国的传播的历史背景与其在中国周边地区传播时明显不同，文化碰撞很大程度上即由此而生。

饮茶争论的实质为文化碰撞，它揭示了一个社会在吸收新文化时，无论是物质文化还是精神文化，在经过初步接触之后即开始进入深入传播阶

---

① 严建强：《十八世纪中国文化在西欧的传播及其反应》，中国美术学院出版社 2002 年版，第 190 页。

② 许明龙：《欧洲十八世纪中国热》，外语教学与研究出版社 2007 年版，第 179—238 页。

段，此时往往会出现各种摩擦甚至冲突，文化交流进入较为困难的阶段：如果能够进一步深入，则最终被接受并传播开来，但也可能交流就此止步，外来文化仅作为流行风尚一扫而过，徒留吉光片羽供历史学家感怀凭吊。

　　饮茶在英国的传播并未因饮茶争论而中止，其背后有着复杂的历史原因。在关于饮茶的争论中，尽管支持者与反对者双方均积极宣传，力图压倒对方从而夺得优势，但事情的发展无法按照其预设进行，"历史是这样创造的：最终的结果总是从许多单个的意志的相互冲突中产生出来的，……每个意志都对合力有所贡献，因而是包括在这个合力里面的"①。双方互相辩驳一再交锋，均需努力挖掘饮茶相关材料，充分论证己方观点，同时寻找对方薄弱之处，客观上使英国社会更深刻地认识了饮茶的正面与负面影响，英国人对饮茶的整体了解更趋深入，这为饮茶在社会中进一步传播创造了认识上的条件，或许更重要的是，该时期英国的历史条件有利于接受饮茶。该历史时期，随着农业革命以及工商业的发展，英国社会的生活消费水准不断攀升，饮食更为丰富，饮茶适应了英国人的消费需求，所以它伴随着争论继续深入传播，并未就此止步。除了内在需求这一重要因素之外，饮茶在英国的传播也符合东印度公司乃至英国政府的利益。东印度公司的对华贸易，由最初从事多种商品的交易转为茶叶日益成为业务重心，该变化为茶叶贸易与饮茶消费互相推动的结果，也与茶叶独具特色且不会和英国产品形成竞争有关。茶贸易不仅成为东印度公司进行中英贸易的根基所在，也是国库的重要税收来源，所以英国人不会轻易放弃这一商品。可以说，饮茶与英国的历史发展相适应，与英国政府和东印度公司的利益相吻合，所以该争论未能阻挡茶在英国社会的继续传播，支持饮茶者无意中把握了历史发展的趋势，最终获得了事实上的胜利。

　　尽管饮茶在英国的传播并未因为社会争论而终止，但是如何深入传播也值得关注，答案即在于茶文化的本土化。文化传播经历了初步接触之后进入文化碰撞阶段，跨越这一关隘之后即进入文化融合阶段，本土化是文化融合的重要方式与体现。茶文化在英国的本土化首先体现于饮茶方式的变化，英国人从最初主要饮用绿茶转为主要饮用红茶，初步实现了其文化选择，进而通过添加糖与乳类，将饮茶与传统饮食习惯以及时代背景结合了起来，外来文化因素（茶）、原有文化传统（乳类）与时代机遇（糖）相互融合，从而真正实现了饮茶方式的本土化。茶文化在英国的本土化不

---

①　《马克思恩格斯选集》第四卷，人民出版社 1995 年版，第 697 页。

仅体现于外在形式即饮茶方式，更体现于茶文化内核的置换。饮茶方式的本土化为饮茶植根于英国奠定了基础，饮茶与社会生活日益融合，堪称英国文化标签的下午茶由此得以诞生，它隐蔽而巧妙地用礼仪规训与家庭道德替代了中华茶道的哲学追求，这既与该时期英国社会的文明化趋向有关，也是英国人文化性格的体现，"它注重实际而不耽于空想，长于宽容而不爱走极端"①，英国人理解与解决问题"是经验主义的，符合实际的，只相信常识的。英格兰人不要思想，宁要实用的东西"②。

　　茶文化在英国本土化使其与社会生活水乳交融，它已经成为大众文化的重要部分。就餐时英国人常常饮茶，其他时间也频繁举杯，日常社交与休闲娱乐也是如此，平日待客、举办舞会、游览休闲茶园均与饮茶密切相关，更重要的具有象征意义的体现即下午茶，家庭内部的下午茶塑造了温馨的家庭氛围，蕴含了历史时期英国人的家庭道德观，社交性的下午茶则是展示社会礼仪、交流信息、休闲娱乐的重要场域。饮茶在改变了英国日常饮食的同时，作为社会题材进入文学艺术之中，相当数量的文学家、艺术家对茶文化给以密切关注，诗歌、小说、散文、随笔、绘画乃至陶瓷艺术等作品或者对饮茶给以赞美，或者形象地展示了茶文化的若干方面。

　　饮茶能够成为英国社会文化的重要部分，英国东印度公司从中发挥了重要作用，与此同时，英国人养成饮茶习惯反过来刺激了东印度公司的迅速发展，它从茶叶贸易中获利甚丰，政府也从中获得了相当比例的财政收入。在这样的背景下，对于英国人而言，茶已经成为关乎国计民生的大事。正是因为茶对于英国而言具有如此重要的意义，所以，英国政界高度重视，力图通过经济政策的调整与发展对华关系更好地控制与维护茶叶贸易。

　　近代时期，英国在同诸强争霸的过程中逐渐胜出，它在日益形成的全球贸易体系中夺得了有利地位，而欧陆各国也尽其所能争夺商业利益，茶叶走私即其采取的特殊手段。茶叶走私活动实际上就是英国本土的走私者同欧陆各国的相关从业者"共谋"的产物，而欧陆各国的相关从业者背后即各国的东印度公司。面对日益猖獗的走私活动，英国东印度公司以及茶商无法容忍自身利益长期遭到破坏，英国政治家也力图解决财政损失问

---

① 钱乘旦、陈晓律：《在传统与变革之间——英国文化模式溯源》，浙江人民出版社1991年版，卷首语第1页。

② ［英］杰里米·帕克斯曼：《英国人》，严维明译，上海译文出版社2000年版，第209页。

题，议会最终通过了《减税法案》。该法案沉重打击了欧陆各国的茶叶贸易：因为饮茶在这些国家流行不广，如果不能将茶叶以走私方式输入英国及其殖民地，那么，其茶叶贸易基本无利可图。《减税法案》的出台与实施，导致欧陆各国的茶叶贸易日益衰落，英国则逐渐夺取了中西茶贸易的垄断权。

茶叶走私问题的基本解决，使英国真正获得了中西茶贸易的垄断权，它希望将茶叶贸易置于稳定的基础之上，同时期盼进一步扩大对华贸易，所以前后三次派遣外交使团访华，其中马戛尔尼使团与阿美士德使团得以成功到达。对清朝而言，茶叶贸易的重要性则不甚明显，即便失去海外茶叶市场，清朝巨大的人口基数使其茶叶消费相当可观，当时中国的经济基础仍是农本经济，清政府并不重视对外贸易，坚持的是"宽严相济""无过不及"的适中主义政治理想①，中西贸易很大程度上仍笼罩在朝贡体系的余晖之下，似乎更具有一种政治象征意义。在这一背景之下，英国使团访华其直接目的无法真正实现，但是，英国使团"失之东隅收之桑榆"，在出使中国过程中使团成员搜集了清朝各方面的情报，认清了大清王朝外强中干的虚弱本质，"因而马戛尔尼大使与阿美士德之间这种对华看法与态度的变化也就意味着英国对华政策将发生变化，将可能采取不同的行动。阿美士德认为用平等的方式与中国进行外交来改善对华贸易已经不可能了。那么用什么方法来达到扩大对华贸易的目的呢？如果外交不行，那就或者维持现状，或者诉诸武力。二十余年后英国终于把战争强加给了中国，用武力达到了其用外交未曾达到的目的"②。从某种程度上讲，轻盈的茶叶曲折地影响了中英关系的发展，鸦片战争的背后浮动着茶叶飘荡的身影。

茶不仅与19世纪的鸦片战争有所关联，它还是更早发生的北美独立战争的触发点。北美殖民地受到欧洲影响，饮茶之风日渐传播，英国在七年战争之后调整了在北美的统治政策，这与殖民地自主性的日益成熟发生冲突，茶在这一矛盾之中被赋予象征性意义，宗主国坚持征收数额极为有限的茶税意在宣示其征税权，北美殖民地抵制饮茶乃至爆发波士顿倾茶事件，意在捍卫自身权利。波士顿倾茶事件标志着宗主国与殖民地的激烈矛盾已然爆发，英国采取了更为严厉的高压政策，而北美殖民地的反抗同步

---

① 朱雍：《不愿打开的中国大门》，第281—308页。

② 张顺洪：《马戛尔尼和阿美士德对华评价与态度的比较》，《近代史研究》1992年第3期。

升级。可以说，波士顿倾茶事件揭开了北美独立战争的序幕。也正是因为茶在北美独立战争中被赋予了殖民压迫的象征意义，咖啡与之形成对立，被塑造为爱国饮料的文化形象，加上独立后的美国购买咖啡具有更为优越的贸易条件，所以，饮用咖啡的风气在美国日盛一日，饮茶之风则遭遇严重阻碍。

茶不仅影响到北美独立战争与鸦片战争，从更为宽宏的视角予以考察，饮茶在英国的植根与以英国为中心的世界体系的构建密切关联：英式饮茶意味着茶与糖的结合，它促进了大西洋三角贸易与中印英三角贸易的联系，强化了英国对殖民地的控制。

英式饮茶大量加糖，此举极大地推动了蔗糖消费的增长，刺激了英属西印度群岛的甘蔗种植园迅速发展，这不仅改变了当地的物种结构与经济生活，还改变了人种构成——英国通过奴隶贸易获得种植园劳动力，"西印度群岛大规模引进甘蔗并扩大谷物种植面积之后，……输入美洲各殖民地的非洲奴隶迅速增加"[1]。各国的奴隶贩子将欧洲的产品运至非洲换取奴隶，然后横渡大西洋将其运至美洲卖掉，最后将蔗糖、烟草、金银等美洲产品运回欧洲。英式饮茶对蔗糖的大量需求与甘蔗种植园对劳动力的急切需求是英国进行三角贸易的重要动力，其背后潜藏着茶的影响。英国社会普遍饮茶还推动了中印英三角贸易的发展。由于茶叶消费量较大，茶叶成为英国东印度公司发展对华贸易的重要推动力，但由于文化差异以及自然经济的影响，英国难以提供合适的商品销售至中国，或者说清朝并不需要英国的产品，东印度公司只能采取三角贸易予以弥补与维持，但是，由于茶叶贸易增长迅猛，东印度公司依旧不得不运输大量的白银来华。为解决这一问题，英国在印度发展了鸦片生产，鸦片贸易在19世纪初开始迅速增长，它"解决了在广州的金融问题：印度鸦片在中国销售的收入用于代替白银，支付购买茶叶的款项"[2]。中印英三角贸易中，茶是其原初推动力，鸦片是应对手段，"英国将印度的鸦片出口到中国，英国从中国进口茶叶到本国，英国棉纺织品出口到印度。……每个环节都由英国人控制"[3]。

① 黎念等译：《十五至十九世纪非洲的奴隶贸易——联合国教科文组织召开的专家会议报告和文件》，中国对外翻译出版公司1984年版，第15页。
② 庄国土：《茶叶、白银和鸦片：1750—1840年中西贸易结构》，《中国经济史研究》1995年第3期。
③ 仲伟民：《茶叶与鸦片：十九世纪经济全球化中的中国》，第261页。

　　可以看出，饮茶使英国的大西洋三角贸易与中印英三角贸易更为密切地关联起来，促进了以英国为中心的世界体系的构建。但是，对于英国人而言，西印度群岛所产的砂糖处于其殖民控制之下，而茶叶供应的可靠性与稳定性无法与之相提并论，所以英国人在 18 世纪即开始在印度试种茶树，经过马戛尔尼、G. J. 戈登、罗伯特·福钧以及其他相关人士的不断努力，印度阿萨姆茶树种植园的茶叶种植在 19 世纪后期终于取得成功。茶树种植园在印度的不断建立，不仅人为改变了当地原有的物种分布，更是重塑了其经济社会结构，广袤无垠的山野变身为现代化的茶叶种植园，这里既是种植园主攫取财富的冒险天堂，也是大批印度苦力艰难挣扎的人间地狱。延至 19 世纪中后期，英国人还在锡兰大规模发展茶叶生产，19 世纪末，进一步将茶树种植引入东非。英国在殖民地广泛发展茶树种植园，不仅保证了英国社会所需的茶叶供应，为从业者提供了经济利润，增加了国库的税收，而且将茶叶塑造成为加强与维护殖民统治的工具。

附　　录

英国茶文化大事年表

约 16 世纪中叶 威尼斯作家拉木学撰写了《中国茶》与《航海旅行记》，介绍了中国人的饮茶习俗，这是目前所知欧洲最早的介绍饮茶的著作。

1598 年《航海游记》英译本问世，这是最早用英文介绍饮茶的著作，该著作为荷兰航海家简·休果·凡·林斯孝登所撰游记，采用拉丁文写作，于 1595—1596 年在荷兰出版。

1615 年 英国东印度公司驻日本平户岛的代表维克汉姆致信驻澳门的代表伊顿，请其代为购买茶壶，这是英国人最早涉及饮茶的文字记述。

1615 年 英国东印度公司开始少量地从日本购入茶叶。

1657 年 伦敦商人托马斯·加威开始在自己经营的咖啡馆中售茶。

1658 年《政治快报》（9 月 23 日至 30 日号）上刊登了英国第一则茶叶广告，宣传"苏丹妃子头颅"咖啡馆开始售茶水。

1660 年 英国颁布法令，其中包括对茶征税的内容，规定制造并销售每加仑茶征税 8 便士。

1660 年 塞缪尔·皮佩斯在 9 月 25 日的日记中记录了自己第一次喝茶。

1663 年 为祝贺王后凯瑟琳的生日，英国诗人埃德蒙·沃勒尔撰写了第一首英文茶诗，赞颂王后与其所钟爱的茶。

1664 年 英国东印度公司的普罗德船长从东方归来，向国王查理二世呈送茶叶两磅两盎司。

1668 年 英国东印度公司遂在英政府注册，特准其运茶入英国境内。

1669 年 英国东印度公司进口茶叶 143 磅 10 盎司。

1684 年 东印度公司把中国茶叶作为进口商品中的重要项目。

1689 年 厦门第一次出现在英国进口茶叶的地点之中，标志着英国东印度公司茶叶贸易由间接贸易转向直接贸易。

1699 年 英国所购茶叶的种类得到明确记述，该年度"麦士里菲尔德号"商船购买"松萝茶"160 担。

1699 年 威廉三世的宫廷牧师奥文顿对茶颇感兴趣，撰写了小册子《论茶性与茶品》。

1705 年 印刷物中的图画《丑闻赶走了真理，也赶走了茶桌上另一个寓言人物》，讽刺了茶桌上的流言蜚语。

1717 年 托马斯·川宁将汤姆咖啡馆改造为"金狮"茶馆。

1721 年 英国茶叶进口首次突破 100 万磅。

1725 年 英国议会颁布第一个针对在茶中掺假的法律条例。

1727 年 理查德·柯林斯创作了油画《饮茶的一家人》，展示了上层社会三口之家用金属以及瓷质茶具饮茶的场景。

1730 年 托马斯·肖特出版了《茶论》一书，较为全面地论述了饮茶的功效。

1731 年 英国议会颁布第二个针对在茶中掺假的法律条例。

1735 年 威廉·荷加斯创作版画《烟花女子哈洛德堕落记》，其中第三幅展示了哈洛德在女仆侍奉下饮茶的场景。

1741 年 小希曼的画作《监护人一家》问世，展示了上层社会家庭一家人饮茶的场景。

1748 年 约翰·卫斯理出版了《给朋友的一封信：关于茶》，论述了饮茶所带来的多种危害。

1749 年 亨利·菲尔丁的代表作《弃儿汤姆·琼斯的历史》出版，其中多处涉及饮茶。

1756 年 社会活动家乔纳斯·汉韦出版了小册子《论茶有害健康，拖垮经济、……写给两位小姐的二十五封信》，对饮茶给以猛烈批判。

1757 年 文坛领袖塞缪尔·约翰逊博士在《文学杂志》发表专文，驳斥了乔纳斯·汉韦对饮茶的批判。

1759 年威基伍德研制成功乳白瓷器。

1765 年 威基伍德所制瓷器为英国王室所选用，经夏洛特王后特许，威基伍德所制瓷器冠以"王后御用瓷器"的美誉，欧洲上层社会竞相予以购买。

1772 年 约翰·科克利·莱特森出版了《茶树博物志》，详细论述了其通过试验所证明的饮茶功效。

1775 年 威基伍德研制瓷器取得新进展，成功制出更为著名的碧玉瓷器。

1777 年 英国议会再次颁布针对茶中掺假的法律条例。

1784 年 英国议会通过《减税法案》，将茶税由 120% 降至 12.5%，同时征收窗税弥补财政损失。

1785 年 美国商船"中国皇后"号运载首批中国茶叶抵达纽约。

1788 年 英国著名植物学家、探险家约瑟夫·班克斯（Joseph Banks）提出在印度殖民地种茶的主张，还撰写了引介中国种茶法的小册子。

1792 年 英国东印度公司决定：从 1792 年起，停止从中国购买瓷器。

1793 年 英使马戛尔尼访华返回途中特意购买茶树树苗。

1811 年 女作家简·奥斯汀的《理智与情感》出版，其中频频出现饮茶场景。

1813 年 英国东印度公司对印度的贸易垄断权被议会废止，而其对华贸易垄断被准许延长 20 年。

1819—1823 年 拜伦创作长篇叙事诗《唐璜》，其中多次涉及饮茶。

1823 年 英国人大罗伯特·布鲁斯在印度阿萨姆发现茶树。

1833 年 英国议会废止英国东印度公司对华茶叶垄断贸易。

1835 年 戈登潜入中国茶区，设法购买大量武夷茶籽运往加尔各答，同时聘到中国茶工赴印度传习栽茶制茶方法。

1836 年 狄更斯的《匹克威克外传》出版，频频出现饮茶场景，其中还包含有戒酒会成员大量饮茶的描述。

1838 年 第一批 8 箱阿萨姆茶叶送往伦敦。

1840 年 英军在海军少将懿律（Anthony Blaxland Stransham）、驻华商务监督义律（Charles Elliott）率领下，陆续抵达广东珠江口外，鸦片战争爆发。

1842 年 著名演员与作家范妮·坎布尔（Fanny Kemble）记述其在贝尔沃瑞（Belvoir）的经历，她于 3 月 31 日首次参与贝德福德公爵夫人安娜的下午茶。

1848 年 罗伯特·福钧深入中国茶区，收集茶籽、茶树苗与制茶器具，聘请富有经验的茶叶工人，此后数年向英印殖民地运输大批茶苗及茶籽，将聘请到的中国茶工带至印度。

1848 年 萨克雷出版《名利场》，其中五次出现糖与茶的关联。

1854 年 查尔斯·亨利·奥里弗（Charless Henry Olivier）获得"改良干燥器"（茶叶烘焙机）的专利状。

1855 年 阿尔弗雷德·萨维基（Alfred Savage）获得切茶机、分离机和混合机的专利状。

1856 年 英属印度殖民地的大吉岭与凯查地区开始种植茶叶。

1866 年 运载茶叶的飞剪船从福州启航驶向伦敦，展开运茶竞赛，"羚羊号"在 99 天后最先抵达，取得最终的胜利；中国海关开始进行茶叶输出统计。

1869 年 苏伊士运河通航，改变和缩短了自东方购买茶叶的运输路线，运茶船只不再需要绕过好望角。

1872 年 英国人约翰·巴利特（John Bartlett）获得一项茶叶混合机专利，此后，兴办了巴利特父子有限公司。

1873 年 首批共计 23 磅产自锡兰的茶运抵伦敦。

1875 年 英国食品药品草案通过，明确规定禁止伪劣茶的输入。

1879 年 印度茶叶区域协会在伦敦成立。

1880 年 在锡兰，第一部由本土制造的茶叶揉捻机经约翰·沃克（John Walker）公司出售。

1881 年 印度茶叶协会于加尔各答成立。

1888 年 伦敦茶叶清算所（Tea Clearing House）落成；锡兰协会在伦敦成立。

1891 年 优质锡兰茶每磅售价 25 磅 10 先令，创造了伦敦茶叶拍卖市场茶叶价格的新纪录。

1894 年 锡兰茶树种植园主协会与总商会通过联合决议：托马斯·立顿公司与其他锡兰茶叶出口商可以获得一定数额的贸易津贴。

1896 年 伦敦 A. V. 史密斯（A. V. Smith）获得茶袋专利特许状。

参考文献

译　著

[英]阿雷恩·鲍尔德温等:《文化研究导论》,陶东风等译,高等教育出版社2004年版。

[英]艾瑞丝·麦克法兰、艾伦·麦克法兰:《绿色黄金》,杨淑玲、沈桂凤译,汕头大学出版社2006年版。

[英]安·莫洛亚:《拜伦传》,裘小龙、王人力译,浙江文艺出版社1985年版。

[英]安德逊:《英国人眼中的大清王朝》,费振东译,群言出版社2001年版。

[英]拜伦:《唐璜》,查良铮译,人民文学出版社1993年版。

[法]保尔·芒图:《十八世纪产业革命:英国近代大工业初期的概况》,杨人楩、陈希秦、吴绪译,商务印书馆1983年版。

[英]彼得·伯克:《什么是文化史》,蔡玉辉译,北京大学出版社2009年版。

[英]C.恩伯、M.恩伯:《文化的变异》,杜彬彬译,辽宁人民出版社1988年版。

[英]C.R.博克舍编:《十六世纪中国南部行纪》,何高济译,中华书局1998年版。

[英]查尔斯·兰姆:《伊利亚随笔选》,刘炳善译,生活·读书·新知三联书店1987年版。

[日]川北稔:《砂糖的世界史》,郑渠译,百花文艺出版社2007年版。

[英]狄更斯:《皮克威克外传》,蒋天佐译,上海译文出版社1979年版。

[英]迪维斯:《欧洲瓷器史》,熊寥译,浙江美术学院出版社1991

年版。

［英］E. V. 卢卡斯:《卢卡斯散文选》, 倪庆饩译, 百花文艺出版社 2002 年版。

［法］费尔南·布罗代尔:《论历史》, 刘北成等译, 北京大学出版社 2008 年版。

［英］盖斯凯尔夫人:《克兰福镇》, 刘凯芳、吴宣豪译, 上海译文出版社 1984 年版。

［英］盖斯凯尔夫人:《夏洛特·勃朗特传》, 祝庆英、祝文光译, 上海译文出版社 1987 年版。

［英］格林堡:《鸦片战争前中英通商史》, 康成译, 商务印书馆 1961 年版。

［英］赫德:《步入中国清廷仕途——赫德日记（1854—1863）》, 傅增仁等译, 中国海关出版社 2003 年版。

［英］赫德:《这些从秦国来——中国问题论集》, 叶凤美译, 天津古籍出版社 2005 年版。

［英］亨利·菲尔丁:《弃儿汤姆·琼斯的历史》, 萧乾、李从弼译, 人民文学出版社 1984 年版。

［英］简·奥斯汀:《爱玛》, 张经浩译, 长春出版社 1998 年版。

［英］简·奥斯汀:《诺桑觉寺》, 孙致礼、唐慧心译, 译林出版社 1997 年版。

［英］杰弗雷·乔叟:《坎特伯雷故事》, 方重译, 上海译文出版社 1983 年版。

［英］杰里米·帕克斯曼:《英国人》, 严维明译, 上海译文出版社 2000 年版。

［美］柯娇燕:《什么是全球史》, 刘文明译, 北京大学出版社 2009 年版。

［意］利玛窦:《中国札记》, 何高济等译, 中华书局 1983 年版。

［英］罗伊·莫克塞姆:《茶: 嗜好、开拓与帝国》, 毕小青译, 生活·读书·新知三联书店 2010 年版。

［英］马戛尔尼:《1793 乾隆英使觐见记》, 刘半农原译, 林延清解读, 天津人民出版社 2006 年版。

［英］马克曼·艾利斯:《咖啡馆的文化史》, 孟丽译, 广西师范大学出版社 2007 年版。

［美］马士:《东印度公司对华贸易编年史》, 中国海关史研究中心组

译，中山大学出版社 1991 年版。

　　[英] 麦克伊文博士:《中国茶与英国贸易沿革史》，冯国福译，《东方杂志》第 10 卷第 3 期（1913 年 9 月）。

　　[西] 门多萨:《中华大帝国史》，孙家堃译，中华书局 1998 年版。

　　[日] 生活设计编辑部:《英式下午茶》，许瑞政译，（台北）台湾东贩公司 1997 年版。

　　[澳] 尼克·豪尔:《茶》，王恩冕等译，中国海关出版社 2003 年版。

　　[英] 欧内斯特·莫斯纳、伊恩·辛普森·罗斯编著:《亚当·斯密通信集》，吴良健等译，商务印书馆 1992 年版。

　　[美] 潘德葛拉斯:《咖啡万岁——小咖啡如何改变大世界》，韩怀宗译，（台北）联经出版社事业公司 2000 年版。

　　[英] 乔治·吉辛:《四季随笔》，李野译，上海人民出版社 2007 年版。

　　[日] 仁田大八:《邂逅英国红茶》，林呈蓉译，（台北）布波出版有限公司 2004 年版。

　　[英] 萨克雷:《名利场》，杨必译，人民文学出版社 1986 年版。

　　[英] 斯当东:《英使谒见乾隆纪实》，叶笃义译，上海书店出版社 2005 年版。

　　[美] 斯塔夫里阿诺斯:《全球通史》，董书慧等译，北京大学出版社 2005 年版。

　　[日] 土屋守:《红茶风景：走访英国的红茶生活》，罗燮译，（台北）麦田出版公司 2000 年版。

　　[英] 夏洛特·勃朗特:《维莱特》，陈才宇译，河北教育出版社 1995 年版。

　　江枫主编:《雪莱全集》，河北教育出版社 2000 年版。

　　[英] 雪莱:《雪莱抒情诗全集》，江枫译，湖南文艺出版社 1996 年版。

　　[英] 亚当·斯密:《国富论》，唐日松等译，华夏出版社 2005 年版。

　　[英] 约翰·雷:《亚当·斯密传》，胡企林、陈应年译，商务印书馆 1983 年版。

　　[英] 约瑟夫·阿狄生等:《伦敦的叫卖声》，刘炳善译，生活·读书·新知三联书店 1997 年版，2003 年重印。

　　[葡] 曾德昭:《大中国志》，何高济译，上海古籍出版社 1998 年版。

国内著述

阿秋：《英国第一首茶诗》，《茶叶研究》1943 年第 1 卷第 1 期。

蔡德贵：《构筑中西交流的学术桥梁——访著名学者季羡林先生》，《山东社会科学》2006 年第 11 期。

陈恒、耿相新主编：《新文化史》（第四辑），大象出版社 2005 年版。

陈慈玉：《近代中国茶业之发展》，中国人民大学出版社 2013 年版。

陈宗懋主编：《中国茶经》，上海文化出版社 1992 年版。

范存忠：《中国文化在启蒙时期的英国》，译林出版社 2010 年版。

冯雅琼：《从食谱书看近代英国的饮食观念》，《经济社会史评论》2016 年第 3 期。

高岱编著：《英国通史纲要》，安徽人民出版社 2002 年版。

关剑平：《茶与中国文化》，人民出版社 2001 年版。

关剑平：《神农对于茶业的意义》，《中国茶叶》2010 年第 6 期。

郭俊、梅雪芹：《维多利亚时代中期英国中产阶级中上层的家庭意识探究》，《世界历史》2003 年第 1 期。

何平：《文化与文明史比较研究》，山东大学出版社 2009 年版。

何兆武、陈启能主编：《当代西方史学理论》，上海社会科学院出版社 2003 年版。

侯建新：《英国工业化以前农民的"饮食革命"》，《光明日报》2012 年 7 月 5 日。

侯建新：《工业革命前英国农民的生活与消费水平》，《世界历史》2001 年第 1 期。

黄时鉴：《关于茶在北亚和西域的早期传播——兼说马可·波罗未有记茶》，《历史研究》1993 年第 1 期。

季羡林：《季羡林全集》，江西教育出版社 1998 年版。

蒋孟引主编：《英国史》，中国社会科学出版社 1988 年版。

李剑鸣：《美国的奠基时代（1585-1775）》，人民出版社 2001 年版。

李剑鸣：《英国的殖民政策与北美独立运动的兴起》，《历史研究》2002 年第 1 期。

李文治编：《中国近代农业史资料》，生活·读书·新知三联书店 1957 年版。

林齐模：《近代中国茶叶出口的衰落》，博士学位论文，北京大学，2004 年。

刘鉴唐、张力主编：《中英关系系年要录：公元 13 世纪～1760 年》，四川省社会科学院出版社 1989 年版。

刘勤晋主编：《茶文化学》，中国农业出版社 2014 年版。

刘新成：《全球史观在中国》，《历史研究》2011 年第 6 期。

刘勇：《中国茶叶与近代荷兰饮茶习俗》，《历史研究》2013 年第 1 期。

陆羽撰，沈冬梅校注：《茶经校注》，中国农业出版社 2006 年版。

马晓俐：《多维视角下的英国茶文化研究》，浙江大学出版社 2010 年版。

宁波文化促进会编：《海上茶路与东亚文化研究文集》，宁波出版社 2008 年版。

彭泽益编：《中国近代手工业史资料》，中华书局 1962 年版。

彭兆荣：《饮食人类学》，北京大学出版社 2013 年版。

钱乘旦、陈晓律：《英国文化模式溯源》，上海社会科学院出版社 2003 版。

钱乘旦、许洁明：《英国通史》，上海社会科学院出版社 2002 年版。

钱穆：《中国文化对人类未来可有的贡献》，《中国文化》1991 年第 1 期。

阮浩耕等点校注释：《中国古代茶叶全书》，浙江摄影出版社 1999 年版。

宋时磊：《唐代茶文化问题研究》，博士学位论文，武汉大学，2013 年。

陶德臣：《英属印度茶业经济的崛起及其影响》，《安徽史学》2007 第 3 期。

滕军：《日本茶道文化概论》，东方出版社 1992 年版。

滕军：《中日茶文化交流史》，人民出版社 2004 年版。

汪敬虞：《中国近代茶叶的对外贸易和茶业的现代化问题》，《近代史研究》1987 年第 6 期。

王笛：《茶馆：成都的公共生活和微观世界》，社会科学文献出版社 2010 年版。

王觉非主编：《近代英国史》，南京大学出版社 1997 年版。

王玲：《中国茶文化》，九州出版社 2009 年版。

吴建雍：《十八世纪的中国与世界（对外关系卷）》，辽海出版社 1999 年版。

吴觉农主编：《中国地方志茶叶历史资料选辑》，农业出版社 1990年版。

吴觉农主编：《茶经述评》，农业出版社 1987 年版。

夏继果：《理解全球史》，《史学理论研究》2010 年第 1 期。

夏继国、杰里·H. 本特利主编：《全球史读本》，北京大学出版社2010 年版。

向荣：《啤酒馆问题与近代早期英国文化和价值观念的冲突》，《世界历史》2005 年第 5 期。

向荣：《敞田制与英国的传统农业》，《中国社会科学》2014 年第1 期。

肖坤冰：《茶叶的流动》，北京大学出版社 2013 年版。

严建强：《十八世纪中国文化在西欧的传播及其反应》，中国美术学院出版社 2002 年版。

严中平等编：《中国近代经济史统计资料选辑》，中国社会科学出版社 2012 年版。

阎照祥：《英国史》，人民出版社 2014 年版。

姚国坤：《茶文化概论》，浙江摄影出版社 2004 年版。

姚贤镐编：《中国近代对外贸易史资料》（第一、第二、第三辑），中华书局 1962 年版。

叶羽主编：《茶书集成》，黑龙江人民出版社 2001 年版。

张德昌：《清代鸦片战争前之中西沿海通商》，《清华学报》1935 年第 1 期。

张建华：《小斯当东议案与英国对华政策（1833—1840）》，《北大史学》第 13 辑。

张顺洪：《马戛尔尼和阿美士德对华评价与态度的比较》，《近代史研究》1992 年第 3 期。

张应龙：《中国茶叶外销史研究》，博士学位论文，暨南大学，1994 年。

中国文化书院讲演录编委会编：《中外文化比较研究》，生活·读书·新知三联书店 1988 年版。

中外关系史学会编：《中外关系史论丛》（第五辑），书目文献出版社1996 年版。

钟叔河主编：《走向世界丛书》，岳麓书社出版 1985 年版。

中央银行经济处编著：《华茶对外贸易之回顾与前瞻》，商务印书馆

1935 年版。

仲伟民：《茶叶与鸦片：十九世纪经济全球化中的中国》，生活·读书·新知三联书店 2010 年版。

周鸿铎主编：《文化传播学通论》，中国纺织出版社 2005 年版。

周一良主编：《中外文化交流史》，河南人民出版社 1987 年版。

朱雍：《不愿打开的中国大门》，江西人民出版社 1989 年版。

朱自振编著：《中国茶叶历史资料续辑》，东南大学出版社 1991 年版。

朱自振、沈冬梅、增勤编著：《中国古代茶书集成》，上海文化出版社 2010 年版。

庄国土：《茶叶、白银和鸦片：1750—1840 年中西贸易结构》，《中国经济史研究》1995 年第 3 期。

庄晚芳编著：《中国茶史散论》，科学出版社 1988 年版。

邹新球编：《世界红茶的始祖：武夷正山小种红茶》，中国农业出版社 2006 年版。

周重林、太俊林：《茶叶战争——茶叶与天朝的兴衰》，华中科技大学出版社 2012 年版。

外文文献

角山栄：《茶の世界史》，中央公論新社，1980 年。

A Bostonian, *Traits of the Tea Party*：*Being a Memoir of George R. T. Hewes*, *One of the Last of Its Survivors*, *with a History of That Transaction*, New York, 1835.

A Gentleman Of Cambridge, *An Treatise on the Inherent Qualities of the Tea-Herb*, London, 1750.

A Member of the Aristocracy, *Manners and Rules of Good Society*, London and New York, 1888.

A Physician, *An essay on the use and abuse of tea*, The second edition, London, 1725.

A Well-willer, *The Women's Petition Against Coffee*, London, 1674.

Andrews, Julia C. , *Breakfast, Dinner and Tea*, New York, D. Appleton and company, 1869.

Anonymous, *The Volatile Spirit of Bohee-Tea*, London, 1710.

Anonymous, *An Essay of the Nature*, *Use*, *and Abuse of Tea in a Letter to a Lady with an Account of Its Mechanical Operation*, London, 1722.

Anonymous, *Of the Use of Tobacco, Tea, Coffee, Chocolate, and Drams*, London, 1722.

Anonymous, *A scheme humbly offer'd to prevent the clandestine importation of tea*, London, 1736.

Anonymous, *Considerations on the Duties upon Tea and the Hardships Suffered by the Dealers in that Commodity*, London, 1744.

Anonymous, *An Essay on Tea, Sugar, White Bread and Butter, Country Alehouses, Strong Beer and Geneva and Other Modern Luxuries*, England: J. Hodson, 1777.

Anonymous, *Advice to the unwary: or, an abstract, of certain penal laws now in force against smuggling in general, and the adulteration of tea*, London, 1780.

Anonymous, *Tea, Coffee and Chocolate*, London, 1790.

Anonymous, *The Tea drinking wife and Drunken Husband*, London, 1749.

Anonymous, *The History of the Tea Plant: from the Sowing of the Seed to its Package for the European Market*, London, 1820.

Anonymous, *Five Hundred and Fifty Guineas to be Gained by the Purchasers of Tea, Coffee or Chocolate*, London, 1777.

Anonymous, *Poisonous Tea*, London: John Fairburn, 1818.

Ballard, G. A. , *Rulers of the Indian Ocean*, Houghton Mifflin, 1928.

Bamber, Edward Fisher, *Tea*, London: Langmans, Green, Reader and Dyer, 1868.

Baring, Francis, *The Principle of the Commutation – Act Established by Facts*, London, 1786.

Berg, Maxine, Luxury in the eighteenth century: debates, desires and delectable goods, Hampshire: Palgrave, 2003.

Bentley, Jerry H. , *Traditions & encounters : a global perspective on the past*, Boston: McGraw Hill, 2003.

Bisset, Robert, *The History of the Reign of George III*, London, 1820.

Bowen, H. V. , Margarette Lincoln and Nigel Rigby Edited, *The Worlds of the East India Company*, Woodbridge: The Boydell Press, 2002.

Boxer, C. R. , *South China in the Sixteenth Century*, Bangkok: Orchid Press, 2004.

Boynton, Percy H., *London in English Literature*, Chicago: Chicago University Press, 1913.

Broad, John, *Transforming English rural society: the Verneys and the Claydons, 1600-1820*, Cambridge: Cambridge University Press, 2004.

Brown, Thomas, *Amusements Serious and Comical, Calculated for the Meridian of London*, in The Works of Mr. Thomas Brown, London, 1715.

Burgess, Anthony, *The Book of Tea*, Paris: Flammarion, 1990.

Burnett, John, *Plenty and Want: A Social History of British Food from 1815 to the Present Day*, London: Thomas Nelson, 1966.

Campbell, George Frederick, *China Tea Clippers*, Bath: The Bath Press, 1974.

Campbell, Colin, *Etiquette of Good Society*, London, Paris and Melbourne: Cassell and Company Limited, 1893.

Cassell, Petter and Galpin, *Cassell's Household Guide: Being a Complete Encyclopaedia of Domestic and Social Economy and Forming a Guide to Every Department of Practical Life*, London, 1869.

Chaudhuri, K. N., *The Trading World of Asia and the English East India Company, 1660-1760*, Cambridge: Cambridge University Press, 1978.

Chaucer, Geoffrey, *The Canterbury Tales*, London: Penguin Press, 2013.

Cheadle, Eliza, *Manners of modern society: being a book of etiquette*, London、Paris and NewYork, 1892.

Cohen, Susan, *London's Afternoon Teas: A Guide to London's Most Stylish and Exquisite Tea Venues*, London: New Holland, 2012.

Cole, W. A., "Trends in Eighteenth-Century Smuggling", *The Economic History Review*, New Series, Vol. 10, No. 3, 1958.

Cole, W. A., "The Arithmetic of Eighteenth-Century Smuggling: Rejoinder", *The Economic History Review*, New Series, Vol. 28, No. 1, Feb., 1975.

Commissioners of Excise, *By the act of the 10 th and 11 th of George the First*, London, 1792.

Cork, *A Discription of the Growth, Manufacture, Disposal, Quality, and the Uses of the Genuine Chinese Tea*, London, 1819.

Davies, D., *The Case of Labourers in Husbandry*, London, 1795.

Day, Samuel Phillips, *Tea: Its Mystery and History*, London: Simpkin,

Marshall &Co. , 1878.

Denyer, C. H. , "The Consumption of Tea and Other Staple Drinks", *The Economic Journal*, Vol. 3, No. 9, Mar. , 1893.

Desai, Tripta, *The East India Company*: *A brief Survey from 1599-1857*, New Delhi: Kanak Publications, 1984.

Drake, Francis S. *Tea Leaves*: *Being a Collection of Letters and Documents relating to the shipment of Tea to the American Colonies in the year 1773*, Boston, 1884.

Drummond J. C., Wilbraham, Anne, *The English Man's Food*: *A History of Five Centuries of English Diet*, London : Jonathan Cape, 1958.

East India House, *The Tea Purchaser's Guide*; *or*, *The lady and Gentleman's Tea Table and Useful Companion*, *in the Knowledge and Choice of Teas*, London, 1785.

Ellis, Aytoun, *The Penny Universities*: *A History of the Coffee Houses*, London, 1956.

Ellis, Ellen Deborah, *An introduction to the history of sugar as a commodity*, Philadelphia: J. C. Winston Co. , 1905.

Encyclopædia Britannica, Inc. , *The New Encyclopaedia Britannica*, 2007.

Farrington, Anthony, *Trading Places*: *The East India Company and Asia 1600-1834*, London: The British Library, 2002.

Flori, Jean, *Richard the Lionheart*: *king and knight*, Edinburgh: Edinburgh University Press, 2006.

Fromer, Julie E. , *A Necessary Luxury*: *Tea in Victorian England*, Columbus: Ohio University Press, 2008.

Forrest, Denys, *Tea for the British*: *Social and Economic History of a Famous Trade*, Chatto and Windus, 1973.

Fortune, Robert, *A Journey to The Tea Countries of China*, London, 1852.

Fortune, Robert, *Two Visits to the Tea Countries of China and the British Tea Plantations in the Himalaya*, London, 1853.

Gardella, Robert, *Harvesting Mountains*: *Fujian and the China Tea Trade*, *1757-1937*, Berkeley: University of California Press, 1994.

Garway, Thomas, *An Exact Description of the Growth*, *Quality*, *and Ver-*

tues of the Leaf Tea, London, 1660.

Gifford, John, *A History of the Political Life of the Right Honorable William Pitt*, T. Cadell and W. Davies, 1809.

Great Tower Street Tea Company, *Tea, its Natural, Social and Commercial History*, London, 1889.

Greenbery, Michael, *British Trade and the Opening of China 1800-1842*, Cambridge: The University Press, 1951.

Guerty, P. M., Switaj, Kevin, "Tea, Porcelain, and Sugar in the British Atlantic World", *Magazine of History*, Vol. 18, April, 2004.

Hanway, Jonas, *A Journal of Eight Days Journey from Portsmouth to Kingston upon Thames, with Miscellaneous Thoughts, Moral and Religious, in a Series of Letters: to Which is Added, and Essay on Tea*, London, 1756.

Harlow, Vincent T. , *He Founding of the Second British Empire*, 1763-1793, London and New York: Longman, 1952.

Harris, Henry, *Tea Warehouse*, London, 1792.

Hoh-cheungi, "William Pitt and the Enforcement of the Commutation Act, 1784 - 1798", *The English Historical Review*, Vol. 76, No. 300, Jul., 1961.

Hoh-cheung, "The Commutation Act and the Tea Trade in Britain 1784-1793", *The Economic History Review*, New Series, Vol. 16, No. 2, 1963.

Hoh-cheung, "Smuggling and the British Tea Trade before 1784", *The American Historical Review*, Vol. 74, No. 1, Oct. , 1968.

Hoh-Cheung, "Trends in Eighteenth-Century Smuggling Reconsidered", *The Economic History Review*, New Series, Vol. 28, No. 1, Feb. , 1975.

Hopley, Claire, *The History of Tea*, South Yorkshire: Remember When, 2009.

Hornsey, Ian S. , *A History of Beer and Brewing*, Cambridge: Royal Society of Chemistry, 2003.

Huxley, Gervas, *Talking of Tea*, London: Thames & Hudson, 1956.

J. B. Writing-Master, *In praise of tea, A poem, Dedicated to the ladies of Great Britain*, London, 1736.

James, Walvin, "The Taste of Empire, 1600-1800", *History Today*, January 1997.

Jeffries, George Fish, *A Treatise on Tea*, London, 1865.

Kemble, Fanny, *Records of Later Life*, Vol. 2, London, 1882.

Kenneth, Morgan, *The birth of industrial Britain: social change, 1750-1850*, New York: Longman, 2004.

Koehn, Nancy F. , *Brand New: how Entrepreneurs Earned Consumers' Trust from Wedgwood to Dell*, Boston: Harvard Business School Press, 2001.

Lane, Peter, *Success in British History 1760 - 1914*, London: John Murray Ltd. , 1978.

Lankester, E. , *On Food: Being Lectures Delivered at the South Kensington Museum*, London: Robert Hardwicke, 1873.

Lavender, Theophilus, *The Trauels of certaine English Men into Africa, Asia, Troy, Bythinia, Thracia, and to the Blacke Sea*, London, 1609.

Lettsom, John Coakley, *The Natural History of the Tea-tree, with Observations on the Medical Qualities of Tea, and Effects of Tea - drinking*, London, 1772.

Lightbody, James, *Every Man his own Gauger, Together with the Compleat Coffee-Man*, London, 1698.

Macaulay, George, *The England of Queen Anne*, London and New York: Longmans, 1932.

Mackmath, John, *Considerations on the Duties upon Tea and the Hardships Suffered by the Dealers in that Commodity*, London, 1744.

Marshall, Dorothy, *English People in the Eighteenth Century*, London and New York: Longmans, 1956.

Martin, R. M. , *China, Political, Commercial and Social*, London, 1847.

Martin, Robert, *The past and present state of the tea trade of England*, London, 1832.

Mason, Simon, *The Good and Bad Effects of Tea Considered*, London, 1745.

Matheson, James, *The Present Position and Prospects of the British Trade with China*, London, 1836.

Mathews, Helen Alice, *The Home Manual: Everybody's Guide in Social, Domestic, and Business Life*, London, 1889.

McCalman, Godfrey, *A Natural, Commercial and Medicinal Treatise on Tea*, Glasgow, 1787.

McKebdrick, N. , "Josiah Wedgwood: An Eighteenth-Century Entrepreneur in Salesmanship and Marketing Techniques", *The Economic History Review*, New Series, Vol. 12, No. 3, 1960.

McKendrick, Neil, "Josiah Wedgwood and Factory Discipline", *The Historical Journal*, Vol. 4, No. 1, 1961.

Milburn, William, *Oriental Commerce*, London: Black, Parry & Co., 1813.

Mintz, Sidney W., *Sweetness and Power: The Place of Sugar in Modern History*, New York: Penguin Books, 1985.

Mintz, Sidney W., *Tasting Food, Tasting Freedom: Excursions into Easting, Culture, and the Pasty*, Boston: Beacon Press, 1996.

Mitchell, Sally, *Victorian Britain: An Encyclopedia*, New York: Routledge, 1988.

Mitchell, Sally, *Daily Life in Victorian England*, New York: Greenwood Pub Group, 1996.

Morgan, Edmund S., *The Birth of the Republic, 1763-1789*, Chicago: The University of Chicago Pres, 1956.

Morley, Henry, *The Diary of Samuel Pepys*, New York: The Cassell Publishing Co., 出版时间不详。

Mother Bridget, The Universal Dream Book, *Containing An Interpreter of All Manner of Dreams, Alphabetically Arranged, To Which Is Added The Art of Fortune-Telling by Cards, or Tea and Coffee Cups*, London: J. Bailay, 1816.

Mottevx, Peter, *A Poem upon Tea*, London, 1712.

Murphy, Arthur, *The Works of Samuel Johnson*, Vol. XI, London, 1823.

Ovengton, J., *A Essay upon the Nature and Qualities of Tea*, London, 1699.

Palmer, Arnold, *Movable Feast: A Reconnaissance of the Origins and Consequences of Fluctuations in Meal Times, With Special Attention to the Introduction Of Luncheon and Afternoon Tea*, London, New York and Toronto: Oxford University Press, 1952.

Parry, J. H., *Trade and dominion: the European Oversea Empires in the Eighteenth Century*, London: Phoenix Press, 2000.

Percy, H. Boynton, *London in English Literature*, Chicago: Chicago University Press, 1913.

Pettigrew, Jane, *the Tea Companion*, London: the Apple Press, 1997.

Pettigrew, Jane, *A Social History of Tea*, London: National Trust Enterprises Ltd. , 2001.

Philanthropus, *The lady & gentleman's Tea-table and Useful Companion in the knowledge and choice of teas*, London, 1818.

Philips, C. H. , *The East India Company: 1600 - 1858*, Vol. II, London and New York: Routledge, 1998.

Pincus, Steve, Coffee Politicians Does Create: Coffeehouses and Restoration Political Culture, *The Journal of Modern History*, Vol. 67, December 1995

Pritchard, E. H. , *Anglo - Chinese relations during the seventeenth and eighteenth centuries*, Urbana: The University of Illinois, 1929.

Pritchard, E. H. , *The Crucial Years of Early Anglo - Chinese Relations 1750-1800*, Washington: State College of Washington, 1936.

Pritchard, Earl H. , *The Instructions of The East India Company to Lord Macartney on His Embassy to China and His Reports to the Company, 1792-1794*, Selected by Patrick Tuck, *Britain & the China trade 1635-1842*, Vol. VII, London and New York: Routledge, 1999.

Repplier, Agnes, *To Think of Tea*, Boston and New York: Houghton Mifflin Company, 1932.

Rose, George, *A Brief Examination into the Increase of the Revenue, Commerce and Navigation of Great Britain*, London, 1783.

Rose, Sarah, *For All the Tea in China: Espionage, Empire and the Secret Formula for the World's Favourite Drink*, London, 2010.

Rosee, Pasqua, *The Vertue of the Coffee Drink*, London, 1652.

Shammas, C. , *The Pre-industrial Consumer in England and America*, Oxford: Oxford University Press, 1990.

Short, Thomas, *A Dissertation upon Tea*, London, 1730.

Short, Thomas, *Discourses on tea, sugar, milk, made - wines, spirits, punch, tobacco, &c, With plain and useful rules for gouty people*. London, 1750.

Slade, John, *Notices on the British Trade to the Port of Canton: With Some Translations of Chinese Official Papers Relative to that Trade*, London: Smith Elder and Co. 65, Cornhill, 1830.

Smiles, Samuel, *A Personal History of Josiah Wedgwood*, London: Routledge/Thoemmes Press, 1997.

Smith, Adam, *Works and Correspondence of Adam Smith*, Oxford: Oxford University Press, 1987.

Smith, S. D. , Accounting for Taste: British Coffee Consumption in Historical Perspective, *Journal of Interdisciplinary History*, Autumn 1996.

Smith, Woodruff D. , "Complications of the Commonplace: Tea, Sugar and Imperialism", *The Journal of Interdisciplinary History*, Vol. 24, No. 4, Spring, 1994.

Standage, Tom, *A History of the World in 6 Glasses*, New York: Walker Company, 2005.

Sterne, Laurence, *The Life and Opinions of Tristram Shandy*, *Gentleman*, London: Penguin Press, 1997.

Sumner, John, *A Popular Treatise on Tea: Its Qualities and Effects*, Birmingham: William Hodgetts, 1863.

Surgeon, F. N. , *Remarks on Mr. Mason's Treatise upon Tea*, London, 1745.

Switaj, Guerty Kevin, "Tea, Porcelain, and Sugar in the British Atlantic World", *Magazine of History*, Apr, 2004.

Talmage, Thomas Witt De, *Around the Tea-Table*, London: R. D. Dickinson, 1875.

Tate, Nahum, *A Poem upon Tea*, London, 1702.

The Licensed Victuallers' Tea Association, *A History of the Sale and Use of Tea in England*, London: W. J. Johnson Printer, 1870.

Thompson, F. M. L. , *The Cambridge Social History of Britain*1750 – 1950, Cambridge: Cambridge University Press, 1990.

Tuck, Patrick, *Britain & the China trade 1635-1842*, New York: Routledge, 1999.

Twining, Richard, *Observations on the Tea and Window Act: And on the Tea Trade*, London, 1785.

Ukers, William, H. , *All About Tea*, New York: Tea and Coffee Trade Journal Company, 1935.

Ukers, William. H. , *The Romance of Tea: An Outline History of Tea and Tea-drinking Through Sixteen Hundred Years*, New York: Kingsport Press, 1936.

Varley, Paul and Kumakura Isao, *Tea in Japan: Essays on the History of Chanoyu*, University of Hawai'i Press, 1989.

Waldron, John, *A Satyr Against Tea. Or, Ovington's Essay Upon the Nature and Qualities of Tea, &C. Dissected, and Burlesq'd. ,* Dublin, 1736.

Weatherill, Lorna, *Consumer behaviour and material culture in Britain, 1660-1760,* London and New York: Routledge, 1988.

Wesley, John, *A letter to a friend, concerning tea,* London, 1748.

Wilbraham, Drummond Anne, *The English Man's Food: A History of Five Century of English Diet,* London: Jonathan Cape, 1958.

Wild, Antony, *The East India Company book of tea,* London, 1994.

Wilson, C. Anne, *Food and Drink in Britain,* Chicago: Academy Chicago Publishers, 1991.

Wilson, Kim, *Tea with Jane Austen,* Jones Books, 2004.

Wissett, Robert, *A View of the Rise, Progress, and Present State of the Tea Trade in Europe,* London, 1801.

Zhuang Guotu, *Tea, Silver, Opium and War: The International Tea Trade and Western Commercial Expansion into China in 1740-1840,* Xiamen: Xiamen University Press, 1993.

后　记

　　拙著即将付梓之时，新冠肺炎疫情仍在延续，茶水可以抑制病毒的报道不时见诸媒体。饮茶功效问题，不仅在今日引人关注，历史上即已如此，神农以茶解毒的传说即反映了古人的认知，在茶传播至西方时，很多人士也视其为"万能灵药"。无论功效如何，作为中国先民的重要发现，茶在中国的影响极为深刻，它也随着中外交流融于世界历史的浩浩大势，足以成为世界史研究的关注对象，但目前相关学术著作尚不多见，就此而言，拙著可稍稍弥补这一缺憾。

　　拙著撰写迁延日久，写作缘起实可追溯至十余年前。2005 年，我很荣幸地考取首都师范大学世界史专业博士生，入学适逢召开"世界各国的世界通史教育国际学术研讨会"，跨国贸易引发了我的兴趣，此时一缕茶香由儿时记忆中徐徐飘来：父亲作为公安干警经常在外奔忙，每次回家都会泡上一壶花茶，母亲在招待亲友时也会热情地端上茶水，喝上一口让人神清气爽……于是，将茶作为研究对象的粗浅想法跃入脑海。

　　但是，一个思维火花与完成博士学位论文乃至最终的专著之间，尚隔西天取经般的艰辛历程。拙著的最终完成，不仅凝聚着个人的学术追求与人生理想，也离不开众多师友与亲人的谆谆教诲、勉励提携与温暖关怀。

　　研究"茶"这一想法，得到了我的导师何平教授的肯定。何老师曾负笈英伦多年并从牛津大学获得博士学位，对茶在英国的影响体验颇多，正是在他的鼓励与鞭策之下，我开始搜集材料并动手撰写，而初稿完成之后，何老师又数次批改与悉心指教，后来才顺利通过评审与答辩，在最终的书稿完成之时，何老师又百忙之中欣然赐序，内中的感激之情无以言表，唯有牢记教诲，在学术道路上勉力前行……

　　在首都师范大学学习时，还从多位教授那里获得教益。三年期间，曾多次聆听杰里·H. 本特利教授（Jerry H. Bentley）与刘新成教授关于全球史的讲学与讲座，极大地深化了我对跨文化交流的理解，但令人扼腕叹息的是，本特利教授在学术盛年即不幸与世长辞。夏继果教授开设了都铎史课程，我通过学习大大提升了史料考辨分析能力。在论文评审时，两位匿名专家在给以鼓励的同时提出了高屋建瓴的修改意见，而在后来的答辩过程中，中国社会科学院陈启能研究员、程西筠研究员、王章辉研究员与首都师范大学周钢教授、赵军秀教授，在肯定论文创新价值的同时指出了不足，使我明确了进一步探索的方向。

拙著能够出版，离不开诸多领导与同事对我的关心。我在山东师范大学国际教育学院工作期间，学院历任领导均时常给以温暖照顾，各位老师也竭尽所能给以热情帮助。在此，还要特别感谢天津师范大学侯建新教授给以错爱，我才有幸回归专业队伍，得以在欧洲文明研究院这一享有盛誉的研究平台上遨游于知识的海洋，更得到了诸位领导与老师的指教，使拙著得以杀青。

多年以来，我在学术道路上得到了众多师友的关爱。在韩国蔚山大学任客座教授期间，朴三洙教授、李向度教授、李仁泽教授、朴璟实教授对我多有照顾，许家胜教授、王静博士也经常给以帮助。在山东大学访学期间，顾銮斋教授给以悉心指教，后来一直对我多有关心。在英国查阅资料期间，伦敦大学亚非学院杨库（Andrea Janku）教授给以热情指导。另外令我难以忘怀的是，英国茶文化专家简·佩蒂格鲁女士（Jane Pettigrew）在我遇到困惑时指点迷津，中国社会科学院孟庆龙研究员、沈冬梅研究员，华中师范大学罗爱林教授，中国社会科学院大学王华教授对我多有指教。在此，还要感谢诸多同门始终给以热情帮助，尤其是张旭鹏研究员，经常指出我研究中的不足。

另外特别感谢的是，本项研究进行过程中，阶段性心得提炼成文，得到了《世界历史》《光明日报》《亚洲研究》（韩国）等诸多期刊的错爱，匿名专家与编辑部老师均给以热情鼓励与严肃批评，特别是任灵兰编审、周晓菲编辑、任大熙教授（韩国）等提出的宝贵意见，扫清了我认识上的许多盲区。拙著最终得以出版，得益于国家社科基金后期资助项目的资助，非常感谢匿名评审专家的点石成金。中国社会科学出版社李庆红老师在编辑过程中始终辛劳付出，细致地弥补了很多疏漏。

最后，还要特别感谢我的爱人和女儿，没有她们的默默付出，拙著的出版尚不知拖延到何时，感谢我的岳父岳母在孩子成长过程中给予的爱与付出，感谢父母对我的抚育与教育，父亲在世时常常给我以鞭策与鼓励，希冀自己没有过于辜负老人当年的殷切期望。

　　拙著的撰写也离不开前人的丰硕成果，在此谨向诸位前辈与同人致以诚挚的谢意！由于个人才学疏浅，书中定有诸多不尽人意甚至是谬误之处，敬请各位专家与读者不吝赐教。

刘章才

2021 年 3 月于天津